U0512403

上海市哲学社会科学"十二五"规划

2015年度一般课题《类比的实践模型研究》

（2015BZX001）研究成果

类比、行为与具身智能

类比的实践模型研究

鲍建竹◎著

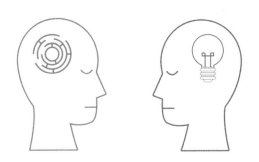

上海人民出版社

目　　录

导　言

　　20 世纪 60 年代后,以玛丽·赫西(Mary Hesse)为起点,类比研究摆脱了从弗朗西斯·培根肇始,直至凯恩斯(John Maynard Keynes)和卡尔纳普(Rudolf Carnap)达到巅峰的归纳逻辑范式的藩篱,沿两条进路发展。一是哲学逻辑学进路,类比研究继续关注类比推理的定义及其有效性评估。例如玛丽·赫西建构了基于格代数的类比形式定义,并建构了第一个类比模型即类比质料模型(material analogy)。保罗·巴萨(Paul Bartha)建构了被称为"详描模型"(the articulation model)的类比哲学定义,以及亨利·普拉德(Henri Prade)的布尔代数定义。

　　第二条进路是类比研究的认知转向,即心理学、人工智能和认知科学进路。根据根特纳(Dedre Gentner)和霍利约克(Keith Holyoak)等人的相关观点,其进程可以粗略地划分为三个 20 年。20 世纪 80 年代之前的第一个 20 年是类比认知转向的奠基,类比研究主要关注智力测试题中使用的几何类比题,例如托马斯·埃文斯(Thomas Evans)的人工智能程序 ANALOGY 和斯滕伯格(Robert Sternberg)对类比测试中的心理过程分析。前者是第一个类比人工智能程序。该程序用来解决几何类比的智商测试题,即回答如下问题:图形 A 之于图形 B,就像图形 C 之于哪个图形? ANALOGY 程序的目的就是要找到从图形 A 到图形 B 的"最好的"转换规则并将之用于图形 C 的转换。斯滕伯格则通过类比推理实验专门证明了类比推理测试为什么是对一般智力的好的测量。

1

从 1980 年到 2000 年的第二个 20 年是类比认知转向的 20 年。类比研究的主题转向对科学和现实生活中的真实类比的认知机制和发生过程的探究以及人工智能实现,例如根特纳的结构映射理论(SMT)及其结构映射引擎程序(SME)、罗杰·尚克(Roger Shank)的动态记忆理论以及与詹妮特·科洛德纳(Janet Kolodner)合作开发的第一个案例推理器程序 CYRUS,侯世达(Douglas Richard Hofstadter)的高层知觉理论及其 Copycat 程序等类比计算模型。在这一过程中,研究者也从人类扩展到动物,利用样本配对任务测试来研究动物能不能做类比。

2000 年以来的第三个 20 年,类比认知研究进入脑科学阶段,开始借助脑成像技术(fMRI)、脑电图技术(EEG)进行类比认知活动的神经机制研究,描述类比推理在大脑中的实际发生,如与类比推理相关的脑区,它们分别执行类比推理的什么功能,负责类比认知的哪个子过程等。

虽然类比研究的认知转向还在持续进展中,但现有的成果已经足够耀眼。类比在作为论证或推理形式之外,也被视为认知活动或智能行为,即做类比(analogy-making)。类比被视为人类认知/智能的核心。同时,鉴于类比在人工智能发展中的关键作用,认为每一个人工智能程序都基于一个类比计算模型的观点也并不显得难以接受。大量的动物实验结果也让我们开始认识到,类比似乎并不为人类所独有。

然而,这些耀眼的成就也暴露出一个关键问题。当我们在思考类比的“认知”转向,或者对类比作为认知活动(智能行为)做出解释时,我们所谓的“认知”仍然是传统“三明治式”的离身认知,而并没有从具身认知这一新的认知基本立场出发。如果从具身认知出发,对人类智能行为的解释应该转换为对具身行动的类比解释,对动物能不能做类比的问题应该走出实验室的样本配对任务测试,同样,对类比的人工智能实现应该表现为具身性的类比计算模型。因此,本书探讨的问题可以精炼地描述为,从具身认知立场出发,我们如何为智能行为提供一种合理的类比解释? 基于具身认知的智能行为,或者更直接地,具身智能包括人类、动物、人工物(人工智能)三个层次。每一层次具身智能的类比解释应该对应于各自的(具身)类比实践模型。这样,我们的任务也就转换为,论证、建构和分析(具身)类比实践模型的可能性、逻辑机制及其实践功能。

为了回答这一问题,本书基本框架如下:第1章梳理类比理论的历史和当代发展。第2章分析类比实践模型的涌现。第3、4、5章分别从人类、动物和人工物(人工智能)出发处理这三个不同层次的智能行为的类比解释,即类比实践模型的建构。最后给出简短的结论,对类比实践模型的未来发展做出预测。

第1章中,我们考察的问题是,如今作为认知活动的类比观念是如何演化而来的?玛丽·赫西将类比研究的基本问题概括为类比的定义及其有效性评估。在柏拉图和亚里士多德为代表的古希腊类比理论中,类比的定义以数学比例为中心,类比在作为修辞和论辩术的使用中开始表现出对其合理性的担忧。从中世纪出发,类比开始其"窄化"之路,基督教哲学家将类比与"在先的和在后的"(*per prius et posterius*)这一短语相联系,借助亚里士多德的谓词理论作出一词多义的多重划分,使得言说上帝的工具成为类比类型学的舞台。现代类比理论以培根和卡尔纳普为前后界,正是他们的努力使得类比成为一种推理形式,也成为归纳推理的一个子类,并且可以用概率论工具来进行类比推理的合理性评估。当代类比理论扭转了类比的窄化之路,某种意义上可以说是在新的起点上向亚里士多德的回归,类比既是推理形式,也是认知活动,类比既是认知模型,也是人工智能程序,认知科学成为类比研究的主要舞台和理论工具。

第2章的问题是,如果从具身认知出发,那么对智能行为的类比解释将以什么方式呈现?我们的答案是,类比实践模型。为此,我们首先讨论了具身认知的建立这一新的认知出发点,提供了类比作为认知核心的多维论证,从而在具身认知(行动)的意义上,重提智能行为的类比解释问题。其次,从理论的广义模型和类比本身的建模趋势出发,我们将论证这一智能行为的类比解释的主要任务和目标是建构类比模型,并提供了玛丽·赫西的类比模型二维逻辑构造理论,以及后续尤其是保罗·巴萨等人对该模型的补充和修正。最后，从具身认知的行动意蕴出发，在科学发现中语境区分的演化背景下，基于类比功能从合理性评估向具身认知实现的转换，我们将论证这一类比模型只能是类比实践模型。

第3章讨论完全意义上的智能行为即人类行为的类比实践模型。之所以称为"完全意义上"是因为，人类智能行为必然既是具身的，也必然是可以类比解释的。因此，建构类比实践模型的任务只是从一种现成的人类智能行为的类比实践模型出发，对其具身性、类比逻辑构造及其实践功能做出解释即可。布尔迪厄（Pierre Bourdieu）以习性为核心的一般实践理论为我们提供了这一类比实践模型。在此基础上，我们分析了布尔迪厄从对仪式实践的考察中区分出的类比的解释功能和实践功能并主张从客观主义解释学的类比向类比实践转变的立场。我们基于利萨尔多（Omar Lizardo）对布尔迪厄的认知社会学分析，从夏皮罗（Lawrence Shapiro）具身认知的三个公设出发论证习性只能是一种具身认知社会学。我们也从玛丽·赫西的类比模型二维逻辑构造理论出发，重构了布尔迪厄的类比实践模型，尤其是对类比实践中时间性的逻辑构造问题提出了初步思考。

第4章建构动物行为的类比实践模型。与人类智能行为的类比解释不同，对动物智能行为而言，我们首先面临的问题是，动物能不能做类比？根据动物心理学的现有成果，这个问题仍然没有确切的答案，我们分析正反两方面的立场，并从动物哲学的视角分析了其中涉及的一系列哲学问题。我们的立场是，从米利肯（Ruth Millikan）基于专有功能的动物行为学出发，我们能够证明，动物行为也可以具有自身的类比实践模型。为此，我们详细分析了米利肯基于专有功能的动物行为学，基于类比二维模型对其进行逻辑重构，即基于适应性专有功能的动物行为与环境之间的适应关系论证动物行为类比实践模型的纵向关系构造，以此作为适应环境的适配器在时间上的持存，以及适应性专有功能提供的对动物行为的条件说明，即同一性的本体论、心灵哲学和认识论是动物行为类比实践模型的横向相似性构造。在此基础上，我们借助米利肯的这一动物行为的类比实践模型,对布尔迪厄人类行为的类比实践模型中的理论缺环提供补充论证。

第5章建构人工物的智能行为即人工智能的形式化类比实践模型。与动物行为的类比实践模型不同,人工智能作为对人类智能行为的模拟,在最广义上,已经可以视为内含类比机制。而且,作为对人类智能行为的模拟,人工智能已经表现为各种类比计算模型。因此,对人工智能的形式化类比实践模型而言,我们需要处理的问题是,人工智能程序能不能是具身性的,以便达到人类级智能。如果答案是肯定的,那么如何实现这种具身性的类比实践模型?我们首先从人工智能理念到非泛化学习方法,分析人工智能的类比逻辑机制。然后,从人工智能实现人类级智能的要求出发,讨论人类级智能的具身性特点,以及具身性人工智能的可能性和必要性。由此,我们区分了三种不同意义上的形式化类比实践模型。其中,面向行动模拟的人工智能程序包括类比计算模型是最广义上的形式化类比实践模型,具身性人工智能程序因其具身行动和类比机制可以视为较严格意义上的形式化类比实践模型,而具身性类比人工智能程序是最严格意义上的形式化类比实践模型。最后,因为后两种严格意义上的形式化类比实践模型事实上都没有完全实现,所以,我们以类比计算模型、布鲁克斯(Rodney Brooks)的基于行为的机器人学,以及安德森(John R. Anderson)的 ACT-R/E 为例,重构了类比实践模型的二维逻辑构造,并对具身性类比实践模型的实时形式系统进行简要分析。

第 1 章 类比理论的演化

1.1 古希腊类比理论

类比概念虽然可以追溯到毕达哥拉斯学派,但是哲学的应用从柏拉图开始。本节主要围绕柏拉图和亚里士多德的类比展开。在功能上,它们就如劳埃德(G.E.R. Lloyd)所说,既是一种说服性的工具,也是发现真理的工具。在建构方法上,它们遵循了其既有的数学传统。

1.1.1 定义:以比例为中心

我们关于毕达哥拉斯的了解很大程度上来自亚里士多德的转述。根据遗留下来的残篇,现存资料实际上大多指向后期阶段的毕达哥拉斯学派,即大体从公元前 5 世纪末到公元前 4 世纪前半叶。关于类比的讨论则进一步局限于这一时期的阿契塔(Archytas)。根据施坦贝格尔(Ralf M.W. Stammberger)的考察①,阿契塔区分了算术、几何和乐理,前两者会在亚里士多德类比理论中作为正义原则再次出现,而乐理代表着一种和谐的记录,但并不是严格的数学,在后来的类比讨论中也

---

① 参见 Ralf M. W. Stammberger, *On Analogy*: *An Essay Historical and Systematic*, Lang, 1995, p.11, note 1。

被遗忘了。阿契塔在残篇中变换着使用中数（μεσαι）和类比（αναλογιαι）。比如，包含中数的比例关系，2∶4∶8⇨2∶4＝4∶8，以及不包含中数的比例关系，2∶4＝3∶6。无论有没有中数，它们都代表着比例关系，拉丁文 proportio 就是根据希腊语中的类比一词生造而来①。这表明，类比在这里代表的是一种数学上的比例关系。这也反映了毕达哥拉斯及其学派通过数学理解音乐的途径，但这里的类比还没有进入哲学。

首先将类比引入哲学运用的是柏拉图。我们知道，柏拉图和阿契塔有过直接交往，柏拉图的哲学与毕达哥拉斯学派的哲学也有着很紧密的关系。柏拉图对类比的哲学应用延续了对类比的比例关系的理解，表现为其形而上学、宇宙观和伦理学等领域的各种相似关系。在形而上学中，施坦贝格尔提出，理解柏拉图类比的关键隐藏于巴门尼德真理与意见的两个王国的区分中，它们是以思维和存在的不同关系加以区分的。在柏拉图那里也有类似的区分，他将存在领域区分为作为真实存在的不动的理念世界和变动的可感世界，知识在本性上与理念相对应，而可感世界只能用意见来表达。"如果同意这种说法，我们的世界就是某种模式的摹本。无论讨论什么问题，最重要的是找到真正的出发点。因此，这里我们必须对摹本和模式加以区分：因为对象本身有此区分，而我们的认识以对象为准。对于那理性的对象，我们给出的解释也必须是永恒不变的；并就其本性而言，是无可争辩的，不可拒绝的，它是完美无缺的。而关于那些由模仿这模式而产生的事物，我们的解释也只能是大约近似的。从实在到被造物的过程也是从真理到意见的过程。"②

在柏拉图的宇宙观中，可感世界由水、火、气、土这四个基本元素按一定比例构成。"火和土无法黏在一块儿，因而需要第三者作为黏物使它们黏起来。最好的黏物是使自己和被黏物完全融为一体。要达到这种效果，我们需要找到一种连续的几何比例……如果宇宙体是没有厚度的平面，则只需一个中间数就足以使它和其他数结合为一体。但我

---

① 参见刘鑫：《亚里士多德的类比学说》，载《清华西方哲学研究》2015 年第 1 期，第 401 页。

② 柏拉图：《蒂迈欧篇》，谢文郁译，上海人民出版社 1995 年版，第 20 页。

们的宇宙表现为立体，而立体需要两个而不是一个中间数。因此，神用水和气来做火和土的中间数，并使它们之间尽可能地成比例，就像火相对于气一样，气相对于水；像气相对于水一样，水相对于土。神依此把它们结合为一体而创造了可见可触的宇宙。"①根据柏拉图在《蒂迈欧篇》中的这种描述，火∶气＝气∶水＝水∶土，两两都具有相同的比例关系，都存在着类比，所以由这四个基本元素按一定比例构成的可见可触的宇宙是有秩序的，和谐的。

在城邦和灵魂正义的探讨中，柏拉图将城邦的组织区分为供养、护卫和教导三个层次，将灵魂区分为欲望、意气和理性，它们之间存在着对应的比例关系。在《理想国》第二卷开始讨论正义时，柏拉图设定了讨论的步骤，即先探讨城邦的正义，再看个人的正义，这就是从大字的正义到小字的正义的类比。②在第四卷，柏拉图重申了这一步骤，然后说："现在，当城邦里的这三种自然的人各做各的事时，城邦被认为是正义的，并且，城邦也由于这三种人的其他某些情感和性格而被认为是有节制的、勇敢的和智慧的……因此，我的朋友，个人也如此。我们也可以假定个人在自己的灵魂里具有和城邦里所发现的同样的那几种组成部分，并且有理由希望个人因这些与国家里的相同的组成部分的'情感'而得到相同的名称。"③这"相同的名称"当然就是个人或灵魂的正义。柏拉图正是借助大字和小字的类比来说明城邦和个人的正义在内涵上的一致性。虽然伯纳德·威廉姆斯（Bernard Williams）等人对类比的有效性提出质疑，但并不否认该类比的使用，国内学者吴天岳、聂敏里等人也都为之做了肯定性辩护。④

---

① 柏拉图：《蒂迈欧篇》，谢文郁译，上海人民出版社 1995 年版，第 21—22 页。

② 参见柏拉图：《理想国》，郭斌和、张竹明译，商务印书馆 1986 年版，第 46—57 页，358D—369A。

③ 同上书，第 157 页，435B—D。

④ 参见伯纳德·威廉姆斯：《柏拉图〈理想国〉中城邦和灵魂的类比》，聂敏里译，载《云南大学学报（社会科学版）》2009 年第 1 期，第 13—19 页；聂敏里：《〈理想国〉中柏拉图论大字的正义和小字的正义的一致性》，载《云南大学学报（社会科学版）》2009 年第 1 期，第 30—43 页；吴天岳：《重思〈理想国〉中的城邦-灵魂类比》，载《江苏社会科学》2009 年第 3 期，第 84—90 页。

　　与柏拉图一样,亚里士多德也在很多领域引入了类比,而且更重要的是,根据玛丽·赫西的分析,亚里士多德的类比已经涉及后来类比发展的两个分支,即科学的类比和形而上学或神学的类比。科学的类比首先从个体在种和属中的分类开始。他认为,要定义一个种,需要首先具体观察同样的个体,挑选出它们共同的特征。在不同属的个体中重复这一动作,选出它们共同的特征,直到依据一个共同特征发现单一的公式,这就定义了这个种,如果通过这种方法找到不止一个特征,并且个体不再有任何共同性,那么它们就是多义性的。然后在此基础上考虑类比的两种意义:"(i)当不同种的成员的部分之间存在共同的性质,比如刺和骨分享'骨的本性';(ii)当每个种的整体与部分之间的关系存在相似,比如杯子是狄奥尼索斯的象征,正如盾牌是阿瑞斯的象征,以及更典型地,手和爪,鱼鳞和羽毛,翅膀和鱼鳍等等在与各自的有机体的关系中都有相似的结构位置或功能。"①无论哪种意义上的类比,它们都是四项比例关系,只是前者包含中项,而后者不包含中项。

　　形而上学的类比指那些关于存在、一、善、现实和潜能、形式和质料等形而上学的先验性实在的概念的类比。谓词"健康"的类比因为后来神学家的广泛讨论而尤为著名。它既用来谓述健康的状态,也可以类比地用来谓述药物作为健康的原因,也可以用来谓述面色红润作为健康的效果。同样,存在可以用来恰当地谓述实体,也可以用来类比地谓述其他范畴,即存在的类比统一性问题。当神学家将存在等同于上帝,类比就进入神学领域。同样,存在与潜能也是通过相互类比来理解的。亚里士多德说:"如若在房屋的质料中没有什么阻碍其变成房屋,那么房屋就潜在地存在。如果无须增加、减少、改变什么,这就是潜在存在的房屋,这同样适用于其他类似的东西,凡是这样的东西其生成的本原都是外来的。在这些潜在存在的东西中,有的在自身之内就具有生成的本原,如若没有什么外来的阻碍,它自身就将变化。"②这里亚里士多

---

　　①　Mary Hesse, "Aristotle's Logic of Analogy", *The Philosophical Quarterly*, 1965, Vol.15, No.61, pp.328—340.
　　②　《亚里士多德全集》第七卷,苗力田译,中国人民大学出版社 1993 年版,第 211 页,1049a10—16。

德用与现实的类比来解释潜能。不仅如此,亚里士多德也用与潜能的类比来解释现实,他说:"如正在造屋相对于能造屋,醒着相对于睡着,正在看相对于有视觉但闭着眼睛的人,已经从质料中分化出来的东西相对于质料,已经制成的器皿相对于原始素材。两类事物是互不相同的,用前者来规定现实,用后者来规定潜能。"①就善的概念而言,有学者提出,亚里士多德"类比的善"是其形而上学在伦理学中的一个映射:"正如亚里士多德在形而上学中以存在的多义性反对柏拉图最高的种'一'和'存在'一样;[他]在伦理学中以善的多义性反对通过层层抽象而得到的最高的'善的理念'。"②

1.1.2　类比讨论的主题:揭示合理性问题

虽然我们在这里能够讨论古希腊时期类比讨论的主题,但是我们仍然要注意,就古希腊时期而言,毕达哥拉斯学派自不必说,其后无论对于柏拉图,还是亚里士多德,类比都主要是作为工具来使用的,所以讨论最多的是类比的应用,比如类比在宇宙观中的应用,类比在形而上学或伦理学中的应用,等等。类比作为理论本身还没有成为哲学家主要的思考主题。当然,由于对类比的应用,类比本身的一些问题也会被哲学家敏锐地察觉到,尤其是类比作为说服工具和揭示真理的方法的合理性问题。

从时间上看,类比方法贯穿于柏拉图早、中、晚不同时期的对话集中。只是在早期对话中,类比更多被具体地运用,有时甚至被对话中的苏格拉底自己所反驳。从《斐多篇》等中期对话开始,类比被当作更一般性的术语对待。柏拉图一方面提醒相似性具有欺骗性,一方面又将类比作为很重要的方法经常加以使用。到后期,例证(*paradeigma*)被

---

① 《亚里士多德全集》第七卷,苗力田译,中国人民大学出版社 1993 年版,第 209 页,1048b2—7。

② 刘鑫:《亚里士多德的类比学说》,载《清华西方哲学研究》2015 年第 1 期,第 418 页。

广泛讨论,在《政治家篇》中,柏拉图借客人之口告诉小苏格拉底:"我亲爱的苏格拉底,要证明任何重要的事物而不使用例证是很难的。"①在《理想国》中,柏拉图更是将类比作为极其重要的方法来讨论城邦正义和个人正义的一致性。他说:"假定我们视力不好,人家要我们读远处写着的小字,正好在这时候有人发现别处用大字写着同样的字,那么我们可就交了好运了,我们就可以先读大字后读小字,再看看它们是不是一样。"②柏拉图将城邦正义看作大字,个人的正义看作小字,这就是大字和小字的类比。而且柏拉图并没有不加检验地使用它。在《理想国》第四卷讨论完了城邦的正义后,他重申了从大字到小字的程序,然后说:"让我们再把在城邦里发现的东西应用于个人吧。如果两处所看到的是一致的,就行了。如果正义之在个人身上有什么不同,我们将再回到城邦并在那里检验它。把这两处所见放在一起加以比较研究,仿佛相互摩擦,很可能擦出火光来,让我们照见了正义,当它这样显露出来时,我们要把它牢记在心。"③可见,柏拉图对例证的应用也抱有审慎的态度,不过伯纳德·威廉姆斯仍然认为从大字到小字的类比中存在着内涵的类比关系及整体与部分的类比关系的混淆,因此并不成立。但是,如劳埃德所说,柏拉图终归认为类比既是一种有效的说服工具,也是一种揭示真理的方法。

劳埃德认为,柏拉图对类比理论具有如下主要贡献:第一,他提出对具体的类比论证的结论有进行证实的必要,但他本人也经常忽略这样做;第二,他在可能性论证和证明之间做出了区分;第三,他提醒对相似性潜在的误导本性加以注意,并且他不仅继续使用类比,也把类比看作一种辩证的启发性方法。④在此基础上,劳埃德总结说:"柏拉图对类比论证的逻辑的理解确实作出了几个重要的贡献。然而,尽管我们在

---

①　《柏拉图全集》第三卷,王晓朝译,人民出版社 2003 年版,第 118 页。

②　柏拉图:《理想国》,郭斌和、张竹明译,商务印书馆 1986 年版,第 57 页,358D。

③　同上书,第 157 页,434E—435A。

④　Geoffrey Ernest Richard Lloyd, *Polarity and Analogy：Two Types of Argumentation in Early Greek Thought*, Cambridge University Press, 1966, pp.402—403.

对话中发现了许多零散的评论，这些对话涉及比喻（imagery）和相似性的使用，也反映出对有关具体的类比论证的说服力的评价，但同样显而易见的是，柏拉图并没有对类比论证本身进行形式化的分析。"①劳埃德认为，这一工作是由亚里士多德进行的。

亚里士多德除了使用类比（*analogia*）外，对例证和相似性的讨论也与类比有关。亚里士多德延续了柏拉图对例证的讨论。他将说服论证区分为两种即例证与推理论证。这实际上延续了柏拉图关于可能性论证和证明之间的区分。亚里士多德认为，"在缺乏推理论证的情况下，就应当利用例证来进行证明，因为以此即可产生说服力。在有了推理论证的情况下，应当把例证作为证据来使用，作为对推理论证的收场白"②。亚里士多德又将例证区分为两类，一类是根据过去的事实进行类比，一类是根据杜撰的事例进行类比，后者可继续分为比喻和寓言。亚里士多德认为，"对于议事来说，事实的例证却更为有用，因为在大多数情况下，将会发生的事情类同于已经发生过的事情"③。亚里士多德在《工具论》中，对例证给出了一个明确的界定："当大项通过一个相似于第三个词项的词项被证明属于中项时，我们就获得了一个例证。"④但是亚里士多德随即从三段论推理的角度对例证提出了批评。亚里士多德提供了一个例证来说明这一批评，即"如果我们想要证明（雅典）反对忒拜的战争是坏的，我们必须认定对邻邦发动战争是坏的，其证据可从相同的例证中得出，例如，忒拜反对福奥克斯的战争是坏的"⑤。随后亚里士多德认为，"一个例证所代表的不是部分与整体，或整体与部分的联系，而是一个部分与另一个部分的联系。它与归纳不相同。归纳是从对全部个别情况的考虑表明大项属于中项，并不把结论与小项相联系。相反例证与它相联系，也并不使用所有个别情况来证明"⑥。

---

① Geoffrey Ernest Richard Lloyd, *Polarity and Analogy：Two Types of Argumentation in Early Greek Thought*, Cambridge University Press, 1966, p.403.
②③ 《亚里士多德全集》第九卷，苗力田译，中国人民大学出版社 1994 年版，第 460 页。
④ 《亚里士多德全集》第一卷，苗力田译，中国人民大学出版社 1990 年版，第 235 页。
⑤⑥ 同上书，第 236 页。

对相似性的讨论也与归纳和类比有关。在讨论不同种的事物之间的相似性时,亚里士多德对这种推理做出了说明:"假设甲与乙相关,那么丙与丁相关。例如,假定知识与知识的对象相关,那么感觉就与感觉的对象相关。并且,假设甲在乙中,则丙在丁中。例如,假定视觉在眼睛中,那么理智在灵魂中;假定浪静在海中,则风平在空中。"①当然,要理解相似性推理,首先要理解亚里士多德的"相似"概念。亚里士多德在《形而上学》中做了说明:"相似是指那些其属性全部相同、或相同多于相异,以及那些其性质一样的东西。某一事物具有另一事物大多数的或较主要的属性,依据它们对立物的变化才得以可能,就和这一事物相似。"②这在《工具论》中被浓缩为一句话:"正是由于拥有某种相同的属性,它们才是类似的。"③亚里士多德认为,考察相似性对于归纳、假设性推理和定义都有用。对归纳有用,是因为只有对相似性的情况才能进行归纳;对假设性推理有用,是因为对相似物中的某一个东西具有真实性时,对别的相似物也如此;对定义有用,是因为我们能够根据这种相似性确定它的种。由此考察,亚里士多德也认为,这个方法相似于归纳,但并不相同,因为归纳是从特殊的东西中确立普遍性,而相似性推理所确立的并不是所有相似事例中的普遍性。如劳埃德所评论,亚里士多德在《工具论》中专注于三段论和推理中的确定性的获得,对类比论证的讨论一方面揭示了其弱点,另一方面也对于类比论证的启发性和在科学方法中的作用关注不够。④

1.1.3 类比建构的工具:数学分析

当我们讨论古希腊类比的数学建构时,我们自然主要是指柏拉图和亚里士多德对类比的数学建构。一方面,类比的概念来源于毕达哥

---

①③ 《亚里士多德全集》第一卷,苗力田译,中国人民大学出版社 1990 年版,第 375 页。

② 《亚里士多德全集》第七卷,苗力田译,中国人民大学出版社 1993 年版,第 124 页。

④ Geoffrey Ernest Richard Lloyd, *Polarity and Analogy : Two Types of Argumentation in Early Greek Thought*, Cambridge University Press, 1966, pp.413—414.

拉斯学派,而类比在毕达哥拉斯学派时期是一个单纯的数学概念。据施坦贝格尔考察,这种对类比的数学理解直到柏拉图将其引入哲学之时依然盛行。[①]到亚里士多德时期,是否仍旧如此,确实不得而知了。但是,据玛丽·赫西的考察,亚里士多德对这种数学理解也是了然于心的,她以后者在《论诗》中通过类比获得隐喻一例予以证明。[②]在那里亚里士多德区分了几种隐喻,其中一种隐喻正是通过类比来获得,这里的类比就是标准意义上的毕达哥拉斯学派的数学类比。他说:"通过类比得到的隐喻是指在第二个字和第一个字之间,第四个字和第三个字之间有一种类比的关系(B is to A as D is to C),可以用第四个字代替第二个字或用第二个字代替第四个字,有时还通过加进一个与被替换的字有关系的字来修饰隐喻。"[③]另一方面,柏拉图和亚里士多德在类比的哲学应用中以一种关系的相似来对应于毕达哥拉斯学派对类比的数学理解,包含中项的四项关系类比称为算数类比,不包含中项的四项关系类比称为几何类比。我们前面在 1.1.1 中定义比例性的类比时也就是在这个意义上来定义柏拉图和亚里士多德的类比。

柏拉图的"线喻"最明显地体现了其类比的数学建构。所谓"线喻"指,用一条线来代替可见世界和可知世界,"把这条线分成不相等的两部分,然后把这两部分的每一部分按同样的比例再分成两个部分。假定第一次分的两个部分中,一个部分相当于可见世界,另一个部分相当于可知世界;然后再比较第二次分成的部分,以表示清楚与不清楚的程度,你就会发现,可见世界区间内的第一部分可以代表影象……再说第二部分:第一部分说它的影象,它是第一部分的实物,它就是我们周围的动物以及一切自然物和全部人造物"[④]。可知世界也分成两个部分,

---

① Ralf M. W. Stammberger, *On Analogy: An Essay Historical and Systematic*, Lang, 1995, pp.11—12.

② Mary Hesse, *Models and Analogies in Science*, University of Notre Dame Press, 1966, p.133.

③ 《亚里士多德全集》第九卷,苗力田译,中国人民大学出版社 1994 年版,第 673 页,1457b15—20。

④ 《柏拉图全集》第三卷,王晓朝译,人民出版社 2003 年版,第 268 页。

"在第一部分,灵魂把可见世界中的那些本身也有自己的影象的实物作为影象;研究只能由假定出发,而且不是由假定上升到原理,而是由假定下降到结论;在第二部分里,灵魂相反,是从假定上升到高于假定的原理;不像在前一部分中那样使用影象,而只用理念,完全用理念来进行研究"①。这样,经过两次二分,出现了六个存在领域,三对比例。由于是按照同样的比例进行的划分,所以三对比例形成了类比,即,可见世界:可知世界=影象:自然物=数学型相:理念。相应地,在思维领域也存在着一一对应的类比关系,即,意见:知识=幻想:信念=数学知识:理性知识。柏拉图通过这一线喻的几何类比建构了存在的整个领域,以及存在与思维的对应关系,而这一问题到亚里士多德那里进一步发展成为存在的类比统一性问题。

亚里士多德的"存在的类比统一性"②中的类比也是几何类比。海德格尔说:"不管亚里士多德多么依附于柏拉图对存在论问题的提法,凭借这一揭示,他还是把存在问题置于全新的基础之上了。"③亚里士多德将形而上学定义为一门关于存在的学问。存在是最普遍的,但又不是一个种,所以亚里士多德用"作为存在的存在"来表示存在。然而在《范畴篇》中,亚里士多德又区分了十范畴,它们都是存在,所以很自然的问题就是,这些范畴是在什么意义上作为存在的。《范畴篇》并不是一部纯粹的逻辑学著作。在《范畴篇》中,亚里士多德的十范畴是依据两个原则得来的。一是内居原则,即是否内居于其他主体之中,这是一个形而上学的原则,根据这个原则,亚里士多德区分出实体和属性,即不内居于其他任何主体的东西就是实体,内居于其他主体的东西是属性;二是谓述原则,即是否谓述主体,这是一个逻辑原则。需要说明的是,在亚里士多德对这个原则的使用中,所谓的"谓述"是在单义性

---

① 《柏拉图全集》第三卷,王晓朝译,人民出版社 2003 年版,第 269 页。

② "存在的类比统一性"这一说法是否归于亚里士多德存在着争议,参见靳希平:《亚里士多德与 analogia entis》,载《Being 与西方哲学传统》(下),河北大学出版社 2001 年版,第 764—778 页。

③ 海德格尔:《存在与时间》,陈嘉映译,生活·读书·新知三联书店 1999 年版,第 4 页。

(univocal)的严格意义上说的，也即，不仅其名称并且其定义也是谓述其他主体的，与之对应的是多义性(equivocal)。根据这个原则，亚里士多德区分出共相和个别(殊相)。这两个原则结合使用就出现了四类：既不内居于其他主体，也不谓述其他主体的个体；不内居于其他主体，但是名称和定义都谓述其他主体(指个体)的本质(指种和属)；内居于其他主体，在定义上不谓述其他主体的偶性；以及内居于其他主体，也在定义上谓述其他主体的知识。①在这四类中，个体是最严格意义上的实体，种和属是第二实体，偶性包括数量、性质、关系、何时、何地、动作、承受、所处、所有等，它们共同构成亚里士多德所谓十范畴。它们都是存在，是基于内居原则和谓述原则意义上的存在，如果这被称为"存在的类比统一性"，那么内居原则和谓述原则就是这一存在类比统一性中的比例关系。

亚里士多德在伦理学中将德性定义为"中道"则是一种算数类比。所谓"中道"指过度和不足的中间状态，比如 6 是 10 和 2 的中间状态，因为，6 比 10 少 4，比 2 多 4。不过德性的中道是相对我们个人及其处境做出的选择的中间状态，比如节制是放纵和呆板的中道，勇敢是鲁莽和怯懦的中道。"德性作为对于我们的中庸之道，也是一种具有选择能力的品质，它受到理性的规定，像一个明智人那样提出要求。中庸在过度和不及之间，在两种恶事之间。在感受和行为中都有不及和超越应有的限度，德性则寻求和选取中间。所以，不论就实体而论，还是就是其所是的原理而论，德性就是中间性，中庸是最高的善和极端的美。"②中道是过度和不及的中项，因此是一种算数类比。

正义作为四主德(节制、勇敢、智慧和正义)之首，其特殊性在于"在各种德性之中，唯有公正是关心他人的善"③。而公正作为一种比例的

---

① 参见汪子嵩、王太庆：《陈康：论希腊哲学》，商务印书馆 1990 年版，第 283—296 页。

② 《亚里士多德全集》第八卷，苗力田译，中国人民大学出版社 1992 年版，第 36 页，1107a1—6。

③ 同上书，第 96 页，1130a3。

比值相等,因此是四项关系的几何类比。"既然均等就是中间,那么公正也就是一种中间。如若均等至少是两者的均等,那么公正的事就必然或者是对某物和某人的中间和均等,或者是两个相等者的均等,或者是某些事物(也就是多或少)的中间,或者是公正,对某些人的公正。这样看来,公正事物必定至少有四项。两个是对某些人的公正,两个是在某些事物中的公正。并且对某些人的均等,和在某些事物中的均等两者相同。"①正义在政治领域表现为政治正义,在经济领域表现为分配正义。政治正义是不包含中项的四项类比,因此是几何类比。"但是不应忘记,我们所探求的不仅是一般的公正,而且是政治的或城邦的公正。这种公正就是为了自足存在而共同生活,只有自由人和比例上或算术上均等的人之间才有公正,对于那些与此不符的人,他们相互之间并没有政治的公正,而是某种类似的公正。"②分配正义意味着获利和损失的中道。"分配性的公正,是按照所说的比例关系对公物的分配。(这种分配永远是出于公共财物,按照各自提供物品所有的比例。)不公正则是这种公正的对立物,是比例的违背。在交往中的公正则是某种均等,而不公正是不均,不过不是按照那种几何比例,而是按照算数比例……既然均等是多和少的中间,那么所得和损失的对立也就是多和少的对立。好处多坏处少就是所得,反之就是损失。它们的中间就是均等,我们说就是公正,所以矫正性的公正就是所得和损失的中间。"③分配正义是包含中项的三项类比,因此是算数类比。

1.2　中世纪类比理论

　　珍妮弗·阿什沃思(Jennifer Ashworth)曾总结过中世纪类比理论的三个主要来源,分别是逻辑学课本中的多义性理论、12 世纪的神学

---

① 《亚里士多德全集》第八卷,苗力田译,中国人民大学出版社 1992 年版,第 99 页,1131a14—20。

② 同上书,第 107 页,1134a25—29。

③ 同上书,第 101—102 页,1131b25—1132a17。

以及亚里士多德和阿拉伯哲学家的形而上学。①可以说，亚里士多德为中世纪类比理论提供了理论基础和建构工具，神学则限定了中世纪类比理论的议题和论域。围绕神学议题，类比理论可以分为形而上学的类比、逻辑学的类比和语义学的类比，而在建构过程中，我们需要不断回溯亚里士多德及其各种评注。阿什沃思是一位对中世纪类比理论用力极深的权威学者，她对中世纪早期到 14 世纪的类比相关文献都做过细致的梳理。本节则跳出文本梳理，尝试对中世纪类比理论进行系统性建构。相较于古希腊类比理论，中世纪的类比在定义、主题和建构工具上都发生了变化，也具有明显区别于现代类比理论的自身特色。

1.2.1　定义：在先的和在后的

可以说，中世纪的类比理论直接建立在对亚里士多德逻辑学的注释和理解上，因此讨论类比理论在中世纪的发展，就不得不提及亚里士多德文献在中世纪的曲折传播经历。以公元 529 年东罗马皇帝查士丁尼关闭雅典学园作为标志性事件，在蛮族入侵、东西罗马分治，以及伊斯兰教的崛起等政治文化背景下，西欧的古希腊文化根基几乎丧失殆尽。学校里使用的逻辑学教材主要是波埃修（Boethius）所翻译的亚里士多德的《工具论》，包括《范畴篇》以及波菲利（Porphrios）的注释，还有他自己对《范畴篇》和《解释篇》所作的注释。这些逻辑学教材被称为"旧逻辑"。相反，亚里士多德著作在伊斯兰教地区被译成阿拉伯语、叙利亚语和西班牙语，并促进了中世纪阿拉伯哲学的发展。随着西欧社会政治逐渐趋于稳定，以及十字军东征的影响，亚里士多德著作开始被陆续翻译为拉丁文，甚至能够根据希腊文原著对翻译进行修正，波埃修翻译的《前分析篇》《后分析篇》《论辩篇》和《正位篇》也被发现，这些逻

---

① E. J. Ashworth, "Medieval Theories of Analogy", *The Stanford Encyclopedia of Philosophy*(Fall 2017 Edition), Edward N. Zalta (ed.), URL＝https://plato.stanford.edu/archives/fall2017/entries/analogy-medieval/.

辑学著作被称为"新逻辑",其影响到 13 世纪陆续显现出来。①我们要讨论的中世纪类比理论,涉及从波埃修到托马斯(Thomas Aquinas),以及根特的亨利(Henry of Ghent),也兼顾了文艺复兴时期卡耶坦(Cajetan)对托马斯类比理论的解读。

根据阿什沃思的考证,拉丁语的"类比"(analogia)有多种意义。一是在圣经注释中,"类比是表明圣经各部分之间彼此互不冲突的方法"②。托马斯在《神学大全》中讨论"《圣经》中的语词能否具有多种意义?"时说,《圣经》中的历史的、溯因的和类比的意思都是字面的意义,"当《圣经》中一句话的真理同另一句话的真理看起来不矛盾或相符合时,它便被称作类比的"③。二是在逻辑学课本中,阿什沃思注意到,希腊语的类比一词有时被翻译为拉丁语 analogia,也经常被翻译为拉丁语"比例"(proportio)或"比例性"(proportionalitas)。实际上,这正代表了类比的两种意义,但经常被混为一谈——类比有时可以作为比例的同义词替换使用,有时又用来指比例性,即两个比例之间的比较。在《论真理》(De veritate)中,托马斯对两者做了区分,前者用来指亚里士多德核心意义(pros hen)上的多义性,后者用来指亚里士多德的类比。亚里士多德将类比理解为一种比例关系,即两个比例的相等,比如一之于数目和点之于线,或者河流的源头和动物的心脏,涉及四个比例项,亚里士多德以此来说明分配的公正。在《论真理》中,托马斯试图通过这种比例关系的类比来解释上帝与其属性和受造物与其属性之间的关系。不过在后期著作中,托马斯放弃了这一思路。这种类比的使用也不是中世纪后期类比理论的主流。

根据阿什沃思的考察,到 13 世纪 20 年代,类比开始与"在先的和

---

① 参见赵敦华:《基督教哲学 1500 年》,人民出版社 1994 年版,第 183 页。

② E. J. Ashworth, "Medieval Theories of Analogy", The Stanford Encyclopedia of Philosophy(Fall 2017 Edition), Edward N. Zalta (ed.), URL＝https://plato.stanford.edu/archives/fall2017/entries/analogy-medieval/.

③ 托马斯·阿奎那:《神学大全》(第一集 论上帝 第一卷 论上帝的本质),段德智译,商务印书馆 2013 年版,第 24 页。

在后的"(*per prius et posterius*)这个短语联系起来。①"在先的和在后的"这一短语来自阿拉伯哲学,包括阿尔法拉比(Alfarabi)、阿尔加扎里(Al-Ghazali,拉丁语译为 Algazel)和阿维森纳(Avicenna)等人都用这个概念来解释存在。阿维森纳是阿拉伯哲学的集大成者,是阿拉伯世界的"东部亚里士多德主义"的巅峰。他区分了存在和存在的事物。存在的事物依据存在和本质两个方面区分为其存在因自身而必然的事物和其存在因自身而可能的事物,前者是没有原因的,而后者是有原因的。前者是唯一的,是真主,而后者是被造物。在讨论"可能事物的本质的在后性"时,他认为一个事物相对于另一个事物是在后的,可以有许多方式,可能事物的"在后性"(posteriority)是就其本质而言在后的。同样,"一个事物因其本质而不是因其他属于该事物之状态是就其本质而言在先于(prior to)因其他而不是因其自身的事物之状态"②。于是,对阿维森纳而言,"存在"是一个在"在先的和在后的"意义上的"多义性的"(ambiguous)③术语或名称。格罗塞特斯特(Robert Grosseteste)在对亚里士多德《后分析篇》的评注中说,亚里士多德为了找到一个共同的术语而使用的"类比"创造了一个在"在先的和在后的"意义上的多义性的名称,从而将"多义性"和"类比"联系了起来,格罗塞特斯特称之为"多义性类比"(*ambiguum analogum*)。

13 世纪四五十年代,巴黎的尼古拉(Nicholas of Paris)编写的逻辑

---

① E. J. Ashworth, "Medieval Theories of Analogy", *The Stanford Encyclopedia of Philosophy*(Fall 2017 Edition), Edward N. Zalta(ed.), URL＝https://plato.stanford.edu/archives/fall2017/entries/analogy-medieval/.

② Shams Inati, *Ibn Sina's Remarks and Admonitions: Physics and Metaphysics*, Columbia University Press, 2014, p.137.

③ 根据阿佛洛狄西亚的亚历山大(Alexander of Aphrodisias)对《论题篇》的评注,亚里士多德将一词多义区分为两种,即 equivocal 和 ambiguous,后者是"在先的和在后的"意义上的多义性。中世纪类比理论是基于对 equivocation 的分类,"在先的和在后的"意义上的类比成为这一分类中的一个子类。参见 H. A. Wolfson, "The Amphibolous Terms in Aristotle, Arabic Philosophy and Maimonides", *Harvard Theological Review*, 1938, Vol.31(2), pp.151—173, 以及 E. J. Ashworth, "Analogy and Equivocation in Thirteenth-Century Logic: Aquinas In Context", *Mediaeval Studies*, 1992, Vol.54, pp.94—135。

学课本（*Summe Metenses*）开始在"在先的和在后的"意义上使用"类比"一词,确立了后来逻辑学家和神学家的标准用法。尼古拉将多义性区分为严格意义上的多义性和宽泛意义上的多义性,前者指根据含义是多义的,后者指根据语境或在后的意义上是多义的。正是基于这一区分,尼古拉将类比词看作多义性的。然后他又将多义性区分为四种:根据含义的多义性、根据语境的多义性、根据位置（office）的多义性、根据转换的多义性。欧塞尔的兰伯特（Lambert of Auxerre）的《逻辑学》写作跟巴黎的尼古拉的逻辑学课本时间上相近,但对类比的讨论更详细。他接受尼古拉对多义性的四分法,将类比看作第二种多义性。一个类比的名称是指,这个词在在先的和在后的意义上意指一个概念。比如,"健康"（*sanum*）,它在描述"动物是健康的"和"尿液是健康的"中,都是指同一个概念,但是在前者中,"健康"是在首要的或在先的意义上谓述动物的特征,而在后者中,"健康"是在在后的或次要的意义上谓述与健康的动物相关的事物的特征。

　　在托马斯的类比思想中,虽然也涉及古希腊传统的"比例性的类比",但是具有代表性的正是这种"在先的和在后的"意义上的类比。在《神学大全》中讨论"善是否能够被正确地区分为高尚的、有益的和愉悦的?"时,托马斯说:"善不是作为某种单义的东西进行相等的谓述而被划分为这三种的,而是作为某种类比的东西根据在先和在后的顺序来谓述它们的。因此它首要地谓述高尚,其次谓述愉悦,最后谓述有益。"[①]在第13个问题中讨论上帝的名称时,托马斯讨论了这一类比思想在亚里士多德形而上学中的根据。他说:"在所有那些在类比的意义上言说多的名称中,由于所有的事物都涉及同一件事物,它们也就被言说到了。而且,这一件事物也必定被置放进那有关它们全体的定义之中。同时,既然如《形而上学》第5卷所说,'名称所表达的观念（*ratio*）就是定义',则这样一种名称首先言说的就必定是被置放进这样一些事

---

　　①　托马斯·阿奎那:《神学大全》(第一集 论上帝 第一卷 论上帝的本质),段德智译,商务印书馆2013年版,第86页。

物的定义中的东西,其次才依照其接近第一因的程度而依次言说到其他一些事物。"①在此基础上,托马斯才对上帝的名称是首先应用于上帝,还是首先应用于受造物的问题进行讨论。托马斯认为:"就名称所表示的事物而言,这些名称是首先应用到上帝身上而不是受造物身上的,因为这些完满性都是从上帝流向受造物的。但是,就名称的使用(*impoitionem*)而言,它们是首先被我们应用到受造物身上的,因为我们是首先知道受造物的。"②这里又涉及另一个问题,即存在的类比和名称的类比以及它们的差别。

如吉尔松(Etienne Gilson)所言,"每一个天主教的形而上学都有分受(分有)和类似(相似)的观念,这些观念虽然是借自柏拉图思想,不过天主教所给予这两个观念的意义,远比在柏拉图思想中来得深刻"③。相似正是来自分有,"一切动作若都按照其现实所是而动,每一原因所产生之效果皆与自己类似"④,吉尔松评价说,在托马斯的作品中很少有几句话像这句一样一再重复。吉尔松认为,上帝与被造物的这种因果关系必然意味着类比,"按照创造的观念所隐含的,基督徒的宇宙是天主创造的效果,那么,这个宇宙必然与神相类比。但也仅此于类比而已,因为当我们比较存有本身和被造之存有者,即使在存在方面,两者分属两种不同的存有界,既不可兼并亦不可减除。严格说来,正因为两者不可共同比较,因此才是共同可能的"⑤。类比也就意味着相似,在讨论上帝的完善性时,托马斯专门回答了"是否任何一个被造物都能够跟上帝相似"的问题,他说:"被造物与上帝的相似不是根据相同的属或种的形式性而对形式上的一致性的解释来确认的,而纯粹是根据类比,因为上帝是本质的存在,而其他事物是分有的存在。"⑥

---

① 托马斯·阿奎那:《神学大全》(第一集 论上帝 第一卷 论上帝的本质),段德智译,商务印书馆 2013 年版,第 213 页。

② 同上书,第 214 页。

③④⑤ 吉尔松:《中世纪哲学精神》,沈清松译,上海人民出版社 2008 年版,第 91 页。

⑥ Thomas Aquinas, *Summa Theologica*, I-I, Q 4, A 3, ad. 3, Christian Classics Ethereal Library. Online source, URL=https://ccel.org/ccel/aquinas/summa/summa.i.html.

然而,这种相似性的类比在托马斯那里却带来了负面的后果。在他看来,由于上帝的本性与被造物之间只是一种类比关系,因此我们的理智只能认识到上帝是或存在,而对于上帝的本性我们不认识其所是,而只能认识其所不是。①根特的亨利则认为关于上帝的本性的某些肯定性的知识是可以从被造物中得到的,因此如何解决上帝的超越性与人对上帝的认识之间的张力正是亨利改造传统类比理论的动机所在。亨利的基本立场是:"由于在实在的概念及其作为基础的实在之间要求一种严格的对应,那么在超越的层面上,存在就形成两种适当又有区别的概念(含义),尽管是适当又有区别的,却有类比的关联性,其真实的基础在于造物对上帝的因果依赖性。"②因为,上帝和被造物虽然都是未定的存在概念,但是上帝存在的未定性是否定性的,因为它否定所有的规定性,而被造物的未定性是缺失性的,因为即使没有它被发现的规定性也能被设想。在此基础上,亨利认为,人们之所以能够从被造物的概念上升到对上帝本性的认识,是因为人们以一种模糊的方式构想了上帝与被造物的存在。但是以某种模糊的方式来构想既适合于上帝又适合于被造物的存在,并不意味着要有一个作为第三者的确定的存在概念。存在能够被以充分的模糊性来构想,使得存在具有一种表面上的或貌似的单义性。而司各脱对此的反应是,这样一个概念事实上必然是单义的。

1.2.2 类比讨论的主题:类比类型学

首先需要说明的是,这里讨论的"主题"是就类比本身而言的,而无关乎运用类比来试图解决的理论问题,虽然两者并非毫无关系。中世纪基督教哲学家试图用类比来解答上帝的名称问题,即用于被造物的语言如何能言说超越的上帝。而哲学家们也正是在解决这一

① 参见约翰·马仁邦:《中世纪哲学》,孙毅、查常平、戴远方、杜丽燕、冯俊等译,中国人民大学出版社 2009 年版,第 331 页。
② 同上书,第 334 页。

问题的过程中形成对类比的各种分类，我们称之为"类比类型学"。对类比的分类来自对"多义性"的分类，也就是依赖于谓词理论。这一小节我们专门讨论类比的分类，下一小节分析作为类比建构工具的谓词理论。

中世纪神学家关注的问题始终是围绕上帝展开的，类似于高尔吉亚(Gorgias)的三个怀疑论命题，它们分为：第一，上帝存在吗？第二，如果上帝存在，我们能够认识上帝吗？第三，如果我们能够认识上帝，我们能用日常语言言说它吗？就类比理论而言，前两个问题属于形而上学的类比或存在的类比，第三个问题属于逻辑学的类比。形而上学的类比主张，上帝和受造物之间是一种类比关系，因此也被称为模仿或分有的类比。逻辑学的类比则主张，我们的日常语言当然能够言说上帝，不过是在类比的意义上。随着类比与"在先的和在后的"这一短语相关联，这两种类比的划分趋于融合。因此，类比的分类变成对"在先的和在后的"的分类。

不过，谈到类比的划分，我们立即就会想到 15 世纪托马斯的追随者卡耶坦(托马斯·德·维奥)对类比的三分法。他在《论名称的类比》(*De Nominum Analogia*)中将托马斯的类比区分为不相等的类比(analogy of inequality)、属性的类比(analogy of attribution)和比例性的类比(analogy of proportionality)。不相等的类比所说的"不相等"是概念的完满性上的不相等，即被一个单义性的名称所意指的共同概念有在先的和在后的秩序。但是卡耶坦认为，如果这样的话，任何一个种(genus)都可以说是一个类比词项，所以他认为，除非在类比一词被滥用的意义上，否则这样的词项不应该是类比。属性的类比是指就名称而言是相同的，但就其意义与该名称的关系而言是不同的。卡耶坦根据亚里士多德的四因说区分了属性的四种关系，而对应的属性的类比的类型根据托马斯只有两种，即多对一和一对一。但是卡耶坦也认为，属性的类比从逻辑学的角度而言属于多义性而不是类比。比例性的类比是指名称是相同的，但名称所意指的概念在比例性上(proportionally)是相同或相似的。这明显来自亚里士多德。并且卡耶坦认为,如果在"类比"这一最恰当意义上而言,那么只有这最后一种类比,才是最真实的类比。①现在我们已经知道,卡耶坦的这种划分并不符合托马斯的本意,因而遭到很多批评。我们先分析中世纪哲学家(包括托马斯)对类比的其他划分,然后再回头探讨为什么说卡耶坦的类比划分误解了托马斯。

事实上,中世纪后期对类比还有另外一种三分法,即单义性的类比、多义性的类比和介于两者之间的类比。但是不同学者对每一种类比的理解有所差异。因切尔蒂·奥图尔(Incerti Auctores)认为,单义性的类比是指两个不同的种(species)同等地分有同一个属(genus)。这两个种在该属中的地位不同,属在"在先的"意义上应用于更高的种,在"在后的"意义上应用于较低的种。司各脱则认为,给定属中的种根据各自完满性的程度本来就有确定的顺序,因此并不根据这一顺序分有种。介于单义和多义之间的类比是指同一个概念在两个类似物中被不相等地分有,一个是在在先的意义上,另一个是在在后的或其次的意义上。因切尔蒂·奥图尔以存在(ens)为例。存在是实体和偶性的共同概念(ratio communis),实体是在先的意义上分有存在,偶性在其次的意义上分有存在。司各脱反对通过"在先的和在后的"进行意指。他认为这会在意指秩序、理解秩序和存在秩序之间的关系上导致错误②,他也不接受共同概念,认为任何一个概念都是限定的。所以他认为,不存在介于单义和多义之间的类比谓词,进行类比谓述的"存在"是多义性的。就第三种即多义性的类比而言,切尔蒂·奥图尔是指一个事物通过属于另一个事物而被意指,两者之间不存在"共同概念"。比如"健康",在首先的意义上,指健康的动物,在其次的意义上指健康的尿液。法沃善的西蒙(Simon of Faversham)认为多义性的类比本质上可归结

① 卡耶坦对类比的三分法参见 Ralph M. McInerny, *The Logic of Analogy: An Interpretation of St Thomas*, Springer Netherlands, 1971, pp. 3—13, 或者 Ralph M. McInerny, *Aquinas and Analogy*, Catholic University of America Press, 1996, pp.4—22。

② 这与意指模式(表征模式)、理解模式和存在模式相关,参见约翰·马仁邦:《中世纪哲学》,孙毅、查常平、戴远方、杜丽燕、冯俊等译,中国人民大学出版社 2009 年版,第305 页。

为多义性的一种类型。一个词项在首先的意义上谓述一个事物,在其次的意义上谓述另一个事物,但不是根据一个概念。他将概念区分为绝对概念和关系概念,前者用于实体,后者用于偶性。所以他也否认"存在的共同概念",将"存在"视为第三种类比,而不是奥图尔的第二种类比。司各脱对第三种类比的定义与法沃善的西蒙又有所不同,他指的是,一个词语既被用于恰当地意指一个事物,又根据某种相似性用来不恰当地意指另一个事物,但他认为这一类比也属于多义性的类型。①

在卡耶坦看来,托马斯在《箴言书注》(*Scriptum super libros Sententiarum*)中也提到过一种三分法,即,仅根据意向而不根据存在的类比,仅根据存在而不根据意向的类比,以及既根据存在也根据意向的类比②。这也是卡耶坦对托马斯的类比进行三分法的主要文本依据。但是托马斯对类比的划分主要是一种二分法,即多对一的类比(*multorum ad unum*)和一对一的类比(*unius ad alterum*)。托马斯对这两种类比说得很清楚,我们引用如下:"另一方面,必须说,没有任何东西单义地谓述上帝和受造物,而且共同谓述它们的东西也不是纯粹多义的谓述,而是类比。这种谓述有两类。一是某样东西就第三物谓述两物,比如就实体谓述质和量。另一种是某样东西谓述两物因为两物彼此之间的关系,比如谓述实体和数量。在第一种谓述中必然存在某种先于两物又与两物有某种关系的东西,如实体之与量和质,但在第二种中,必然是一物先于另一物。因此,既然无物先于上帝而上帝先于受造物,那么第二种类比才是神圣谓述而不是第一种。"③卡耶坦在属性的类比中包含了这种二分法,所以他的三分法有时也被当作一种四分法。托

---

① 这一通过切尔蒂·奥图尔、法沃善的西蒙和司各脱对类比三分法的详细分析参见 E. J. Ashworth, "Analogy and Equivocation in Thirteenth-Century Logic: Aquinas In Context", *Mediaeval Studies*, 1992, Vol.54, pp.94—135。

② Thomas Aquinas, *I Sent.* d. 19, q. 5, a. I, ad 1m. Ralph M. McInerny, *Aquinas and Analogy*, Catholic University of America Press, 1996, p.6.

③ Thomas Aquinas, Q.D. de pot., q. 7, a. 7.参见董尚文:《阿奎那语言哲学研究》,人民出版社 2015 年版,第 275 页。

马斯在这种二分法的基础上讨论上帝之名的问题。在《神学大全》中讨论上帝的名称时,托马斯重申了这一划分,紧接着就说:"这样,一些事物之言说上帝和受造物就是被类比地说到的,而不是在一种纯粹多义的和纯粹单义的意义上说到的。因为我们只能够从受造物来给上帝命名(第1条)。这样,凡是说到上帝和受造物的东西,也就都是按照受造物同上帝的关系来言说的,其中,上帝乃它的原则和原因,事物的所有的完满性都是事先卓越地存在于上帝之中的。"①这详细说明了对上帝的名称的类比如何是第二种即一对一的类比,而不是第一种即多对一的类比。

然而,正是在讨论上帝的名称时,卡耶坦让自己陷入了两难境地。托马斯认为对上帝的谓述是类比性的,并且是一对一的类比,而卡耶坦在其《论名称的类比》中将多对一和一对一的类比归入属性的类比,并且认为它们不是真正的类比,而诸如"存在"、"智慧"等共同谓述上帝和受造物的类比谓词属于比例性的类比。阿什沃思评论说:"[卡耶坦]确实考虑到了'存在'一词根据属性的使用,那是当我们将受造物也理解为存在者(beings)的时候,而且仅仅是因为它们反映了创造它们的上帝的本性。但一般来说,他认为'存在'和所有其他形而上学的和神学的重要类比性谓词一样原则上属于第三种类比。"②导致这一困境的根源在于,卡耶坦在《论名称的类比》中对托马斯的类比的三分法说明只是依赖其早期的《箴言书注》,并不代表托马斯的主要类比思想,而他对《神学大全》的评注又更倾向于从自己已经做出的类比划分出发。事实上,如拉尔夫·麦金纳尼(Ralph McInerny)所说,"[卡耶坦]对类比名称的研究受到他对《箴言书注》(*I Sent*. d. 19, q. 5, a. 2, ad Im.)理解的支配。虽然从《论名称的类比》开始,他就因其误解了的三分法所

---

① Thomas Aquinas, *Summa Theologica*, I-I, Q 13, A 5, Christian Classics Ethereal Library. Online source, URL=https://ccel.org/ccel/aquinas/summa/summa.i.html.

② E. J. Ashworth, "Medieval Theories of Analogy", *The Stanford Encyclopedia of Philosophy* (Fall 2017 Edition), Edward N. Zalta (ed.), URL=https://plato.stanford.edu/archives/fall2017/entries/analogy-medieval/.

备受困扰,但从那以后,他似乎从来没有对他关于托马斯文本的理解提出过质疑"①。具体来说,这一误解在于,"我们正在阅读的如其呈现的当前文本(指卡耶坦所依据的托马斯《箴言书注》中的那篇文章),并不是一个对名称的类比的划分,而是指出,类比名称的基础并不总是相同的"②。当然,对类比名称的基础的分析本质上指向谓词理论。

1.2.3　类比建构的工具:谓词理论

我们已经强调过,中世纪类比理论的一个重要理论来源是亚里士多德的谓词理论,更具体地说,来自对亚里士多德《范畴篇》和《辩谬篇》等文本中谓词理论的评注。在《范畴篇》中,亚里士多德区分了三种谓词,即,单义的、多义的和派生的。因为派生的只有在最严格的意义上才自成一个类别,而在通常的意义上它要么是单义的,要么是多义的,所以,主要是前两者。亚里士多德说:

> 当事物只有一个共同名称,而和名称相应的实体的定义则有所区别时,事物的名称就是"多义的";例如,"人"和"肖像"都可以叫做"动物",因为这只是它们的共同名称,而和名称相当的实体的定义则是有所区别的,因为如若要定义,指出人和肖像作为动物是什么,那么就得对每一种情况加以适当的定义。
>
> 当事物不仅具有一个共同名称,而且与名称相应的实体的定义也是同一的,那么事物的名称就是"单义的"。例如,"人"和"牛"都可以叫做"动物",这个名称对于人和牛来说是共同的,而且其实体的定义也是同一的。因为如若要定义这两者作为"动物",各是指什么,那么就得给这两个特殊的名称以同样的定义。③

---

① Ralph M. McInerny, *Aquinas and Analogy*, Catholic University of America Press, 1996, pp.4—22.

② Ralph M. McInerny, *The Logic of Analogy: An Interpretation of St Thomas*, Springer Netherlands, 1971, p.122.

③ 《亚里士多德全集》第一卷,苗力田译,中国人民大学出版社1990年版,第3页,译文有所改动。

　　波埃修在其《范畴篇》评注中将多义性区分为随机的多义性
（chance equivocals）和深思熟虑的多义性（deliberate equivocals），前者
又称纯粹的多义性。他将后者进一步区分为四种方式，即，比拟（simil-
itude）、类比（analogia）、同源（of one origin），以及同相关（in relation to
one）。不过波埃修这里的"类比"并不是"在先的和在后的"意义上的类
比，而是古希腊"比例性"的类比。如阿什沃思所说，"波埃修这一划分
的主要缺失是：它们似乎没有将对存在的不同用法容纳进去"[①]。所以
一些逻辑学家又做了另外的区分。但重要的是，波埃修对多义性的划
分奠定了类比和多义性的关系的基调。

　　在《辩谬篇》中，亚里士多德又对多义性做了区分："语义双关和歧
义语词包括三个方面，其一，一个语句或名词恰当地表示多种意义时，
如 aetos 和 kuon 这两个词；其二，当我们习惯在多种意义上使用一个词
时；其三，当一个词和另一个词合并后产生了多种意义时，虽然这个词
本身只有一种意义，例如，'识字'是由'认识'和'字母'两个词合并在一
起形成的，把它们拆开都只有一种意义，但合并起来后却有了多种意
义，即，它既指字母自身所具有的知识，也指别人具有这些字母的知
识。"[②]这是后来的评注者对多义性进行划分的基础。阿什沃思认为，
这允许评注者以不同的方式来拓展《范畴篇》对多义性的讨论。一是讨
论的焦点不再限于"含义"（signification），而是也包括"语境义"（consig-
nification），二是可以超出《范畴篇》的讨论处理隐喻的使用和转义
（transferred meaning），三是可以考虑多义性词项的语境的作用。[③]比
如西班牙的彼得（Peter of Spain）就是基于含义和语境义的区分对多义
性进行划分。第一种多义性是多种事物被同等地意指，因此是纯粹的
多义性，第二种是多种事物被在先和在后地意指。前两者都属于含义，

---

　　①　E. J. Ashworth, "Medieval Theories of Analogy", The Stanford Encyclopedia
of Philosophy（Fall 2017 Edition）, Edward N. Zalta（ed.）, URL=https://plato.stanford.
edu/archives/fall2017/entries/analogy-medieval/.

　　②　《亚里士多德全集》第一卷，苗力田译，中国人民大学出版社 1990 年版，第 555 页。

　　③　E. J. Ashworth, "Analogy and Equivocation in Thirteenth-Century Logic: Aquinas
In Context", *Mediaeval Studies*, 1992, Vol.54, pp.94—135.

29

而第三种则涉及语境义,指多义性不是根据含义而是根据意指模式(*modi significandi*)。托马斯在《论谬误》(*De Fallaciis*)中的划分接受了彼得的这种三分法,但也有一些差异。这些差异主要集中于第二种多义性,实际上也就是在对类比的理解上。与彼得不同,托马斯根据意义的转换(*transumptio*)来定义第二种多义性,基于在先的和在后的类比的名称可以还原为转义,而不是相反。①

从这种多义性的划分出发,我们可以看出,在先的和在后的类比不是就意指模式而言的,要理解这一点,首先需要理解意指和意指模式这两个概念。保罗·文森特·斯佩德(Paul Vincent Spade)根据波埃修对《解释篇》的翻译指出:"'意指'某物就是对它'建立'一种理解。'意指'的心理学言外之意类似于现代的'意义'(to mean),不过,含义(signification)不是意义(meaning)。一个词项意指它让人想到的东西,因此不同于意义,含义是一种因果关系。"②所以斯佩德将"意指"看作词项的心理-因果特征。借助于"名称的施加"(*impositio*),意指与另外两个概念相关,一个是名称被施加的根据(*significatum*),一个是名称被施加用来意指的事物(*res significata*),它们是"所由"(*id a quo*)与"所指"(*id ad quod*)的关系。前者是一种理智的对象,或者说是施加名称所依据的性质或分析。后者是施加的名称所意指的实体(substance),后来与"基体"(suppositum)一词相对应③。在《神学大全》中,托马斯说:"用性质意指实体就是用它赖以存在的性质或确定形式意指该基体。"④但是,两者的关系并不总是如此清晰,对于不同名称,两者可能

---

① E. J. Ashworth, "Analogy and Equivocation in Thirteenth-Century Logic: Aquinas In Context", *Mediaeval Studies*, 1992, Vol.54, pp.94—135.

② Paul Vincent Spade, "The Semantics of Terms", in *The Cambridge History of Later Medieval Philosophy*, edited by Norman Kretzmann, Anthony Kenny, and Jan Pinborg, Cambridge University Press, 1982, p.188.

③ 参见 E. J. Ashworth, "Signification and Modes of Signifying in Thirteenth-Century: Logic: A Preface to Aquinas on Analogy", *Medieval Philosophy and Theology*, 1991, Vol.1, pp.39—67;以及董尚文:《阿奎那语言哲学研究》,人民出版社 2015 年版,第 137 页。

④ Thomas Aquinas, *Summa Theologica*, I-I, Q 13, A 1, ad.3, Christian Classics Ethereal Library. Online source, URL=https://ccel.org/ccel/aquinas/summa/summa.i.html.

相同,可能不同。而由于"名称的施加",它又与意指模式相联系。

　　意指模式这一概念源自波埃修,到 12 世纪已经广泛使用于哲学、神学和语法学著作中,随后成为"模式论"或"思辨语法"的核心用语。后者兴起于 12 世纪 40 年代,流行于 13 世纪 70 年代一直到 14 世纪 20 年代的法国,随后迅速被指代理论所取代①。根据模式论,词语由语音要素和两层语义成分即专有意义(*significata specialia*)和意指模式(*modi significandi*)构成。因为表达和意义的对子是任意的,因此通过"名称的施加"来联系表达和对象或内容。名称的施加分为两种:"通过第一种施加,表达与指称相联系,就名称被制定用来指称一个确定的对象或对象的属性而言。只是它是如何发生的细节几乎从未被讨论过。表达和指称对象之间的关系被称为意指分析(*ratio significandi*)。它也经常被描述为将纯粹的声音变成词(*dictio*)的'形式'。"②之所以没有被详细讨论过,是因为,这一层次不是模式论者关注的重点,他们关注第二种施加。"在第二种施加中,词语获得各种意指方式,它们决定了词语的语法范畴……表达和模式的存在论对应物之间的关系被称为语境意指分析(*ratio consignificandi*),一个与意指方式同义地使用的术语。它被描述为将词变成话语的一部分的'形式'。"③可见,模式论根据两种施加区分了意指分析和语境意指分析,前者与意指方式无关,而后者几乎可以看作意指方式的同义词。正是在此基础上,我们可以考虑上帝的名称的类比问题。

　　我们需要考虑两个问题:第一,上帝的名称是第一施加,还是第二

---

　　①　参见约翰·马仁邦:《中世纪哲学》,孙毅、查常平、戴远方、杜丽燕、冯俊等译,中国人民大学出版社 2009 年版,第 457 页;或者 Jan Pinborg, "Speculative Grammar", in *The Cambridge History of Later Medieval Philosophy*, edited by Norman Kretzmann, Anthony Kenny, and Jan Pinborg, Cambridge University Press, 1982, pp.254—269, 或者 E. J. Ashworth, "Signification and Modes of Signifying in Thirteenth-Century Logic: A Preface to Aquinas on Analogy", *Medieval Philosophy and Theology*, 1991, Vol.1, pp.39—67。

　　②③　Jan Pinborg, "Speculative Grammar", in *The Cambridge History of Later Medieval Philosophy*, edited by Norman Kretzmann, Anthony Kenny, and Jan Pinborg, Cambridge University Press, 1982, pp.254—269.

施加? 第二,如果是第一施加,那么对上帝的名称而言,其所由与其所指的关系如何? 就第一个问题而言,毫无疑问,作为在先的和在后的类比的多义性是一种意指分析而不是语境意指分析,也就是说是第一种名称的施加。托马斯说:"就应用到上帝身上的这些名称而言,有两样东西需要考察,这就是:它们所表示的那些完满性,如善、生命等等,以及它们的表达样式(即意指模式,作者按)。就这些名称所表达的完满性而言,它们是专门地适合于上帝的,比对于受造物要更加适合一些,并且是首先应用到上帝身上的。但是,就它们的表达样式而言,它们并不是专门地和严格地应用到上帝身上的,因为它们的表达样式也是可以应用到受造物身上的。"①就第二个问题而言,托马斯特意强调:"在名称的意指中,名称所赖以产生的东西有时不同于它打算意指的东西,比如'石头'这个名称被施加是因为它伤害了脚这一事实,但是它被施加并非为了意指这一事实,而是意指某类物体;否则伤害到脚的每样东西都成石头了。"②显然,托马斯的目的就是以此来说明上帝的名称。因为,上帝的名称来自受造物的知识,在完满性上,它不同于上帝本身。

1.3 现代类比理论

现代类比理论研究以弗朗西斯·培根和卡尔纳普为前后界,两位都是归纳理论的代表人物。虽然在这一阶段类比通常只是作为一种推理形式被众多哲学家用来建构各自的哲学理论,但是,作为一种归纳推理是类比在这一阶段的基本界定。休谟问题为归纳推理,也为类比研究提供了方向。类比的概然性,以及相应地,类比推理的合理性问题成为类比探讨的主题。

---

① 托马斯·阿奎那:《神学大全》(第一集 论上帝 第一卷 论上帝的本质),段德智译,商务印书馆 2013 年版,第 204 页。
② Thomas Aquinas, *Summa Theologica*, I-I, Q 13, A 2, ad. 2, Christian Classics Ethereal Library. Online source, URL=https://ccel.org/ccel/aquinas/summa/summa.i.html.

1.3.1 定义：归纳推理或其中的一个环节

在从培根到卡尔纳普的现代类比讨论中，可以明显地区分出两拨人。一拨人如笛卡尔、康德、胡塞尔等，类比在他们的哲学中有着重要的方法论意义，但是，主观上，他们并没有去发展类比理论。在笛卡尔那里，类比代表着从外界部分不可见的特征向理智中完整形象的联结，比如他曾讨论过从窗口看到路上的行人的现象："可是我从窗口看见了什么呢？无非一些帽子和大衣，而帽子和大衣遮盖下的可能是一些幽灵或者是一些伪装的人，只用弹簧才能移动。不过我判断这是一些真实的人，这样，单凭我心里的判断能力我就了解我以为是由我眼睛看见的东西。"①在康德那里，经验的类比是使经验成为可能的纯粹知性的综合统一性原理，"在哲学中，类比意味着某种与数字中所表现的非常不同的东西。在数学中，它们是表示两种量的关系相等的算式，而且在任何时候都是建构性的，以至于如果给予比例的三个项，就也能够由此给出亦即建构出第四项。但在哲学中，类比并不是两种量的关系的相等，而是两种质的关系的相等，在它里面我从三个被给予的项出发所能认识和先天地给出的只是与一个第四项的关系，而不是这个第四项本身，但我有一个在经验中寻找这个第四项的规则，而且有一个在经验中发现它的标志。因此，经验的类比将只不过是经验的统一性（不像作为一般而言的经验性直观的知觉本身那样）从知觉中产生所应当遵循的一个规则，而且作为原理不是建构性地，而是范导性地适用于对象（显象）"②。在胡塞尔那里，类比是作为他人经验的联想构造要素的"造对"，"造对是现实的，可以扩展为一种值得注意的在活生生现实中持续不断地原始设立的类比看法。我们已经把这种类比看法强调为他人经

---

① 笛卡尔：《第一哲学沉思集》，庞景仁译，商务印书馆 2010 年版，第 31 页。
② 《康德哲学著作全集　第 3 卷：纯粹理性批判》，李秋零译，中国人民大学出版社2004 年版，第 154—155 页。

验的首要特征,因此,它并不排除这种经验特有的东西"①。需要说明的是,无论是笛卡尔、康德,还是胡塞尔,他们对类比的用法并不是唯一的,这里所提到的用法只是在各自的理论中尤其具有方法论意义的一种。另一拨人是大家熟悉的,代表着对类比推理的归纳理解的哲学家,如培根、休谟、穆勒、凯恩斯和卡尔纳普。

在培根和笛卡尔的时代,"类比"(*analogia*)仍然不是我们现在所说的类比的唯一表述。在培根那里,"比拟"(similitude)和"比较"(comparison)也作为类比的替代称谓被使用,比如培根的名言,"在知识的发明中除了通过比拟,没有任何其他途径"②,在《论增加》(*De augmentis*)中,培根也说过,"传播的技艺存在如下规则,所有不能与预期或前提相一致的知识必须从比拟和比较中寻求帮助"③。笛卡尔的情况大体相似。有学者考证④,笛卡尔其实不太情愿使用法语中的类比(analogies)一词,在其所有著作中,只有6处使用了。他使用拉丁语 *analogia* 以便区别于他的同代人对类比的使用。在《指导心智的规则》中他使用"模仿"(*imitatio*),在《气象学》中,他使用"例示"(*exemplum*)和"比拟"。在《折光学》和《哲学原理》中他使用"比较",如上引用笛卡尔关于从帽子、大衣推理出真实的人的判断也是在"比较"的名下使用类比。但是,无论使用哪一个称谓,它们都是依赖于想象在不同事物间感知相似和一致性的能力。

为了获得关于外部对象的准确知识,笛卡尔发展了一套完整的认知理论。在这一系统中,我们具有四种能力,理解、想象、感觉和记忆。我们能够将感觉引向外部对象,但是感知过程是被动性的,就像蜡块获得印象一样。大脑中的印象有具体的位置,能够保留一段时间,这被称为记忆的能力。想象具有接受和重组图像的能力,它从感知中形成图

---

① 埃德蒙德·胡塞尔:《笛卡尔沉思与巴黎讲演》,张宪译,人民出版社 2008 年版,第 149 页。

②③ 转引自 Katharine Park, "Bacon's 'Enchanted Glass'", *Isis*, 1984, Vol. 75 (2), pp.290—302。

④ G. Manning, "Analogy and falsification in Descartes' physics", *Studies in History and Philosophy of Science* Part A, 2012, Vol.43(2), pp.402—411.

像,然后提供给理解。理解则具有从例示化的具体事例中分离抽象性质形成概念的能力。这里的一个关键困难是,想象是如何掌握不可感知的粒子(corpuscles)的特征的?"这个联系就是笛卡尔的比较(comparaison)概念,它给想象提供已知的图像与未知的对象相一致的联结,这样,根据笛卡尔,比较为从自然现象的不可见的粒子到大脑中可见的形象之间的鸿沟提供了桥梁。"[1]但是笛卡尔想避免经院的自然哲学家在不太严格的风格上使用的比较。他们用可见物来解释理智的事物,用偶性来解释实体,用不同类型的性质来解释另一类性质。对他们而言,具有 a∶b＝c∶d 的形式的任何命题都是比较,与之相反,笛卡尔在更强的意义上使用比较,他说:"我只在那些因为小而不能看到的东西和那些能够看到的东西之间进行比较。而且大小现象的差别不过是大圆和小圆的差别。我认为,这种比较是对人类所能拥有的物理学问题中的真理进行解释的最适合的办法。"[2]

与笛卡尔一样,培根也将类比看作一种想象的能力,即所谓"想象的类比化能力",但是,他将之与归纳联系了起来。培根给自己制定了改革人类知识的宏伟计划,他称之为"伟大的复兴"。如研究者所发现,培根对想象理论并没有提出多少新颖的内容,"他接受了传统对想象作为能力的解释,这涉及两个方面,一是'再呈现'(re-presentation)的能力,二是对感觉印象的联合和划分的能力"[3]。培根的新颖之处在于,他将想象的独特认知能力用来服务于科学发现。他的出发点是归纳法,即发展出一种新的、更加严格的归纳法。在他看来,自然哲学中的发现分为三个阶段。第一阶段称为自然史阶段,主要任务是积累实验和观察,为归纳提供原始材料;第二阶段是物理学阶段,是对较低的公理的研究;第三阶段是形而上学阶段,是对自然的永恒基本规律的发现。培根认为,想象对于组织实验和观察程序具有巨大用处。由于在

---

[1][2]　Peter Galison, "Descartes's Comparisons: From the Invisible to the Visible", *Isis*, 1984, Vol.75(2), pp.311—326.

[3]　Katharine Park, "Bacon's 'Enchanted Glass'", *Isis*, 1984, Vol. 75(2), pp.290—302.

探究的初级阶段，不能从还未产生的公理出发预设理性的原则，自然史家不得不依赖于类比来将过去经验的规律性与其他领域或对象联系起来，并建议新的实验或应用。就归纳本身的过程而言，类比或比拟是对不熟悉的材料排序的最好方法，可能也是唯一的方法。因此，培根的缺乏表和存在表本质上是认识可感知的相似性和不相似性的表，并在此基础上超出实践过程的范畴，而进入物理学和形而上学的王国。在讨论"优先的事例"中，培根专门列举了一类"相契的事例或类比的事例"，并将之作为"走向性质的联合的最初和最低的步骤"①。

休谟关于归纳的讨论以"关于事实的推理"的名义进行。他认为关于事实的一切推理都建立在因果关系之上。而所有根据原因或结果进行的推理除了依赖于全部经验中两个对象的恒常结合外，还依赖于一个现前对象和那两个对象中任何一个的类似关系，离开这两种关系，便不可能有任何推理。"类似关系在和因果关系结合起来时，既然能加强我们的推理，所以如果在很大程度上缺乏类似关系，也就足以把我们的推理几乎完全摧毁。"②所以如凯恩斯所言，"休谟正确地主张，某种程度的类似一定总是存在于归纳推理（generalisation）赖以建立的不同实例之间。因为它们必须至少共同具有这一点，即它们是归纳它们的命题的实例。因此，某些类比元素必须处于每个归纳论证的基础之中"③。

同样，穆勒也将类比看作一种具有归纳性质的论证，他在《逻辑体系》中给出了一个基于归纳推理理解的类比推理定义："两个东西相互之间在一个方面或多个方面类似，某一命题对其中一个东西为真，于是该命题对另一个也为真。"④并且他认为，也没有什么东西能将类比从归纳中区分出来。不过类比终究不等于完全的归纳。他说："最严格的

---

①　培根：《新工具》，许宝骙译，商务印书馆 1984 年版，第 173 页。
②　休谟：《人性论》，关文运译，郑之骧校，商务印书馆 2016 年版，第 129 页。
③　J. M. Keynes, *A Treatise on Probability*, Macmillan, 1921, p.256.
④　J. M. Robson, *The Collected Works of John Stuart Mill*, *volume VII*, *A System of Logic, Ratiocinative and Inductive: Being a Connected View of the Princilples of Evidence and the Methods of Scientific Investigation*, University of Toronto Press, 1974, p.555.

归纳和最弱的类比一样,我们都是因为 A 和 B 在一个或多个特征上的相似而推出它们在某个别的特征上也相似。差别在于,在完全的归纳中,已经根据实例的比较表明,在前者的特征和后者的特征之间存在着不变的联结,但在类比推理中,看不到任何这样的联结。"①总体而言,穆勒是在比较初步的归纳法的意义上使用类比,他得出的结论还需要通过实验四法进一步考察。②

卡尔纳普则明确将类比推理作为归纳推理的一种。他在《概率的逻辑基础》(*Logical Foundations of Probability*)中区分了五种最重要的归纳推理,分别是直接推理、预见性推理、类比推理、逆推理和全称推理。卡尔纳普特别强调,这五种归纳推理既没有穷尽归纳推理,彼此之间也并非不相容。其中归纳推理被定义为,"根据两个个体的已知相似性从一个个体到另一个个体的推理"③。而在该书附录中,卡尔纳普给出了一个更详细的定义,他说:"我们已知的证据是,个体 b 和 c 在某个特征上一致,而且 b 有另外一个特征,因此我们考虑这个假设,即,c 也有该特征。"④这应该是现代在归纳推理下对类比推理的标准定义了。不过需要说明的是,卡尔纳普在《世界的逻辑构造》中,也将类比扩展到作为构造知觉世界的方法来使用,即"根据类比进行赋予"的构造方法。他说:"如果在两个时空领域有很大一部分被赋予的官觉性质是一致的,而在一个时空领域的其余部分中某些官觉性质被赋予给这样一些点,另一时空领域中与它们相应的那些点却不具有被赋予它们的该官觉性质,那么我们在这里就是在从事类比的赋予。"⑤他将这种构造方

---

①　J. M. Robson, *The Collected Works of John Stuart Mill*, *volume VII*, *A System of Logic*, *Ratiocinative and Inductive*: *Being a Connected View of the Princilples of Evidence and the Methods of Scientific Investigation*, University of Toronto Press, 1974, p.555.

②　参见邓生庆、任晓明:《归纳逻辑百年历程》,中央编译出版社 2006 年版,第 66—67 页。

③　Rudolf Carnap, *Logical Foundations of Probability*, Routledge & Kegan Paul, 1950, p.207.

④　Ibid., p.569.

⑤　鲁道夫·卡尔纳普:《世界的逻辑构造》,陈启伟译,上海译文出版社 1999 年版,第 234 页。

法分为时间和空间两种情形，第一种称为因果性设准，第二种称为实体设准。

1.3.2 主题：类比推理的合理性

培根对心灵做过一个魔镜的比喻："人类的心灵远不是一面清晰的和对等的镜子的本性，在其中，事物的光线本该按照它们的真实发生来反射，然而，如果它不被解救和约束，那么它更像一面魔镜。"①所以，培根在将想象看作对科学家来说是机会的同时，也没有忘记它作为"魔镜"的潜在危险。在培根看来，这种危险包括两方面，凯瑟琳·帕克（Katharine Park）对此有非常好的概括，"首先，因为想象（fantasy）被限制于先前感知的对象，所以它倾向于限制理性构想新事物的能力；那么单独的想象不能预测诸如罗盘、火枪或丝绸之类新发明的发现。第二，因为想象既创造相似，也对相似做出反应，因此它可能制造出错误的对应关系"②。第一种危险跟传统认为想象总是与激情相联系而后者又被认为是理性的敌人有关，因此，想象通过将人类束缚于熟悉而错误的观念中从而妨碍了科学发现的过程。第二种危险跟培根所说种族假象有关，即它植根于人的本性，因为人的本性，无论是感官的知觉还是心灵的知觉都是以人为尺度而不是以宇宙为尺度，像一面不平的镜子总是掺杂了自己的性质③。所以凯瑟琳·帕克说，对培根而言，"发现的技艺以及与之联系在一起的新的逻辑方法的首要目标之一，就是限制想象轻率地做出类比解释的倾向"④。但是我们现在知道，培根以三表法为基础的归纳法其实仍然是一种比较初步的归纳法。而且由于他对新归纳过于自信也致使他忽视其概然性的问题⑤。

---

① Francis Bacon, *A Critical Edition of the Major Works*, Edited by Brian Vickers, Oxford University Press, 1996, p.227.

②④ Katharine Park, "Bacon's 'Enchanted Glass'", *Isis*, 1984, Vol. 75(2), pp.290—302.

③ 参见培根：《新工具》，许宝骙译，商务印书馆 1984 年版，第 19 页。

⑤ 参见邓生庆、任晓明：《归纳逻辑百年历程》，中央编译出版社 2006 年版，第 24 页。

与培根不同,休谟明确将由类比发生的概然性视为第三种哲学概然性。下面我们引用休谟《人性论》中的一长段关于类比概然性的论述,因为我们的分析依赖于它。他说:

> 不过除了由一个不完全的经验和相反的原因发生的这两种概然性以外,还有由类比发生的第三种概然性,这种概然性在某些重要条件方面与前两种有所差别。根据上面所说明的假设来说,所有根据原因或结果而进行的推理都建立在两个条件上,即任何两个对象在过去全部经验中的恒常结合,以及一个现前对象和那两个对象中任何一个的类似关系。这两个条件的作用就是,现前的对象加强了并活跃了想象;这种类似关系连同恒常结合就把这种强力和活泼性传给关联的观念;因而就说是我们相信了或同意了这个对象。如果你削弱这种结合或类似关系,那么你就削弱了推移原则,结果也就削弱了由这个原则所发生的那种信念,如果两个对象的结合并不经常,或者现前的印象并不完全类似于我们惯见为结合在一起的那些对象中任何一个,那么第一个印象的活泼性并不能完全传给关联的观念。在前面所说明的那些机会和原因的概然性方面,被减少的只是结合的恒常性;而在由类比发生的概然性方面,受到影响的却只有类似关系。离开了结合关系和某种程度的类似关系,便不可能有任何推理。不过这种类似关系既然允许有许多不同的程度,所以这种推理也就依着比例而有或大或小的稳固和确实程度。①

我们知道"休谟问题"是归纳推理的合理性问题,简单来说,就是在关于事实的推理或归纳推理中,我们永远无法证明我们所经验过的那些对象必然类似于我们所未曾发现的那些对象。②在这一长段文字中,

---

① 休谟:《人性论》,关文运译,商务印书馆2016年版,第161页。
② 对休谟问题的详细讨论可以参见陈晓平:《贝叶斯方法与科学合理性——对休谟问题的思考》,人民出版社2010年版。

休谟所说"由类比发生的概然性"和"由原因发生的概然性"并不是两种推理中的概然性，而是关于事实的推理或归纳推理中必须同时具备的两个条件。如果从后面我们要论述的当代类比模型的角度来看，休谟这里所说的归纳推理是一个典型的类比模型，有着以纵向关系的因果性和横向关系的相似性构成的标准逻辑构造。在后来关于称为"休谟问题"的讨论中，休谟直接回避或者说预设了类似关系的方面，同时强调了归纳推理中结合关系和类似关系的两个方面，所以他才说"离开了结合关系和某种程度的类似关系，便不可能有任何推理"。因此休谟问题不仅是一个因果关系合理性问题，同时也是一个类比关系的合理性问题。

与休谟以否定性的态度对归纳推理进行质疑不同，凯恩斯在休谟的基础上以更积极的态度讨论了归纳和类比的合理性问题。在《论概率》中，凯恩斯分别讨论了类比的性质和纯粹归纳之后，进一步在归纳和类比之间不加区分地讨论了归纳推理的性质问题。直接讨论的问题是，最常见地应用于物理论证中的归纳推理是否可以应用于包括形式化论证在内的所有种类的论证中。经验的态度当然是否定的，归纳推理应该限制在我们生活的物质世界的内容中，它在物理世界中是有用的，但不可能是像三段论那样的逻辑普遍规律。凯恩斯认为这种经验的态度可能来自两种可能的混淆。一是将论证的合理性特征与实践上的有用性相混淆。凯恩斯的观点是，也许实践上没有用，但是归纳的过程仍然是合理的。二是将论证的结论的有效性与结论的实际的真相混淆。凯恩斯特别强调："归纳告诉我们，基于一定的证据，某个结论是合理的，但这并非说它是真的。"[1]这就是凯恩斯基于不确定性的合理性概念，如奥唐纳(R. M. O'Donnell)所评论，"将凯恩斯的哲学统一为一个整体的奠基性问题本质上不是概率问题，而是更广、更重要也更难以捉摸的合理性概念"[2]，《论概率》提供的是关于合理信念和行动的一

---

[1]　J. M. Keynes, *A Treatise on Probability*, Macmillan, 1921, pp.282—283.

[2]　R. M. O'Donnell, *Keynes: Philosophy, Economics and Politics, the Philosophical Foundations of Keynes's Thought and Their Influence on His Economics and Politics*, St. Martin's Press, 1989, p.3.

般理论。

罗素肯定了凯恩斯的合理性概念,但是认为这种基于不确定性的合理性需要依赖一系列公设,他压缩为 5 个基本公设,"这些公设中每一个都肯定某件事情常常发生,但并不是必然总是这样;因此,就个别实例来说,每个公设都为不能达到必然性的合理的预料提供了理由根据"[①]。它们用来向我们提供在为归纳法寻找合理根据时需要的那种先在概然性。罗素也分析了凯恩斯的归纳推理包含的公设,"作为类推法(类比)的逻辑基础,我们似乎需要某种这样的假定,即认为宇宙中变异的总量受到这样的限制:没有一个物体复杂到它的性质可以分为无限数目的独立群(就是那些除了结合存在以外还能独立存在的群);或者说我们对之做出概括性命题的那些物体没有一个复杂到这种程度;或者至少说虽然某些物体可能是无限复杂的,而关于一个我们想对之做出概括性命题的物体不是无限复杂这一点却有时存在着有限的概率"[②]。但是罗素认为这个公设"只是在通向另外一种性质不同的基本定律的道路上的一种近似的和过渡性质的假定"[③],加上这一公设的人为偶然性,罗素将它剔除出基本公设,而将类比本身作为一条公设,即"如果已知 A 和 B 两类事件,并且已知每当 A 和 B 都能被观察到时,有理由相信 A 产生 B,那么如果在一个已知实例中观察到 A,但却没有方法观察到 B 是否出现,B 的出现就具有概然性;如果观察到 B,但却不能观察到 A 是否出现,情况也是一样"[④]。就公设的意义而言,在罗素看来,类比为归纳推理的合理性提供了依据。

1.3.3　类比评估的工具:概率论

休谟虽然将类比的概然性看作机会的概然性和原因的概然性以外

[①]　罗素:《人类的知识——其范围与限度》,张金言译,商务印书馆 2017 年版,第588 页。

[②]　同上书,第 534 页。

[③]　同上书,第 537 页。

[④]　同上书,第 594 页。

的第三种哲学概然性，但是他并没有对这一概然性进行进一步的逻辑和数学探究，而仅仅从程度上承认这种概然性对推理合理性的支持。他说："这种类似关系既然允许有许多不同的程度，所以这种推理也就依着比例而有或大或小的稳固和确实程度。一个实验在转移到一些和它并不精确地相似的例子上时，就失掉了它的力量。不过只要还保留着任何类似关系，这个实验显然还可以保留足以作为概然性基础的那种力量。"①与培根将新的归纳法视为"其应用不应仅在证明和发现一些所谓第一原则，也应用于证明和发现较低的原理、中级的原理，实在说就是一切的原理"②这一乐观态度相比，休谟对归纳的态度要务实得多。他对归纳推理合理性的揭示无疑为其后续的发展揭示了方向，相应地，也为归纳推理下的类比研究奠定了基调，用概率工具来评估推理的合理性不仅是归纳研究的基本特点，自然地也成为现代阶段类比研究的主要特色。

然而，与休谟不同的是，穆勒虽然专门探讨了概率问题，但是并没有用它来考察归纳推理的合理性问题。这无疑跟他对科学归纳法和对早期概率的立场差异有关："我完全承认，如果因果律是未知的，那么从现象的齐一性的更为明显的事例中得出的概括也将是可能的；尽管在这所有事例中这种齐一性都是或多或少地不稳定的甚至极不稳定，我们也将满足于构造某种概率的测量；但是这个概率的量值是什么，我们只能基于估计来分配它们，既然它从未达到经由四种方法而得出的命题所具有的确定性程度……我们由此被逻辑地授权，并且被科学归纳法的必然性所要求：对于通过早期粗糙的概括方法而得出的概率不予理睬，并认为没有次级概括是被证明的，除非它被因果律认证；也没有这种可能性，除非它被因果律认证的这一事实是可以被合理地期望。"③但

---

① 休谟：《人性论》，关文运译，郑之骧校，商务印书馆 2016 年版，第 161 页。

② 培根：《新工具》，许宝骙译，商务印书馆 1984 年版，第 82 页。

③ J. M. Robson, *The Collected Works of John Stuart Mill, volume VII, A System of Logic, Ratiocinative and Inductive: Being a Connected View of the Princilples of Evidence and the Methods of Scientific Investigation*, University of Toronto Press, 1974, pp.571—572.中译文转引自陈晓平：《贝叶斯方法与科学合理性——对休谟问题的思考》，人民出版社 2010 年版，第 48 页。

是具体到类比推理时,穆勒在探讨类比的价值所依赖的条件中,还是利用了概率的说法来更形象地说明类比论证的价值。他认为类比论证的价值首先依赖于与已知差异的总量相比之下的已知相似性程度,其次依赖于未被查明的特征的未被探索的范围的程度,因此,相似性越大,已知差异越小,并且在我们关于主题的知识可接受的范围内,类比论证在其强度上可以接近一个有效的归纳。然后他说:"如果我们在对 B 观察后,发现它与 A 在已知特征上有 9/10 是一致的,那么我们可以有 9:1 的概率得出结论,它也拥有 A 的任何给定的其他特征。"①当然,这只是一种更形象的说明,并不代表穆勒专门把概率作为工具来解释归纳和类比的合理性。

凯恩斯将概率理论与归纳逻辑结合建立了第一个概率逻辑系统,这标志着现代归纳逻辑的创立。同时,他也利用概率工具探讨了如何提高类比推理的合理性。邓生庆和任晓明两位学者在《归纳逻辑百年历程》里对凯恩斯类比推理的概率分析有非常详细的梳理。这里需要补充的只是,凯恩斯对类比推理的探讨本质上是归纳推理的概率分析。这从他在进行概率分析时对类比推理的定义中就能看出来。他首先定义了归纳命题,"通过归纳(generalisation),我意指这样的陈述,即,一个可定义的命题类的所有命题都为真。以如下方式对这个类做进一步规定是有用的。对所有 $\phi(x)$ 为真的 x 而言,如果 $f(x)$ 也为真,那么我们就有一个关于 ϕ 和 f 的归纳,我们可以将之写作 $g(\phi, f)$……命题 $\phi(x) \cdot f(x)$ 就是该归纳 $g(\phi, f)$ 的一个实例(instance)"②。凯恩斯认为,这样将归纳命题用命题函项定义后,就能用统一的方式来处理所有归纳,也能将归纳与类比的定义联系起来。于是他对类比做了如下定义:"如果某一事情对两个对象都为真,也就是说,如果两者都满

---

① J. M. Robson, *The Collected Works of John Stuart Mill. volume VII*, *A System of Logic*, *Ratiocinative and Inductive*: *Being a Connected View of the Princilples of Evidence and the Methods of Scientific Investigation*, University of Toronto Press, 1974, p.559.

② J. M. Keynes, *A Treatise on Probability*, Macmillan, 1921, p.256.

足同一个命题函项，那么就此而言存在一个它们之间的类比。因此每一个归纳 $g(\phi, f)$ 断言，一个相似（analogy）①总是伴随着另一个相似，即，在具有相似特征 ϕ 的所有对象之间也都有相似特征 f。"②我们知道，其实凯恩斯在前文中已经对归纳与类比做了严格区分，即，"将以任何方式依赖于类比方法和纯粹归纳法的论证称为**归纳的**将是有意义的……'归纳的'这一术语将在这个一般性的意义上使用，而纯粹归纳只是指从事例的重复中出现的论证"③，也就是说，凯恩斯所说纯粹归纳实际上是枚举法，而类比相对于这种枚举归纳，它们都属于一般意义上的归纳。但是，从这里对类比推理的定义而言，在其结构上这仍然是一个归纳推理。而事实上，类比既不必须依赖于大量的已知实例，也不必然要求达到这种全称命题，只有归纳才有这样的要求。

凯恩斯在此基础上又区分了正相似（positive analogy）与负相似（negative analogy）④，那些同时满足两个对象的命题函项的集合称为正相似，只有一个对象满足而另一个对象不满足的命题函项的集合称为负相似，正相似测量相似，而负相似测量差异。⑤由于凯恩斯认为，类比推理的概率作为从前提到结论的合理信度（$P(a/h)$），很难给出确切的数值测量，因此只能从定性的角度进行概率分析。总体而言，提高类比推理的概率要么从加深对已知事例的了解入手，要么从考察新事例入手，基本的规则是，"事例的负相似越多，它们的区别越大，$g(\phi, f)$ 的概率就越大"⑥。由此也可见，这一对区分在凯恩斯的类比评估中的重要性。这一对区分后来也为玛丽·赫西和保罗·巴萨所沿用，但用法有所不同。归根到底，还是因为凯恩斯是在归纳的意义上对类比推理进行的概率分析，即要获得全称归纳的 $g(\phi, f)$。

---

① 虽然这里使用的词是"analogy"，但是译为相似更贴近，因为凯恩斯在用"相似"来定义"类比"。

②⑤ J. M. Keynes, *A Treatise on Probability*, Macmillan, 1921, p.257.

③ Ibid., pp.251—252. 强调为原文就有。

④ 在字面意义上，它们分别意指积极的类比和消极的类比，但是从定义类比的角度而言，"相似"仍然更合适，熊立文的《现代归纳逻辑的发展》和邓生庆、任晓明的《归纳逻辑百年立历程》也都作此翻译，我赞成这样的翻译处理。

⑥ 邓生庆、任晓明：《归纳逻辑百年历程》，中央编译出版社 2006 年版，第 107 页。

卡尔纳普也在归纳逻辑下对类比推理进行概率分析,但是与凯恩斯不同,他从证实度的角度试图为这一概率提供一个确切的值。简单来说,概率就是前提 e 对结论 h 的证实度,他称为概率$_1$。它不同于通过频率定义的概率$_2$,也不同于凯恩斯的比较性的概率。他说:"如果可能,我们很想这样构造一个归纳逻辑体系,使得对于任意一对语句,其一断言证据 e,其二陈述假设 h,我们能够给 h 关于 e 的逻辑概率一个数值。"[①]如他所言,对于只包含一元谓词的简单语言系统来说,他已经成功地提出了这种概率的可能定义。对类比推理来说,他给类比推理的合理性构造了一个 C^* 函数:"令 M_1 为已知 a_1、a_2 所共同具有的性质的合取。a_1、a_2 相类似之处越多,性质 M_1 越强,其宽越小。令 M_1 为已知 a_1 所具有的性质的合取。设 M_1、M_2 的宽分别为 W_1、W_2 并设 $W_1 > W_2$,即 M_2 逻辑蕴含 M_1,但 M_2 并非逻辑等值于 M_1。令前提为 e_1、e_2 的合取 $e_1 \cdot e_2$,e_1 断定 a_1 具有性质 M_2,e_2 断定 a_2 具有性质 M_1,结论 h 为:a_2 是 M_2,即 a_2 具有性质 M_2。卡尔纳普以下列公式确定 $e_1 \cdot e_2$ 对 h 的证实度:$C^*(h, e_1 \cdot e_2) = \dfrac{W_2 + 1}{W_1 + 1}$。"[②]由此,卡尔纳普认为,通过加强对 a_1 和 a_2 的了解,我们确实能够增加类比推理的证实度,但是类比推理的结论本身就很弱,这与通常人们对类比推理的认知是一致的。

《概率的逻辑基础》是卡尔纳普计划写作的两卷本《概率与归纳》(*Probability and Induction*)的第一卷。两年后,也就是 1952 年,卡尔纳普出版了作为其第二卷的《归纳方法的连续统》(*The Continuum of Inductive Methods*)。在该书中,卡尔纳普试图将归纳逻辑中各种互不兼容的方法整合进一个可能方法的无限系统中,并称其为"归纳方法的连续统",以实现像演绎逻辑那样在方法上的一致性。不同的归纳方法

---

　　①　卡尔纳普:《科学哲学导论》,张华夏、李平译,中国人民大学出版社 2007 年版,第 35 页。

　　②　邓生庆、任晓明:《归纳逻辑百年历程》,中央编译出版社 2006 年版,第 212 页,也参见 Rudolf Carnap, *Logical Foundations of Probability*, Routledge & Kegan Paul, 1950, p.569。

通过一个特征参数 λ 来调节，λ 可以在 0 到 ∞ 间取值，不同的值代表不同的归纳方法。玛丽·赫西根据这个连续统理论建构了一个 λ 系统中的类比推理的证实度函数，比如一个语言包含两个原始谓词 P_1 和 P_2，两个个体 a 和 b，所以，我们有：

$$c(P_2 b,\ P_1 P_2 a \cdot P_1 b) = \frac{m(P_1 P_2 a \cdot P_1 P_2 b)}{m(P_1 P_2 a \cdot P_1 b)}$$

$$= \frac{\lambda/4 + 1}{\lambda/2 + 1} (0 \leqslant \lambda < \infty) ①$$

但是，玛丽·赫西随后因为卡尔纳普的类比定义放弃了这个函数。而卡尔纳普本人对这个连续统理论也并不满意，"归纳方法的连续统被认为太过狭窄，比如，因为连续统中没有哪个 c 函数对基于相似的类比足够敏感"②。卡尔纳普的思想也一直在调整中，可以说，对类比推理的证实度解释并没有形成一个最终的确定结论。这一研究方向的兴趣随着科学哲学的发展也在发生变化，如玛丽·赫西所说："就现代科学哲学(指卡尔纳普之后)对归纳概率的关注而言，它表现为不确定条件下的决策，而作为其基础的概率理论要么是客观的(偏好或频率)要么是主观的。但总体而言，科学哲学的兴趣已经从归纳问题转向了说明、理论-观察关系、实在论或与之相反的理论指向等问题。"③而实际上，正是玛丽·赫西的类比研究代表了一种不同于概率论的新进路。

1.4　当代类比理论的发展

在导言中，我们区分了当代类比理论的两条进路即哲学逻辑学进

---

①　Mary Hesse, "Analogy and Confirmation Theory", *Philosophy of Science*, 1964, Vol.31(4), pp.319—327.

②　Rudolf Carnap and Richard C. Jeffrey, *Studies in Inductive Logic and Probability*, University of California Press, 1971, p.1.

③　Mary Hesse, "Keynes and the Method of Analogy", *Topoi*, 1987, Vol.6, pp.65—74.

路和认知科学进路,并梳理了认知科学进路中类比的认知转向的三个 20 年。对整个当代类比理论的发展而言,无论是哲学逻辑学进路,还是认知科学进路,玛丽·赫西都是公认的起点。霍利约克和根特纳等人说:"当代类比理论能够追溯到具有开创性影响的哲学家玛丽·赫西那里,她在讨论科学中的类比的专著中认为,类比在科学发现和概念变化中具有强大的力量。"①然而他们对玛丽·赫西的"具有开创性影响"并没有进一步展开。在我看来,玛丽·赫西对当代类比研究的贡献有如下几点:第一,她总结了现代类比理论研究的相关成果,玛丽·赫西对于弗朗西斯·培根、凯恩斯、卡尔纳普等人的类比理论都有专门的探讨;第二,在《科学中的模型和类比》(*Models and Analogies in Science*)一书中,她的前三章内容分别讨论了类比的功能、类比的定义以及类比的合理性评估,这实际上框定了当代类比理论研究的整个图景;第三,她是当代类比研究中第一位将类比推理视为"基于模型的推理"的哲学家;第四,她分析了类比推理的逻辑构造,即所有类比推理都包括纵向关系和横向关系两个方向上的二维逻辑构造;第五,她再一次回到了亚里士多德的比例类比定义,并基于格代数给出了第一个非归纳逻辑范式的类比逻辑定义。总之,她打破了现代类比研究的归纳逻辑范式的藩篱,奠定了当代类比研究的理论图景和分析框架。以下,我们在"当代类比研究的哲学逻辑学进路"中主要讨论玛丽·赫西对类比的格代数定义,在"类比研究的认知科学进路"中讨论三个最重要的类比认知计算理论。

1.4.1 当代类比研究的哲学逻辑学进路

我们在这里分析玛丽·赫西对类比的格代数定义,在下一章的"类比的模型化"一节探讨其类比的建模理论。类比比例的格定义由玛

---

① Dedre Gentner, K. J. Holyoak, and B. Kokinov, *The Analogical Mind: Perspectives from Cognitive Science*, The MIT Press, 2001, p.7.

丽·赫西在其论文《定义类比》(On Defining Analogy)①中提出。她首先建构了一个个体特征分类结构的偏序系统,并论证,这个偏序系统也是一个分配格。所谓偏序关系(partial ordering)是指一个非空集合 S 中的任意两个元素的关系 R 如果是自反的、反对称的和传递的,那么该关系 R 就是偏序关系,记作≤,集合 S 和偏序关系 R 一起称作偏序集,记作(S, R)。玛丽·赫西将这一偏序关系应用于特征的分类结构。

玛丽·赫西首先假定,世界上存在一定数量(并不必须是有限的)的个体,每个个体都具有有限数量的区分性特征,它们有如下规定②:

(i) 一个具体的个体是否具有一个具体的特征能够被经验地确定。

(ii) 任何个体拥有一个特征不依赖对任何其他特征的拥有,即,这些特征是彼此独立的。

(iii) 世界上特征的总量是有限的。

(iv) 任何两个特征,如果某个体不拥有其中一个特征,则必拥有另一个特征。

然后,特征的类通过如下两个规定来定义:

C(1) 为某个个体所持有并穷尽该个体的特征的特征集形成一个类。

C(2) 任何两个类,x 和 y,有且只有共同特征 $p_1, \cdots p_r$,那么 x 和 y 的逻辑积$(\{p_1, \cdots p_r\})$是一个类,且它们的逻辑和也是一个类。

玛丽·赫西认为,通过 C(1) 或 C(2)这样定义的类是由集合论包

①② Mary Hesse, "On Defining Analogy", *Proceedings of the Aristotelian Society*, New Series, Vol.60, 1959—1960, pp.79—100.

含关系≥确定的偏序系统的成员,因为它满足偏序系统的公理:

P(1):对于所有 x,$x \geqslant x$,

P(2):如果 $x \geqslant y$ 并且 $y \geqslant x$,那么 $x = y$,

P(3):如果 $x \geqslant y$ 并且 $y \geqslant z$,那么 $x \geqslant z$。①

也就是说,通过 C(1)或 C(2)这样定义的类的成员之间的包含关系是自反的、反对称的和传递的。玛丽·赫西也强调,但它并非一个全序关系,因为并非对所有(x, y)都具有 $x \geqslant y$ 或 $y \geqslant x$。

重要的是,玛丽·赫西认为这样的类不同于通过布尔代数定义的类。因为:

(a) 这个类的成员是特征,而不是个体。

(b) 两个类的和不是一个类,除非它们的交集非空。

(c) 如果一个特征的集构成一个类,并非必然地,任何相同特征的子集也构成一个类。

(d) 没有定义互补的集。②

玛丽·赫西认为,这种比布尔系统更少严格限定条件的系统在类比定义中会更方便。可以假定,根据 C(1)和 C(2)定义的类都只有一个共同特征。玛丽·赫西认为,"这一假定等价于要求根据某个共同特征来挑选初始个体,而且事实上,我们对不是这种情况的分类通常也不感兴趣"③。因此,共同特征比如 p_0 构成一个类 O,它被包含在每个类中。而且,所有类的逻辑和也是一个类,I。因此在包含关系上,任意两个类 x 和 y,有 $x \bigcup y = I$,$x \bigcap y = O$,所有其他特征的类都介于两者之间。也就是说,在包含关系上,这样的分类系统不仅是一个偏序系

①②③　Mary Hesse, "On Defining Analogy", *Proceedings of the Aristotelian Society*, New Series,Vol.60,1959—1960,pp.79—100.

统，而且也是一个分配格，记为 C-lattice，因为它也符合分配律：对所有 x，y，z，$x\bigcap(y\bigcup z)=(x\bigcap y)\bigcup(x\bigcap z)$。玛丽·赫西注意到，C-lattice 的成员都是由世界上的特征构成的类，通常它并不包含所涉及特征的所有可能组合。但是，如果对特征 p_1，… p_n，所有可能组合都被找到，那么 C-lattice 就是一个 n 元布尔格（Boolean lattice），因为，事实上，O 是 C-lattice 的全下界，I 是 C-lattice 的全下界，即，它是一个有界格，而且既然所有可能的组合都被找到，那么每个类，也必定都有补元存在。所以这样的 C-lattice 是一个有补分配格，由 p_0，p_1，… p_n 的最大数量成员构成。

在此基础上，玛丽·赫西描述了 C-lattice 中与类比定义相关的数学特征。

第一，这个格的成员可以根据每个类所含性质的数量进行层次上的排列，每个包含 r 个特征的类的层次称为 $r-1$ 维，类 x 的维写作 $d[x]$。所以对有 $n+1$ 个特征的 C-lattice 而言，$d[O]=0$，$d[I]=n$。玛丽·赫西认为，"类在层次上的排序意味着两个类之间的相似性可以在格中通过这些类和它们的并集的维之间的关系表示"[①]。比如，假定相同层次的两个类都包含 m 个特征，且有 r 个共同特征，那么它们的并集包含 $2m-r$ 个特征。因此，它们的相似性程度越大，这个并集的层次在格中离它们越近。

第二，C-lattice 满足链条件（chain condition），通过包含关系链接 I 和 O 的每条成员链都有相同数量的成员，而且，每条链在每个层次上都有一个成员。

第三，对任意两个类 x 和 y，以及它们的并集和交集，在维度上有如下关系等式，$d[x]+d[y]=d[x\bigcap y]+d[x\bigcup y]$，这被玛丽·赫西称为"区间维度关系"（dimension-interval relation）。它表明，任何两个类在格中，它们的交集和并集对称地分布在它们的下方和上方。玛

---

① Mary Hesse，"On Defining Analogy"，*Proceedings of the Aristotelian Society*，New Series，Vol.60，1959—1960，pp.79—100.

50

丽·赫西认为,第二和第三个特征来自 C-lattice 的分配性特征,但它们不是分配性的充分条件,它们是模格(modular lattice)的充分必要条件。只要 C-lattice 是模格,类比关系就可以在其中进行定义。

经过这些准备工作,玛丽·赫西尝试在格中对类比关系提供形式化的定义。她首先引入了类比度(degrees of analogy)的概念,用关于最大区间维度的函数或平均区间维度的函数来表示。对于 $n+1$ 个成员的 C-lattice 而言,区间维度的极大值是 n,因此类比度可以表示为比例 $\dfrac{(n-k)}{n}$,其中,k 或者是最大区间维度或者是平均区间维度①。一个严谨的类比意味着,各个项和它们的相应并集在格中更紧密,有着更小的区间维度,类比度更接近于1。

在格中,类比($x_1 : x_2 = y_1 : y_2$)需要具有如下条件:

A(1)　如果 x_1,x_2,y_2,y_1 中任一项和 $x_1 \bigcup x_2$,$x_2 \bigcup y_2$,$y_2 \bigcup y_1$,$y_1 \bigcup x_1$ 中任一项之间的极大区间维度是 D,且 x_1,x_2,y_2,y_1 中任一项和 $x_1 \bigcup y_2$,$y_2 \bigcup x_1$ 中任一项之间的极小区间维度是 D',那么 D' 大于或等于 D。如果 D' 小于 D,则类比($x_1 : x_2 = y_1 : y_2$)不存在。

A(2)　如果 $D'=D$,且 $y_1=x_1$,$y_2=x_2$,那么类比度为1。

A(3)　如果 $D'=D$,且 $y_1 \neq x_1$,$y_2 \neq x_2$,那么不存在类比($x_1 : x_2 = y_1 : y_2$)。

A(4)　如果 $D'>D$,那么类比度是 $\dfrac{(n-k)}{n}$,k 是平均区间维度:

$$\frac{1}{4}\{d[x_1 \bigcup x_2] + d[x_2 \bigcup y_2] + d[y_2 \bigcup y_1] + d[y_1 \bigcup x_1] - d[x_1] - d[x_2] - d[y_2] - d[y_1]\}$$

_____

① 玛丽·赫西倾向于使用平均区间维度。

根据这些规定,玛丽·赫西总结了类比关系的一些特征。第一,同一层次(比如同一维度 d_1)的四个不同的类当它们的六个并集都在同一层次(比如同一维度 d_2)时不存在任何类比。第二,$(x_1 : x_2 = y_1 : y_2)$ 和 $(y_1 : y_2 = x_1 : x_2)$ 的类比度相等,并且由四项 (x_1, x_2, y_2, y_1) 的循环序列获得的所有类比的类比度都相等。第三,类比关系在不严格的意义上是可传递的,但相应获得的类比的类比度会降低。其中,尤其需要说明的是,玛丽·赫西认为,"如果每个基础特征构成一个维度 1 的类,以便在所有可能的对中这些类的并集都有维度 2,那么任何维度 1 的四个类之间不存在任何类比,这就是布尔格的情形"[①]。这也就是前面玛丽·赫西所说,布尔格过于严格不适合在此基础上定义类比的原因。

但这是因为玛丽·赫西是从类比中要素的相似性出发来给类比提供数学定义的。后来普拉德等人从类比中差异的相似性出发给类比提供了一个布尔代数定义。他们认为,类比比例 $(a : b = c : d)$ 反映的是两个差异的关系,即两种差异关系的相同,可以理解为 a 不同于 b 就像 c 不同于 d,且 b 不同于 a 就像 d 不同于 c。但是,他们发现,这种四项关系在差异上的相同其实只是更大的四项关系中的一种,他们称为逻辑比例(logical proportions),也就是说,他们是从逻辑比例出发来定义类比比例的。需要特别说明的是,首次提出逻辑比例概念的是皮亚杰,他建构了一个逻辑比例的关系系统,但是并没有提到类比。不过那本书的译者在注释中写道:"我们继续前进,在算术比例$\left(\text{比如} \dfrac{2}{4} = \dfrac{3}{6}\right)$模型的基础上建立两个项目的对子之间的关系,以便在第一个对子间存在的关系再次发生在第二格对子中,并因此确定第四项的选择。"[②]这其实说的是数学上的类比。普拉德等人正是沿着这个思路来对类比比例进行数学定义的。

---

① Mary Hesse, "On Defining Analogy", *Proceedings of the Aristotelian Society*, New Series, Vol.60, 1959—1960, pp.79—100.

② Jean Piaget, *Logic and Psychology*, Manchester University Press, 1953, p.37.

普拉德等人首先定义了相似指标（similarity indicators）和相异指标（dissimilarity indicators）。让 φ 表示一个特征，它可以看作一个谓词，$\varphi(A)$ 表示 A 具有特征 φ，$\neg\varphi(A)$ 表示 A 不具有特征 φ。当 $\varphi(A) \wedge \varphi(B)$ 为真或者 $\neg\varphi(A) \wedge \neg\varphi(B)$ 为真时，它们表示 A 和 B 相似，当 $\neg\varphi(A) \wedge \varphi(B)$ 为真或者 $\varphi(A) \wedge \neg\varphi(B)$ 为真时，它们表示 A 和 B 不相似。$\varphi(A)$ 和 $\varphi(B)$ 可以看作是布尔变量，取值 $\{0, 1\}$，分别用 a 和 b 表示，所以，$a \wedge b$ 和 $\bar{a} \wedge \bar{b}$ 是相似指标，$a \wedge \bar{b}$ 和 $\bar{a} \wedge b$ 是相异指标。[①]

在此基础上，他们继而定义了逻辑比例。一个逻辑比例 $T(a, b, c, d)$ 是两个不同的指标逻辑等式的并集，表示为：

$$I_{(a, b)} \equiv I_{(c, d)} \wedge I'_{(a, b)} \equiv I'_{(c, d)}$$

其中，$I_{(x, y)}$ 和 $I'_{(x, y)}$ 指应用于对子 (x, y) 的两个指标，它们并不必然相同，可能是相似指标，也可能是相异指标。这样普拉德等人由此得出了 120 个不同的逻辑比例。其中，有 4 个同质比例（homogeneous proportions），16 个条件比例（conditional proportions），20 个混合比例（hybrid proportions），32 个半混合比例（semi-hybrid proportions），以及 48 个衰退比例（degenerated proportions）。类比比例属于 4 个同质比例中的一种。

所谓同质比例，是指这四种逻辑比例中每一个或只包含相似指标或只包含相异指标，它们分别是：

类比（analogy）：$(a \wedge \bar{b} \equiv c \wedge \bar{d}) \wedge (\bar{a} \wedge b \equiv \bar{c} \wedge d)$

反类比（reverse analogy）：$(a \wedge \bar{b} \equiv \bar{c} \wedge d) \wedge (\bar{a} \wedge b \equiv c \wedge \bar{d})$

形似（paralogy）[②]：$(a \wedge b \equiv c \wedge d) \wedge (\bar{a} \wedge \bar{b} \equiv \bar{c} \wedge \bar{d})$

---

① Henri Prade, Gilles Richard, *Computational Approaches to Analogical Reasoning: Current Trends (Vol.548)*, Springer, 2014, pp.3—4, 217—244.

② "paralogy" 也被翻译为"逻辑倒错推理"，但是这一翻译有确定的使用范围，所以，我们这里翻译为"形似"。

逆形似(inverse paralogy)：$(a \wedge b \equiv \bar{c} \wedge \bar{d}) \wedge (\bar{a} \wedge \bar{b} \equiv c \wedge d)$

类比的意思是，a 之于 b 正如 c 之于 d；反类比的意思是，a 之于 b 正如 d 之于 c；形似则指，a 和 b 所共有的，c 和 d 也都共有；逆形似指，a 和 b 所共有的，c 和 d 都没有，反之亦然。[1]在此基础上，普拉德等人得出类比比例的一些性质：[2]

(1) 完全恒等(full identity)：$T(a, a, a, a)$，即，$\dfrac{a}{a} = \dfrac{a}{a}$

(2) 自反性(reflexivity)：$T(a, b, a, b)$，即，$\dfrac{a}{b} = \dfrac{a}{b}$

(3) 相同(sameness)：$T(a, a, b, b)$，即，$\dfrac{a}{a} = \dfrac{b}{b}$

(4) 对称(symmetry)：$T(a, b, c, d) \rightarrow T(c, d, a, b)$，即，$\dfrac{a}{b} = \dfrac{c}{d} \rightarrow \dfrac{c}{d} = \dfrac{a}{b}$

(5) 中心排列(central permutation)：$T(a, b, c, d) \rightarrow T(a, c, b, d)$，即，$\dfrac{a}{b} = \dfrac{c}{d} \rightarrow \dfrac{a}{c} = \dfrac{b}{d}$

(6) 两端排列(extreme permutation)：$T(a, b, c, d) \rightarrow T(d, b, c, a)$，即，$\dfrac{a}{b} = \dfrac{c}{d} \rightarrow \dfrac{d}{b} = \dfrac{c}{a}$

(7) 传递性(transitivity)：$T(a, b, c, d) \wedge T(c, d, e, f) \rightarrow T(a, b, e, f)$，即，$\dfrac{a}{b} = \dfrac{c}{d} \wedge \dfrac{c}{d} = \dfrac{e}{f} \rightarrow \dfrac{a}{b} = \dfrac{e}{f}$

---

[1]　Henri Prade, Gilles Richard, "Logical proportions—typology and roadmap", in E. Hüllermeier, R. Kruse, F. Hoffmann(eds.), *Computational Intelligence for Knowledge-Based Systems Design：Proceedings of the 13th International Conference on Information, Processing and Management of Uncertainty* (IPMU'10), Dortmund, Vol.6178 of LNCS, pp.757—767, Springer, 28 June—2 July 2010.

[2]　Henri Prade, Gilles Richard, *Computational Approaches to Analogical Reasoning：Current Trends* (Vol.548), Springer, 2014，pp.217—244.

可以看出,普拉德通过布尔代数从差异关系的相同得出的类比定义形式上与玛丽·赫西的分配格定义大相径庭,但是所得出的类比性质大同小异。虽然布尔代数的定义看起来更加细致,但是,无法看出类比推理的程度,也就是没有一个与玛丽·赫西那里的类比度相对应的概念。相应地,一个很明显的差别是,在玛丽·赫西的类比定义中,类比推理具有减弱了的传递性,而这在普拉德的类比定义中无法体现。

玛丽·赫西和普拉德的类比定义是当代类比哲学逻辑学进路的代表性成果。但在另一方面,玛丽·赫西说过,她的这个定义是在玛格丽特·玛斯特曼(Margaret Masterman)领导的剑桥语言研究小组(Cambridge Language Research Unit)的工作的启发下提出的,后者是著名的计算机语言学家,人工智能领域机器翻译的奠基人。同样,普拉德的布尔代数定义也被应用人工智能中的机器学习和自然语言处理等领域。可见,当代类比研究的哲学逻辑学进路和认知进路是在互动中相互促进的。

1.4.2 当代类比研究的认知科学进路

从 1980 年到 2000 年是类比认知转向的第二个 20 年,类比认知研究的主题转向对科学和现实生活中的类比的认知机制和发生过程的探究及其人工智能实现。如保罗·巴萨所说,最近几十年,类比研究的面貌已经被心理学家、认知科学家和人工智能研究者的努力所改变。[①]相应的成果表现为各种类比认知计算理论。在下一章“类比的模型化”一节中,它们也被称为类比模型,在人工智能领域它们是作为各种人工智能程序,而当要强调其与人类心灵的计算主义立场相一致时,它们又被完整地称为类比计算模型。其中,根特纳的结构映射理论及其计算机程序 SME,侯世达的高层知觉理论及其 Copycat,以及罗杰·尚克

---

① Paul Bartha, *By Parallel Reasoning：The Construction and Evaluation of Analogical Arguments*, Oxford University Press, 2010, p.vii.

(Roger Schank)的动态记忆理论以及以此为理论基础的各种案例推理器程序(Case-Based Reasoner, CBR)是最为典型的三种类比计算模型。2000年以来的第三个20年除了在认知神经科学不断发展的助力下对类比认知过程在人脑中的神经关联物展开深入研究外,也是类比计算模型尤其是各种案例推理器程序迅速发展和被广泛应用的20年。例如,基于结构映射理论的约翰·胡梅尔和凯斯·霍利约克(John E. Hummel & Keith J. Holyoak)的"通过图式和类比的学习和推理"模型(Learning and Inference with Schemas and Analogies, LISA)以及肯尼斯·福布斯和托马斯·辛里希斯(Kenneth D. Forbus & Thomas Hinrichs)的同伴认知架构(The Companion Cognitive Architecture)。侯世达的Copycat也发展为Metacat。因此,这里我们分别介绍根特纳的结构映射理论、侯世达的高层知觉理论,以及罗杰·尚克的动态记忆理论。

根特纳的结构映射理论

出于讨论的方便,我们先作如下定义,一个类比"A T is(like) a B"是一个从B向T的映射,其中B称为"基"(Base)或"源"(Source),T称为"靶"(Target)。一个类比就是从基到靶的映射,基是解释项,靶是待解释项。所谓结构映射理论,"其核心理念是,类比是这样一种主张,即,被规范地应用于一个领域的关系结构能够被应用于另一个领域"①。这里的"域",根特纳指出,"在心理学上被视为由对象、对象-属性和对象之间关系构成的系统"②。要实现域之间的映射还需要几个前提:第一,域和情境在心理学上被认为是对象、对象-属性和对象间关系的系统。当然,在类比构造中,它们的重要程度是不同的。第二,知识在这里被表示为结点和谓词的命题网络。结点表示作为整体的概念,应用于结点的谓词表达关于概念的命题。第三,不同谓词类型之间有两个本质上的句法区别,一是对象属性和关系之间的区分,二是一阶

---

①② Dedre Gentner, "Structure-Mapping: A Theoretical Framework for Analogy", *Cognitive Science*, 1983, Vol.7, pp.155—170.

谓词和二阶谓词以及更高阶谓词的区分。第四,这些表征包括不同谓词之间的区分旨在反映人们理解一个情境的方式而不是逻辑上的可能性,所以这些表征是用来模型化人们对域的理解。①不难看出,这四个预设就是对域的内部关系或者说系统性进行划分的基础。

在此基础上,根特纳开始解释类比推理。她提供了三个映射规则:第一,忽略对象的属性;第二,尽量保留对象之间的关系;第三,要确定哪种关系被保留,取决于关系的系统,这被称为系统性原则。②毫无疑问,映射的核心是系统性原则。因为根特纳认为,基于纯粹共有和非共有的谓词相对数量的理论不可能提供对类比的恰当解释,因此,也不能为相关性的一般解释提供充分的基础。而在结构映射理论中,关系性和系统性是映射的核心特征。"我们对类比的理解是,它传递的是具有相互关联性的知识系统,而不是独立事实的简单混合物。这样的知识系统能够通过相互联结的谓词结构来表示。在谓词结构中,高阶谓词强化了低阶谓词中的关联性。"③所以系统性原则又被重新表述为:"属于彼此相互联结关系的一个可映射系统的谓词比一个孤立的谓词更有可能被传输到靶域中。"④

本质上,结构映射意味着一种域之间的比较(domain comparison)。而不同种类的谓词的句法结构决定了这种域比较是否能被看作一种类比,还是表面相似、抽象运用等其他比较类型。在表面相似(literal similarity)的比较中,被映射的谓词既有对象-属性谓词,也有关系谓词,相对于未被映射的谓词,有大量的谓词被从基映射到靶中。实际上在这种比较中,几乎所有的谓词或者绝大多数谓词都将被映射。在类比中,主要是关系谓词而极少甚至几乎没有对象属性被从基映射到靶中。与类比不同,在抽象(abstraction)一类的比较中,基域是一个抽象关系结构,而不是一些具体的对象,所有的谓词都从抽象的基域映射到靶域。因此,根特纳认为,类比和表面相似是一种连续体而不是截然的

---

①②③④ Dedre Gentner, "Structure-Mapping: A Theoretical Framework for Analogy", *Cognitive Science*, 1983, Vol.7, pp.155—170.

二分,如果对于关系重叠的两个域,它们的对象属性在一定程度上也重叠,那么它们更多是表面相似。类比和抽象是截然不同的连续体类型:如果基的关系表征中包含具体的属性并且必须保留在映射中,那么这个比较是类比;如果对象被表示为一个结点,而更像一个变量,那么这个比较是抽象。

根特纳的结构映射理论提出后获得了人工智能和心理学领域的广泛支持,当然,也出现了一些对其理论进行部分修改的相近的观点。比如有些结构映射理论并不使用根特纳的系统性原则,但是它们接受结构映射的基础理念。另一方面,反对的声音同时存在。比如霍利约克早期的"目的驱动的问题求解系统"(Goal-Driven Problem Solving System)。他认为结构映射理论注定失败,因为它没有将目的因素考虑进去。基于这一立场,他提出了对结构映射理论的三个批评:一是认为控制类比匹配的是目的相关的谓词,而结构要素是副现象性质的(epiphenomenal);二是区分类比和表面相似的不是共有的谓词,而是目的,如果出于明确的目的,那么根特纳称为表面相似的那些对象也能够与类比相关联;三是基域本身的系统性不可能决定对类比的解释。[①]根特纳随后也一一做了详细的回应。但是,事实上,他们的差异只在技术层面,因为他们都是基于结构主义的观点来看待类比构造的。后来霍利约克也承认,他的约束满足理论(Constraint-Satisfaction Model)在许多方面与根特纳的结构映射理论是相似的,但是他在强调结构约束的基础上增加了语义和语用的约束。[②]

相比之下,侯世达等人的批评要更加尖锐。他们提出了两个批评。第一,他们认为,如果两个情境之间的对应关系的发现是它们存在的明

---

① K. J. Holyoak, "The Pragmatics of Analogical Transfer", in G. H. Bower (ed.), *The Psychology of Learning and Motivation*, 1985, Vol.19, pp.59—87, Academic Press; "The Mechanisms of Analogical Learning", in Stella Vosniadou, Andrew Ortony(eds.), *Similarity and Analogical Reasoning*, Cambridge University Press, 1989, pp.199—241.

② K. J. Holyoak, P. Thagard, "Analogical Mapping by Constraint Satisfaction", *Cognitive Science*, 1989, Vol.13, pp.295—355.

确给定的适当结构的直接结果,那么这种发现类比的成功多少有点虚伪。由于这些表征都是针对手头的问题度身定制的,因此要找到它们之间正确的结构一致性并不难。然而,"问题是,如果适当的表征是预先提供好的,那么类比构造任务中最困难的部分已经被完成了"①。第二,与第一个问题相关,每一个域被分成对象、属性、关系,结构映射排他性地关注对象对对象、关系对关系,而忽略属性。"然而,最不清晰的就是,在人类思想中对表征有清晰的划分。许多概念在心理学上似乎在对象和属性之间是来回漂浮的。比如,考虑一个经济模型:我们应当把财富看作从一个经纪人手中流出的对象,还是看作随每次交易而发生变化的经济人的属性?似乎并没有任何显而易见的预先(a priori)做出这个决定的方法。"②侯世达等人的批评实际上并非立足于类比作为推理,而是作为一种对认知的理解,具体来说,是在类比思想的形成和概念的流动性的基础上提出的批评,因此更加深刻,根特纳也专门撰文进行过回应,我们将在下文详细分析。

保罗·巴萨也对根特纳的结构映射理论提出了最新的批评。第一个批评大体上是重申了侯世达等人的观点。"结构映射理论似乎依赖于这样一个预设,描述域的表征相对于发现最好的类比映射而言是件小事。但事实上,最困难的任务也许就是表征已知信息以便能够做出一致的,非凡的类比。"③与侯世达等人基于对认知本身的理解不同的是,保罗·巴萨是从类比模型的预见性的角度,也就是从对类比模型的评估的角度来提出批评的。第二个批评是关于结构映射的适用范围。他认为将优先性赋予系统性的,高阶关系的匹配并不总是合适的,它只适合某些特定的类比推理类型。④就结构映射理论的现状而言,这个批评大体上也可以忽略,一是因为结构映射理论具有普遍的适用性,现已

---

① Douglas Hofstadter, *Fluid Concepts and Creative Analogies*, Basic Books, 1996, p.182.

② Ibid., p.184.

③④ Paul Bartha, *By Parallel Reasoning*: *The Construction and Evaluation of Analogical Arguments*, Oxford University Press, 2010, p.69.

产生大量基于这一理论的人工智能程序并广泛应用于处理儿童心理成长和学习理论等领域;二是因为这些应用也大多是在保留结构映射理念的基础上,对结构映射理论做出一些修改,比如放弃根特纳的系统性原则,而采用别的原则进行类比映射。

侯世达的高层知觉理论

所谓高层知觉(high-level perception),区别于低层知觉(low-level perception)。查尔莫斯(David Chalmers)、弗兰奇(Robert French)和侯世达等人援引了康德的知觉理论。我们知道康德将认知区分为感性和知性,前者收集原始的感觉材料,后者将这些材料组织成关于世界的经验。他们认为康德的模型虽然有点精致过度,但其基本洞见是有效的。"感知过程形成一个光谱,为方便起见,我们可以将其划分成两部分。粗略地说,对应于康德的感性,我们有低层知觉,它包括早期通过不同的感知形式获取信息的过程。另一方面,高层知觉包括,将该信息形成一个更加总体性的观点,通过使用概念从原始材料中提炼意义,并在概念层次理解情境。作为连贯一致的整体,这包括从对对象的认知到对抽象关系的把握,再到对整个情境的理解。"①从最低级的知觉即对通过感觉器官接受原始感官信息,到其他低层知觉,再到概念层次即高层知觉的认知对象、把握关系和理解情境,是一个抽象层次不断上升的光谱。

高层知觉理论关注的核心问题是心理表征(mental representation)的形成问题。关于表征,到目前为止,认知科学可以确定的是,"心灵是一个表征者,这很可能是有关心灵的最重要的科学事实。它构建、处理和存储其外部(即内部)事物的表征。例如,心灵可表征其周围环境中的事物和事件。心灵是用来思维的(就如同肺是用来呼吸的),而思维操控着表征,这就使得表征具有了更为基础性的意义。心灵中的表征

---

① Douglas Hofstadter, *Fluid Concepts and Creative Analogies*, Basic Books, 1996, pp.169—170.

被称为心理表征。心理表征无疑是在脑神经结构中进行的"①。只不过,科学家还不知道这种表征是如何实现的。"事实上,很大程度上认知科学家仍不知道心灵如何进行表征(也不知道大脑如何进行表征)。不过,总的图景无疑已经建立。大脑通过在其神经元激活模式下存储信息的方式进行表征。而且,特定神经簇的激活方式以及保持其活跃的方式也与它们的表征内容和方式相关,心灵是一种活跃大脑的状态,它使用各种数据结构来进行表征。数据结构通过各种神经激活模式来被执行,但不能还原为各种神经激活模式。"②但是,在终极的意义上表征是如何表征的,这个问题到目前为止仍然没有解决。因此,仍然需要哲学的探讨。严格来说,侯世达的高层知觉理论更大程度上是一种哲学理论,而不是科学。

虽然一个完整的感知理论必须包括作为其基础的低层知觉,但是正是高层知觉将我们引向心理表征这一认知的核心问题。在人工智能研究中,心理表征问题被表述为"心理表征的正确结构是什么?"③但是侯世达等人认为,表征结构问题固然重要,然而一个同等重要的问题是"这样一个表征是如何能够以环境数据为起点被得到的?"④侯世达等人认为,即使发现一个理想的表征结构类型是可能的,那么也还有两个问题需要解决:一是相关性问题,即"如何确定从环境中获得的大量数据哪些子集应用于表征结构的不同部分?"⑤他们认为这需要一个复杂的过滤程序。二是组织问题,即"这些数据是怎样以正确的形式进入表征的?"⑥即使我们已经确定了哪些数据是相关的,而且也确定了希望的表征框架,也仍然需要一个行之有效的方式将它们组织进表征的形式中,毕竟数据并不是预先封装好了的。侯世达等人认为,这些问题结合在一起才构成了高层知觉的本质问题。

---

① 保罗·撒加德:《爱思维尔科学哲学手册:心理学与认知科学哲学》,王姝彦译,北京师范大学出版社 2015 年版,第 12 页。

② 同上书,第 13 页。

③ Douglas Hofstadter, *Fluid Concepts and Creative Analogies*, Basic Books, 1996, p.172.

④⑤⑥ Ibid., p.173.

侯世达等人从类比构造的角度来理解高层知觉问题,因为他们认为类比与高层知觉相互依赖。一方面,"类比思想以一种非常直接的方式依赖于高层知觉。当人们构造类比时,他们是把两个情境的结构的某些方面——某种意义上,就是那些情境的本质——感知为同一。而这些结构是高层知觉过程的产物"①。因此,类比的质量高度依赖人们对情境的感知。另一方面,"不仅构造类比依赖高层知觉,反之亦然:感知也经常依赖类比构造。根据一个情境对另一个情境的高层知觉在人类思维中无处不在……类比思维提供了一个强有力的机制来丰富对一个给定情境的表示……类比每时每刻都影响着我们的感知……在大大小小的这些类比感知中,我们倾向于忘记类比做了什么。类比和感知是紧紧捆绑在一起的"②。无疑,这种高度相互依赖的关系为从高层知觉深入类比构造提供了基础。

在此基础上,他们将类比构造过程区分为感知和映射两个部分,以此来说明高层知觉问题也就是表征的形成或建构问题。他们认为:"把类比思想分成两个基本组成部分是有用的。一个是情境感知(situ-ation-perception)的过程,它包括获取给定情境中涉及的数据,以不同的方式过滤和组织它们,以便为一个给定的情境提供一个恰当的表征。第二,映射(mapping)的过程。这包括给两个情境提供表征,在两个表征之间发现适当的对应关系,从而产生我们称为类比的匹配。"③然而更重要的是,情境感知和映射两个过程之间的关系,这也成为侯世达的高层知觉理论与根特纳的结构映射理论以及其他认知理论的根本差别。对侯世达他们而言,一个最基本的立场是,这种区分只是逻辑或概念上的区分,在时间上它们是缠绕在一起的。更进一步说,虽然两者对构造类比来说都是必不可少的,但前者是基础,因为映射需要表征,而表征是高层知觉的产物。每一个映射过程都需要一个先行于它的感知过程,但反过来,感知过程并不必然依赖于映射过程。所以他们认

---

① Douglas Hofstadter, *Fluid Concepts and Creative Analogies*, Basic Books, 1996, p.179.

②③ Ibid., p.180.

为,"构造类比最核心和最具挑战性的部分是感知过程,即将情境塑造进适合给定语境的表征中"①,侯世达将这一过程称为"概念滑动"(conceptual slippage)。

　所谓概念滑动,侯世达将之定义为"在对某个情境的心理表征内部,在语境的引导下一个概念向紧密相连的概念的移动"②。于是高层知觉或表征构造的问题转变为围绕概念滑动的问题,即,是什么引起了概念滑动,它是如何发生的,以及何时发生。侯世达认为,在我们的大脑中,概念处于重叠和聚集的状态,它们围绕每一个内容性的概念形成一个"语义晕"(semantic halo)。我们在特定的语境压力下往往会发生口误就是大脑中概念重叠的证据,侯世达从这一现象出发来解释概念滑动。这些口误表现为一些概念替代错误(substitution errors),在《表象与本质》中,侯世达列举了大量口误事例并进行了分类。我们这里仅举一例:"老王和妻子正在家里看电视,电视画面很暗,看不清楚。老王站起来走到窗前,说:'我把窗帘关掉。'"③很显然,他把"拉"窗帘的"拉"口误成了"关电视"的"关"。这些口误代表着我们大脑中概念的无意识滑动,而一个概念滑动就意味着一个类比构造。这些概念替代错误表明,"在许多情况下,我们会在概念之间发生混淆,而这也帮助我们描绘了当我们在不同情境间做类比时是什么东西在进行运作的图景"④。大脑中概念间的重叠和聚集不仅对我们概念的滑动负责,更为关键的是,我们大脑中的概念网或者说语义晕也使我们愿意在一定程度上遗忘或容忍这种错配,所以侯世达说:"我的术语'概念滑动'事实上不多不少就是对'由环境所决定的对概念错配的容忍度'的简单表达。"⑤

　在《表象与本质》中,"概念滑动"被"范畴化"所代替。侯世达认为,

---

① Douglas Hofstadter, *Fluid Concepts and Creative Analogies*, Basic Books, 1996, p.181.

② Ibid., p.198.

③ 侯世达、桑德尔:《表象与本质》,刘健、胡海、陈琪译,浙江人民出版社 2018 年版,第 322 页。

④ Douglas Hofstadter, *Fluid Concepts and Creative Analogies*, Basic Books, 1996, p.198.

⑤ Ibid., p.201.

类比的本质就是范畴化。对类比的定义要从理解"范畴"开始,"'范畴'就是一种长时间建立起来的心理结构,它包含着有组织的信息,这些信息在适当情况下能被提取。'范畴'也会随时间而变化,这种变化时快时慢。'范畴化'指的是将某个物体或某种情况与先前已有的范畴关联起来"①。由此可见,"范畴化"就是类比,"类比的精髓就在于把一个心理结构映射至另一个心理结构"②。对侯世达而言,范畴和类别同义,范畴化和分类同义,分类就是通过类比机制进行范畴化。范畴化也是作"推断"(inference),与人工智能中"形式逻辑演绎"的理解不同,"当我们说'作出推断'时,意思仅仅是在我们面对的情境中引入一个新的心理成分。也就是说,目前活跃在大脑中的概念的某一方面从长眠的记忆中提取出来了,并引起了我们的注意。至于提取出来的新成分是对还是错,我们并不关心,它在逻辑上是否接续了前一个成分也无关紧要。对我们来说,'推断'仅仅意味着某个新的成分在头脑里被激活了"③。所以"推断"也就是通过类比实现的范畴化。

然而,范畴也是一个总被误解的概念。侯世达说:"直到最近,哲学家一直认为物质世界是被分成不同的自然范畴的,也就是说,根据自身的自然属性,每个物体都属于一个客观的范畴。"④换句话说,在传统范畴或概念理论中,每个概念都有着确切的边界。而侯世达恰恰认为,范畴是无法被清晰定义的。所以当代范畴理论提出了许多新的概念来表示范畴的模糊性和不明确性,比如"原型"(prototype)、"范例全集"(the complete set of exemplars),以及"心理模拟器"(mental simulators)等。而它们有一个共同的理念,在一个概念空间,有的概念居于中心,有的概念离中心很近,也有的概念离中心很远。所以,侯世达提出:"从范畴的中心到它的边界,人的思维其实并没有间隔,而是一个连续体,没有

---

① 侯世达、桑德尔:《表象与本质》,刘健、胡海、陈琪译,浙江人民出版社 2018 年版,第 17 页。
② 同上书,第 60 页。
③ 同上书,第 24 页。
④ 同上书,第 65 页。

清晰明确的界限将其分成几个部分。这就好比把许多连续的同心圆一个个连接起来，成为一个范畴。而这些都是许多不同类型的类比形成的结果，这些类比由数百万人在数十甚至上千年合力完成。这些各不相同的类比，从最简单的开始，一直到最复杂最有趣的，组成了一个无缝的连续体。"[①]根据这个连续体，侯世达将所有的词语，包括名词、动词、形容词、副词、连词，所有的短语包括惯用语、成语、谚语，以及一个完整的语句或句子片段，甚至寓言都看作范畴。因为它们都是一个心理结构，可以在记忆中储存，也可以被激活。

更进一步，侯世达认为，除了那些已有语言标签的范畴外，也存在着一些没有语言标签的范畴，这类范畴以事件或个人经历为特征。"在某个令人惊叹的事件被编码然后进入人的记忆之后，一个没有名字的范畴就诞生了……当人们遇到另一个刚被编码的事件，而且该事件的编码又和很早以前遇到的第一件事重合不少时，早先被埋在记忆深处的事件就浮出'脑'面。尽管这些特别的范畴并没有词汇标签，并且是以每个人独有的经历为基础的，但它们与成千上万各众人皆知、已有词汇标签的范畴一样，深深扎根于我们的记忆中。"[②]当然除此之外，这种没有语言标签的范畴跟有语言标签的范畴还有两个形成方式上的区别，"它们之间的区别之一是前者是以个人经历过的事件为基础的，后者却是个人在某一文化中熏陶而成的。另一个不同点则是，前者因人而异，很可能除了自己之外，其他任何人都没有这一范畴，后者则不是这样的"[③]。实际上，大量个人化的范畴正是通过不断的范畴化形成的。

相应地，在《表象与本质》中，"滑动"也被称为"跳跃"（leaps），概念滑动也就是范畴在不同抽象层次的上下跳跃。对侯世达而言，抽象主要是指"泛化抽象"（generalizing abstraction）[④]，即"如果范畴 B 是范畴

---

①　侯世达、桑德尔：《表象与本质》，刘健、胡海、陈琪译，浙江人民出版社 2018 年版，第 78 页。

②　同上书，第 199 页。

③　同上书，第 78—79 页。

④　在《表象与本质》中，译者将"generalizing" "generalization"都翻译为"概括"，但是在人工智能和认知科学领域，一般译为"泛化"。

A的一个子集合，我们则称范畴 A 比范畴 B 更抽象，也就是说所有属于范畴 B 的元素也全部都属于范畴 A"①。因此，范畴 A 和范畴 B 属于不同的抽象层次，这也使我们能从不同角度思考同一事物，也就是说发生范畴的滑动或跳跃。侯世达特别强调，这种抽象不仅适用于自然事物、人造事物以及动作的范畴，也不止于形容词、成语等有语言标签的范畴，同样还适用于属于个人经历的那些没有语言标签的范畴。而范畴的滑动和跳跃也成为类比以及高层知觉的灵活性的重要表现。侯世达等人强调高层知觉具有高度的灵活性，认为这是高层知觉最重要的特点，因为，高层知觉受信念的影响，受目的的影响，受周围环境的影响，也受根据不同需要进行反复塑形的影响。归根结底，受我们所做类比的不同的影响。这是因为，即使我们面对同一情境，根据不同需要也会做出不同的类比，本质上这是我们抽象能力的体现，即在不同抽象层次上管理范畴的能力。

罗杰·尚克的动态记忆理论

为了说明什么是动态记忆，罗杰·尚克举了个例子。一个专家储存其专业领域内书籍的知识和一个图书分类系统做同样工作在方式上存在差别，前者体现了所谓动态记忆的模式。对于图书分类系统而言，它则拥有一个描述知识领域的分类初始集，会记录图书的标题、作者、主题等信息。随着不断使用和信息积累，分类系统不得不发生改变和更新，从而创造出新的主题和主题划分。这个系统不是动态的，它的改变相当困难，而且需要外部的干预。专家没有这些问题，他可以根据自己兴趣的变化以及特定主题的知识的变化轻而易举地改变自己的分类系统。图书馆需要物理空间，还需要依赖人类为其将来的使用做出各种决策。人类则能够很容易地处理新信息，为新信息在记忆中提供位置，尽管并不知道那个位置在哪儿，甚至这些是无意识地处理的。罗

---

① 侯世达、桑德尔：《表象与本质》，刘健、胡海、陈琪译，浙江人民出版社 2018 年版，第 228 页。

杰·尚克最后总结道："意识并不在意我们怎样对经验进行编码或者提取。我们的动态记忆组织自己的方式能够调整它们对世界的初始编码以便反映成长和新的理解。我们的记忆结构化的方式允许我们能从经验中进行学习。它们进行再组织以反映新的泛化的方式，是一种自动的分类图式，能够用来在旧经验的基础上处理新经验。总之，我们的记忆动态地调节以反映我们的经验。一个动态记忆是一个当新经验需要的时候它能改变自己的组织的记忆。一个动态记忆本质上是一个学习系统。"①所以动态记忆是一个灵活的、开放的系统。

珍妮特·科洛德纳认为，动态记忆理论有两个前提。第一个前提即，"忆起（remembering）、理解（understanding）、经验（experiencing）和学习（learning）是彼此不可分离的"②。动态记忆的改变是作为经验的结果发生的。理解通过在记忆中寻找与正在理解的事情最接近的经验并进行调整以适应新经验。理解允许记忆重新组织和改善自己，当旧的经验被忆起时，记忆有机会测试相关知识，从而可能清除一些案例或范畴，或者重新索引，或者设定知识学习目标，或者将范畴分解以增加新的案例等等，总之，理解推动了学习的进行。理解和学习的循环不仅是一个语言理解的过程，也是一个驱动我们推理的过程。但是无论是语言理解还是推理，它们都依赖于另一个前提，即"用来进行处理的记忆中的结构（即提供预期和建议推理）和用来进行储存的结构是同样的结构"③。在记忆中找到正确的旧经验是成功推理的关键，这一过程被称为"回忆"（reminding）④。这一旧经验可能是表示对某个事物的规范描述的一般知识结构，也可能是该一般知识结构的一个实例。这一前提有两个作用，一是它能够让我们在推理中从用来推理的已知的图式

---

① Roger C. Schank, *Dynamic Memory Revisited*, Cambridge University Press, 1999, p.2.

② Janet Kolodner, *Case-Based Reasoning*, Morgan Kaufmann, 1993, p.105.

③ Ibid., p.106.

④ 科洛德纳在"忆起"和"回忆"之间做了明确的区分，但认为两者是相同提取过程的产物，并将之也作为动态记忆的前提之一。两者区分在于，前者是无意识地进行的，后者是有意识地进行的。对类比或案例推理构造来说，主要涉及回忆，因为这是有意识建构的过程。

类型着手，二是在此前提下，关注和分析回忆能够成为揭示记忆分类类型的有力工具。比如，当我们在理解某件事的过程中回忆到某个旧经验，那么我们可以利用该经验来理解当前事件。因此，所有的分析都指向了动态记忆的核心概念，记忆结构。

罗杰·尚克的动态记忆理论包含两种记忆结构，一是相似活动的情境组织，一是情境中参与人的目的和计划的相互作用，也就是主题相似的情境组织。前者称为记忆组织包（memory organization packets，MOPs)，后者称为主题组织包（thematic organization packets，TOPs)，它们都扮演两个角色，即存储相似事件和处理结构。CBR 发展早期的思想根源主要是动态记忆理论中的 MOP 模型，所以我们的讨论以它为主。但是，在讨论它们之前，我们先要对动态理论中的"脚本"（script)概念作一些准备性分析。

"脚本"是罗杰·尚克在构建动态记忆理论之前在其著作《脚本、计划、目的和理解：人类知识结构的探究》(*Scripts*，*Plans*，*Goals*，*and Understanding*：*An Inquiry Into Human Knowledge Structure*)中提出的一个概念[①]，指"描述具体背景下恰当的事件序列的结构或描述定义已知情境的预先决定了的典型行动序列的结构"[②]。当时罗杰·尚克关注理解如何发生的问题，因此他将脚本看作具体情境下的一种高级的知识结构，将脚本用来解释我们的理解能力。他的脚本应用机制程序（Script Applier Mechanism，SAM)是一个故事理解程序，就是对脚本理论的运用。在 SAM 中，脚本由构成典型情节的事件列表组成。与其中一个或多个事件相匹配的输入事件将引起程序推理出列表中其他事件的发生。但是将语言视为一种记忆处理的想法改变了他们关于理解如何发生的观点。这种对脚本的理解有两个问题，第一，它太过具体，记忆中除了有与具体情境相联系的具体的脚本信息外，还有与一般

---

① Roger C. Schank, Robert P. Abelson, *Scripts*，*Plans*，*Goals*，*and Understanding*：*An Inquiry Into Human Knowledge Structure*，Erlbaum，1977，pp.36—68.

② Roger C. Schank, *Dynamic Memory Revisited*，Cambridge University Press，1999，p.8.

情境相联系的一般信息。第二,它忽视了记忆结构的发展问题。因此在动态记忆理论中,罗杰·尚克强调,"我将用记忆的术语来评估脚本概念,而不是在程序中来考虑它们的价值。而且,我将从通过经验而发生改变的能力的观点来看待脚本和其他记忆结构。一个脚本以及任何其他记忆结构必须是动态记忆的部分"①。可以说,罗杰·尚克关于 MOPs 和 TOPs 的模型正是在对脚本的思考中发展起来的。

针对 MOPs,罗杰·尚克定义为:"一个 MOP 由一组指向目标实现的场景组成。一个 MOP 总有一个主场景,它的目标就是 MOP 所组织的事件系列的本质或目的。"②因为记忆总是在场景中,因此从场景切换到另一个场景的能力就是记忆组织的重要部分。一个 MOP 就是一个场景组织者,在记忆搜索中找到一个合适的 MOP 就能使我们回答,接下来会发生什么,而答案就是,下一个场景。本质上,MOP 中的一般知识很像脚本的原始描述中所保存的知识。但是在动态记忆理论中,基于脚本的方法过于具体。因此,MOPs 根据组成情境的场景(scence)序列而不是根据场景的所有细节来描述情境。一个场景是对为实现与该场景相关的目标而进行的一系列活动及其环境的描述。每个场景都在其自身的记忆结构中被描述,既保存其标准的描述性信息,也组织自己的实例。这允许本来通过几种不同脚本表示的相似活动能够通过相同的 MOP 来表示。和 MOPs 一样,TOPs 既储存描述它们所组织的情境类型的一般知识,也组织它们的情节(episodes)③。它们通过参与者的意图而不是活动的细节,具体来说即,通过跟踪情境中的目的和计划的关系和条件对事件组织和分类,在跨领域的情境发生中获取相似性。

从记忆中提取相关经验来指导对当下事件的理解,这毫无疑问是

---

①　Roger C. Schank, *Dynamic Memory Revisited*, Cambridge University Press, 1999, pp.14—15.

②　Ibid., p.123.

③　情节由列事件构成,注意区别于泛化情节(generalized episode),后者相对于一个 MOP,但又像情节一样具体。

人类现实生活中类比活动的一部分。不难看出,这已经接近于布尔迪厄的类比实践。但是两者之间仍然有着很多明显的区别。第一,虽然我们的过去经验其实来自我们的实践活动,但在动态记忆理论中,过去经验通过脚本、场景、情节、MOPs 和 TOPs 等被处理为记忆,而成为单纯的认知活动;第二,相应地,新经验的增加在这里被描述为案例的补充和记忆结构的改变,好像对于作为经验参与者的身体毫无影响;第三,动态记忆理论将回忆(reminding)和忆起(remembering)区分开来,并主要考虑回忆这一自觉意识活动,而非自觉的动态记忆某种程度上被忽略了,虽然罗杰·尚克也许并不认为它们的推理机制存在本质差异;第四,动态记忆的起点是脚本、场景、情节等,而对于经验的知识表示(knowledge representation)似乎没有给予足够的重视。像罗杰·尚克早期的 SAM 一样直接从提供组织好的故事开始固然可以,但对于经验仍然首先存在表征形成问题,也即侯世达所谓高层知觉问题。

第 2 章　类比实践模型的涌现

2.1　类比是人类认知的核心

在类比认知转向的推动下,类比作为人类认知的核心成为类比认知研究者的共识。与具身认知相结合,作为推理和论证形式的"类比"被作为认知活动的"做类比"(analogy-making)所代替,相应地类比具有了行动意蕴。

2.1.1　具身认知:类比认知研究的新起点

传统认知理论是一种"离身的"(disembodied)认知理论。"离身的"相对于"具身的"(embodied),瓦雷拉(Francisco Varela)等人在《具身心智:认知科学和人类经验》(*The Embodied Mind：Cognitive Science and Human Experience*)中说:"作为西方科学家和哲学家,在我们通常的规训和实践中,我们的思想和行为方式明显与之不同(指不同于具身的,作者按)。我们问'什么是心智?''什么是身体?'继而进行理论反思和科学研究。这一过程引起有关认知能力的各方面的全面的主张、实验和结论。但在研究过程中,我们常常忘记究竟谁在问这个问题,以及它是如何被问的。若不把我们自身包括在反思之中,我们追求的也仅是部分的反思,这样我们的问题也就变成非具身的了。"①瓦雷拉将离身认知所归咎的这种提问方式以及所接受的规训无疑可以追溯到笛卡尔。我们知道笛卡尔是典型的身心二元论者。身体有广延但不能思想,心灵能思想但没有广延。而且,身体遵循机械规律,"如果我把人的肉体看作是由骨骼、神经、筋肉、血管、血液和皮肤组成的一架机器,即使里面没有精神,也并不妨碍它跟现在完全一样的方式来运作,这时……仅仅是由它的各个器官的安排来动作"②。可见,对笛卡尔而言,身体的动作遵循身体自身的规则,而不受心灵的指导。反过来,心灵也不依赖于身体,没有身体也能存在。所以笛卡尔说"严格来说我只是一个在思维的东西"③。也就是说,从笛卡尔出发,身心首先是分离的,然后才考虑身心是否以及如何相互依赖或统一的问题。

苏珊·赫尔利(Susan Hurley)曾经将关于心灵的传统观点概括为三个方面:

第一,感知和行动是彼此分离的和外围而次要的部分。

第二,思想或认知被看作心灵的核心。心灵垂直分成三个部分:认知介于感知和行动之间。感知和行动不仅是彼此分离的,而且与认知的更高过程也是分离的。心灵是一种三明治,而认知是中间填充物。

第三,认知不仅是中心而区别于外围的感官运动过程,而且这个中心在描述的合理层次上也是传统的。一系列认知的相关特征——组合性、系统性、生产性和约束性等等——都能以传统的方式获得解释:根据包含符号和重组的句法结构的过程进行解释。④

---

① F.瓦雷拉、E.汤普森、E.罗施:《具身心智:认知科学和人类经验》,李恒威、李恒熙、王球、于霞译,浙江大学出版社2010年版,第22页。
② 笛卡尔:《第一哲学沉思集》,庞景仁译,商务印书馆2010年版,第88—89页。
③ 同上书,第26页。
④ Susan Hurley, "Perception and Action: Alternative Views", *Synthese*, 2001, Vol.129 (1), pp.3—40.

　　赫尔利将这一心灵的传统观点形象地比喻为一种三明治式的结构：感知作为输入部分，行动作为输出部分，认知作为中间的处理器。这一刻画传统认知的"三明治"比喻不仅意味着各个层次的分离，也意味着行动相对于认知的附属地位。因为这种垂直架构暗含着两个预设，"一是相关的因果流根本上说是单向的或线性的：世界通过感官系统进入感知，然后到认知，到运动系统，到行动，最后再回到世界。二是感知与行动之间的关系能被适当地理解为工具性的：感知是行动的手段，并且行动是感知的手段；它们只是相互利用的关系"①。换句话说，根据这种传统认知观点，认知消极地接受感官输入的信息，而行动只是认知活动的副产品。

　　瓦雷拉将这一传统立场的根源确认为表征主义。在对认知计算主义的批评中，瓦雷拉总结了表征的两种理解，"一方面，存在相对没有争议的观念，即表征作为解释（construal）：认知始终是以一种方式解释或表征世界；另一方面，存在一种更强的观念，这种观念认为：认知的特征将由这样的假设来解释，即系统的活动是基于内部的表征"②。瓦雷拉认为，前者是一种较弱的理解，似乎没有什么争议，但是也没有任何用处，因为，对解释是什么，我们同样一无所知，而实际上，表征是比解释更为基本的概念③。后者是更强意义上的表征，它承载了存在论和认识论的双重承诺。"存在论和认识论的承诺基本上是双重的：我们假定世界是预先给予的，它的特征可以先于任何认知活动而被规定。于是，要解释这种认知活动与预先被给予的世界之间的关系，我们假设了内在于认知系统……的心智表征的存在。"④如果这个认知系统就是指我们的大脑及其意识活动，那么它并不是离身的。问题就在于，当我们把

---

　　①　Susan Hurley, "Perception and Action: Alternative Views", *Synthese*, 2001, Vol.129 (1), pp.3—40.

　　②　F.瓦雷拉、E.汤普森、E.罗施：《具身心智：认知科学和人类经验》，李恒威、李恒熙、王球、于霞译，浙江大学出版社 2010 年版，第 108 页。

　　③　保罗·撒加德：《爱思维尔科学哲学手册：心理学与认知科学哲学》，王姝彦译，北京师范大学出版社 2015 年版，第 13 页。

　　④　F.瓦雷拉、E.汤普森、E.罗施：《具身心智：认知科学和人类经验》，李恒威、李恒熙、王球、于霞译，浙江大学出版社 2010 年版，第 109 页。

笛卡尔所谓的心灵实体作为认知主体时，我们便在大脑和外部世界之间虚构了一个表征系统的层次，于是认知脱离了我们的身体。认知计算主义只不过是将这一形而上学的分离层次转换成物理符号系统的符号层次或联结主义的亚符号层次。

瓦雷拉谈论的认知计算主义主要指人工智能研究中的符号主义和联结主义两个分支，具身认知是在批评认知计算主义的基础上提出的。或许可以这样说，认知计算主义立场至少强化了认知的离身性解释，因为这种立场意味着，认知表征是计算性的。瓦雷拉基于认知与世界不可分离的立场批评了认知计算主义。对符号主义而言，"除了物理学和神经生物学的层次，认知主义者在解释认知的时候假定了一个独特的、不可还原的符号的层次。而且，既然符号是语义项，认知主义者还假设了第三个独特的语义或表征层次"①。这里的"认知主义"就是指符号主义或符号计算。而对于联结主义而言，符号的层次被所谓"亚符号的"层次所取代，"一个高于生物层面但是比认知主义符号层面更接近于生物层面的领域"②，在这个层次，人工神经计算代替了符号计算，所以瓦雷拉等人认为："亚符号涌现与符号计算之间最为有趣的关系是包容(inclusion)的关系，在这种关系中，我们将符号看作是对属性的更高层次的描述，而这些属性最终内嵌于一个下层的分布式系统。"③然而，无论是符号主义的符号层次，还是联结主义的亚符号的层次，都是一个脱离大脑而且不能还原为大脑的层次，也就是说与身体相分离的层次，这导致了我们真实的认知系统与外部世界的分离。更极端的挑战是，认知计算主义意味着，不需要意识，认知也能进行。

瓦雷拉将逻辑主义和联结主义的观点统称为"鸡立场"，即"外在于我们的世界具有预先给予的属性。这些属性先于投射在我们认知系统之上的图像而存在，而认知系统的任务便是适当地恢复它们(无论是通

---

① F.瓦雷拉、E.汤普森、E.罗施：《具身心智：认知科学和人类经验》，李恒威、李恒熙、王球、于霞译，浙江大学出版社 2010 年版，第 35 页。

②③ 同上书，第 81 页。

过符号处理还是全局亚符号状态)"①。相反的立场被称为"蛋立场",即"认知系统投射它自己的世界,且该世界的显然的实在性不过是系统内在规则的反映"②。瓦雷拉同时否定了这两个立场,在认知具身性的基础上提出了"具身行动"的概念。"使用具身这个词,我们意在突出两点:第一,认知依赖于经验的种类,这些经验来自具有各种感觉运动的身体;第二,这些个体的感知运动能力自身内含在(embedded)一个更广泛的生物、心理和文化的情境中。使用行为这个词,我们意在再度强调感知与运动过程、知觉与行动本质上在活生生的认知中是不可分离的。的确,这两者在个体中不是纯粹偶然地联结在一起的,而是通过演化合为一体的。"③由此瓦雷拉等人将生成认知进路概括为两点:(1)知觉存在于由知觉引导(perceptually guided)的行动中;(2)认知结构出自循环的感知运动模式,它能够使得行动被知觉地引导。④

玛格丽特·博登(Margaret Boden)也曾批评联结主义并不是神经实现方式的模型而是抽象定义的信息处理模型。她认为联结主义虽然发轫于神经活动的概念但却很少借鉴神经科学。在其著作《作为机器的心灵:认知科学史》(*Mind as Machine:A History of Cognitive Science*)中,博登说明了它们之间的关系:联结主义有两个近邻和一个直接的对立面,两个近邻是实验心理学和神经科学,对立面是符号人工智能,但是博登认为,它们之间的对话少得超出了人们的想象。大部分联结主义方案是否定性的,以反对符号派人工智能为心灵科学奠基的主张,所以很难进行友好的对话。即使作为近邻的神经科学很大程度上也为联结主义者所忽视。"没有几个联结主义哲学家会关注对方(指实验心理学和神经科学,作者按)。甚至许多从事实际工作的联结主义者——尤其是那些来自物理学或工程学的联结主义者——也近乎忽视这些实验科学。即使他们认真考虑心理学——他们并不总是如此——

---

①②　F.瓦雷拉、E.汤普森、E.罗施:《具身心智:认知科学和人类经验》,李恒威、李恒熙、王球、于霞译,浙江大学出版社 2010 年版,第 138 页。

③④　同上书,第 139 页。

他们也无视神经科学。"①

博登认为,潜在地说,联结主义和神经科学彼此之间有很多可以教给对方的东西。它们都关注细胞网络的概率特性,也都关心神经系统执行何种计算的假设能够指导神经科学所涉及的身体机制的问题,所以联结主义和计算神经科学的界限本来就是模糊的。而随着神经科学的发展,这一界限变得更加模糊了。在这方面,安迪·克拉克(Andy Clark)是个典型。他是为数不多的依赖实验心理学和神经科学的联结主义哲学家之一。他反对笛卡尔传统下关于心灵的离身性的观点,而将自己的立场称为"积极的外在主义"(active externalism),即认为环境在驱动认知过程中具有积极作用,后来他进一步将环境看作心灵和心智能力的构成部分,并将自己的理论称为"认知技术"(cognitive tech-nology)。他认为:"人类心灵,那个被理解为支持和解释我们进行灵活的、适当的,并(有时)灵敏推理的反应模式的东西,是一个构成性的、可渗入的系统。该系统反对任何单一的研究方法如经典的人工智能或者联结主义,反对任何单一的分析层次如计算的层次或物理动力学的层次,也反对任何单一的学科视角如哲学、神经科学、文化和技术研究、人工智能或认知心理学。而且它不只是一个复杂的、多面的系统,而且是一个真正的可渗入的系统——'可渗入的'(leaky)意思是说,许多关键的特征和性质严格依赖于在不同的组织层次和不同的时间尺度上所发生的事件和过程之间的相互作用。"②在克拉克看来,人类心灵不只是形成于人类的大脑或者身体,而是动态地形成于人类的环境,即克拉克所谓"延展心灵"(extended mind)。

当然,无论是瓦雷拉的生成认知,还是克拉克的延展认知,都有着深厚的海德格尔和梅洛-庞蒂的现象学背景。克拉克在其著作《此在:重聚大脑、身体与世界》(*Being There*: *Putting Brain*, *Body*, *and*

---

① Margaret A. Boden, *Mind As Machine*: *A History of Cognitive Science*, Oxford University Press, 2006, p.1000.

② Andy Clark, *Mindware*: *An Introduction to the Philosophy of Cognitive Science*, Oxford University Press, 2001, p.160.

World Together Again)中总结了海德格尔的相关思想。他说:"海德格尔写到了此在的重要性,即在世之在的一种方式,我们在在世之在中不是分离的、消极的观察者,而是积极的参与者。而且海德格尔强调,我们实践地应对世界的方式(锤钉子、开门等等)与其说涉及分离性的表征(即将锤子表征为一个有一定重量和形状的坚固物体),不如说是一种功能上的耦合。对海德格尔而言,在我们用锤子锤进钉子的行动中,正是这种熟练的对世界的实践参与才是所有思想和意向性的核心。"①克拉克认为,在这一分析中关键的概念是用具(equipment)的观念,"即围绕在我们周围并投入各种娴熟的活动中的器物,它们构成了我们各种日常处理和应对能力的基础"②。因而,海德格尔的工作预示了对各种"行动中立的"内在表征的怀疑,并且呼应了他对工具使用及在有机体和世界之间行动定向的耦合性的强调。但如克拉克所说,海德格尔的关注点仍然与他自身有着根本性的不同,尤其是海德格尔反对知识是心灵与独立世界之间的关系的观念。而且海德格尔的具身行动的环境观念是完全社会意义上的,而他版本中的此在意义范围更广,包含了在问题求解活动中作为元素出现的身体和所处环境的一切。他认为在内在精神和具体执行上他的工作与梅洛-庞蒂的现象学更加接近。

　　瓦雷拉同样也更依赖于梅洛-庞蒂。梅洛-庞蒂将身体、行动和世界看作一个协同系统。在他看来,"机体恰恰不能够被比作诸外部刺激作用于其上,并在其中呈现自己的形式的键盘,理由很简单:机体参与了这一形式的构成。当我拿着捕捉工具的手随着动物的每一次挣扎而活动时,非常明显的是,我的每一个动作都回应着一种外部刺激,但同样明显的是,如果没有我借以使我的感受器受到那些刺激的影响的动作,这些刺激也不会被感受到"③。瓦雷拉等人则对此评价道:"于是在这一进路里,知觉不仅简单地是嵌在周围的世界,并被它限制,它也参与周围世界的生成。因此就像梅洛-庞蒂谈到的,有机体既创始了环

---

　　①②　Andy Clark, *Being There*: *Putting Brain*, *Body*, *and World Together Again*, The MIT Press, 1998, p.171.
　　③　莫里斯·梅洛-庞蒂:《行为的结构》,商务印书馆 2010 年版,第 27 页。

境,同时也被环境塑造。于是,梅洛-庞蒂清楚地认识到,我们必须看到有机体和环境在相互规定和选择中被绑在了一起。"①瓦雷拉等人提出用"操作闭圈"(operational closure)的概念来代替认知系统的输入和输出关系。"一个系统是操作闭圈的,就是说,该系统过程的结果正是那些过程本身。操作闭圈的观念因此是一种规定过程分类的方式,正是在操作中这些过程转而返回自身,从而形成自治网络。这类网络不属于被外在机制控制(他律)所定义的系统类别,而是属于被内在机制或自组织(自律)所定义的系统类别。关键点在于这类系统并不通过表征来运作。它们不是表征一个独立存在的世界,而是生成一个作为差别域的世界,它与认知系统所具身的结构无法分离。"②克拉克则将梅洛-庞蒂所描述的过程称为"连续互动因果关系"(continuous reciprocal causation),它是这样一种理念,"我们必须超越有机体感知世界的消极印象,而认识到如下方式,即,我们的行动可以对世界事件(worldly event)做出连续回应,而世界事件同时也在连续回应我们的行动"③。

玛格丽特·威尔逊(Margaret Wilson)曾总结了具身认知的六个教条,认为其中比较合理的有以下五条:"第一,认知是被情景化的,即,认知是发生在具体的世界情景中的,并将不可避免地牵涉到感知和行动;第二,认知任务是受到时间压力的,即,每一个时间任务都有附加在其上的完成时限,而这种时限往往来自环境;第三,认知系统的很多认知任务,都将运算负载分摊到环境上,而不是认知系统之中,以便节省系统自身的运作资源;第四,认知是为行动而存在的,也就是说,如果我们看不到一种认知活动对于某种环境适应行为所可能作出的共享,我们也就难以理解这种认知活动本身存在的意义;第五,当某些认知活动脱离了和现实环境的直接接触的时候,这些活动依然以某种间接的方式,

---

① F.瓦雷拉、E.汤普森、E.罗施:《具身心智:认知科学和人类经验》,李恒威、李恒熙、王球、于霞译,浙江大学出版社2010年版,第140页。
② 同上书,第112页。
③ Andy Clark, *Being There: Putting Brain, Body, and World Together Again*, The MIT Press,1998,p.171.

植根于身体和环境的某些互动模式。"①徐英瑾评价说："根据威尔逊所归纳的以上五点，一个依据具身化认知模型建立起来的智能体，将实时地从环境中得到信息反馈，甚至把环境本身视为行动的向导。"②

2.1.2　类比作为人类认知核心的多维论证

当我们谈论人类行为时，不可能不涉及智能。但是，什么是智能？这本身至今仍然是一个没有标准定义的问题。在罗伯特·斯滕伯格（Robert J. Sternberg）和卡琳·斯滕伯格（Karin Sternberg）编著的《认知心理学》（*Cognitive Psychology*）中，他们认为"智能"是一个能把认知心理学的所有内容整合到一起的概念。也有人认为，智能也许可以被近似地描述，但不可能被完全地定义。沙恩·莱格（Shane Legg）和马库斯·胡特（Marcus Hutter）认为，这太悲观。他们在一篇文章中概括了近 70 个不同的定义，从而提炼出一个定义，即"智能测量一个行动者在一个广阔的环境中实现目标的能力"③。斯滕伯格夫妇也提到，1921 年《教育心理学杂志》（*Journal of Educational Psychology*）编辑向 14 位著名心理学家提出这一问题，得到的答案虽然各不相同但总体上围绕两个主题，即"学习经验的能力"和"适应周围环境的能力"。65年后（1986 年）他们向 14 位智能研究领域的认知心理学家提出了同样的问题，同样强调了这两个主题，但也强调了元认知（metacognition），即理解和控制自己的思维过程的能力的重要性。基于此，斯滕伯格夫妇将智能定义为"学习经验的能力，使用元认知过程增强学习的能力，以及适应周围环境的能力"④。这相较于罗伯特·斯滕伯格早前的定义

①②　转引自徐英瑾：《心智、语言和机器——维特根斯坦哲学和人工智能科学的对话》，人民出版社 2013 年版，第 7 页。

③　S. Legg, M. Hutter, "A Collection of Definitions of Intelligence", in *Advances in Artificial General Intelligence Concepts*, *Architectures and Algorithms*, Edited by B. Goertzel and P. Wang, IOS Press, 2007, pp.17—24.

④　Robert J. Sternberg, Karin Sternberg, *Cognitive Psychology*, 6th Edition, Cengage Learning Press, 2012, p.17.

确实有所发展，在其《人类心灵的探究》(*In Search of the Human Mind*)中，他将智能理解为，"智能是个人从经验中学习、理性思考、记忆重要信息，以及应付日常生活需求的认知能力"①。史蒂芬·卢奇(Stephen Lucci)和丹尼·科佩克(Danny Kopec)在 2016 年的《人工智能》(*Artificial Intelligence in the 21st Century*)第二版教材中仍然沿用了这个定义。②

对人工智能的研究绕不开对人类智能的理解，但是像马文·明斯基(Marvin Minsky)这样的人工智能研究专家也表达了理解智能的困难，他甚至认为，"不管怎么说，像'智能'这样古老而模糊的词，认为它必须表示某种确切的事物，这种想法是不明智的。与其追寻这种词是什么'意思'，不如试着去解释我们如何使用它"③。虽然如此，他还是给出了一个定义："我们的思维中包含着一些程序，让我们可以去解决那些我们认为困难的问题。'智能'就是我们为这些尚未被理解的程序所起的名称。"④侯世达在《表象与本质》中曾列举了当前对智能的一些主要理解：

> 习得和运用知识的能力
>
> 推理的能力
>
> 解决问题的能力
>
> 做计划的能力
>
> 完成目标的能力
>
> 记住重要信息的能力
>
> 适应新环境的能力
>
> 理解复杂概念的能力
>
> 抽象思维的能力

① R. J. Sternberg，*In Search of The Human Mind*，Harcourt-Brace，1994，pp.395—396.

② 史蒂芬·卢奇、丹尼·科佩克：《人工智能》(第 2 版)，林赐译，人民邮电出版社 2018 年版，第 3 页。

③ 马文·明斯基：《心智社会》，任楠译，机械工业出版社 2017 年版，第 72—73 页。

④ 同上书，第 73 页。

学习和应用技能的能力

从经验中收益的能力

感知和识别的能力

创造有价值物品的能力

获得自己想要之物的能力

理性思考的能力

进步的能力①

　　侯世达批评了对智能的这些理解，认为虽然它们中的一部分触及了智能的实质，但是没有一个切中要害。侯世达在批评了对智能的常见理解之后，从类比出发来理解智能："对我们来说，智能是这样一种技艺，它迅速而可靠地抓住重点、击中要害、一针见血、一语中的。它让人在面临新的环境时，迅疾而准确地定位到长期记忆中的某个或一系列具有洞见的先例，这恰好也就是抓住新环境要害的能力。其实就是找到与新环境近似的事件，也就是建立强大而有用的类比。"②简单来说，对侯世达而言，智能就是"做类比"。

　　根据斯滕伯格的介绍，心理学家认识到智能和类比的紧密关系由来已久。"斯皮尔曼（Charles Spearman）的三个认知定性原则——经验理解、关系推断和关联推断——就对应于类比推理中的三个主要操作。"③由于两者之间的紧密联系，许多著名的心理测试都提供了对类比推理能力的测量。反过来，智能测试也广泛使用类比推理。埃文斯的 ANALOGY 就是处理来自标准智能测试中的几何类比。斯皮尔曼曾经宣称："可以肯定，（类比）测试——如果设计和使用得当——与我们已知的包含在 g 中所有一切都相关。"④斯皮尔曼这里所说的 g 就是

---

　　① 侯世达、桑德尔：《表象与本质》，刘健、胡海、陈琪译，浙江人民出版社 2018 年版，第 146 页。

　　② 同上书，第 147 页。

　　③ James C. Kaufman, Elena L. Grigorenko, *The Essential Sternberg Essays on Intelligence*, *Psychology*, *and Education*, Springer Publishing Company, 2009, p.145.

　　④ C. Spearman, *The Abilities of Man*, Macmillan, 1927, p.181.

指他的智力二因素中区别于具体能力 s 的一般智力。斯滕伯格通过类比推理实验专门证明了类比推理为什么是对一般智力的好的测量。①但是，围绕智力测试的争论一直没有停止过，至少有两方面的质疑，一是智力测试实际上是对支配性文化的知识的测量，二是智力并不能完全由测试实践所说明。②这些争议推进了新的智商测试类型的产生，但是这种推进更多体现了对智能的理解的改进，而不是对类比推理的。他们承认智能和类比推理的密切关联，但并不认为智能就是类比。

在类比认知转向的背景下，类比不再仅仅被视为一种推理形式，而首先是一项认知活动或智能行为。侯世达甚至将智能直接理解为"做类比"。在别人看来，将智能理解为"做类比"或许过于激进，但侯世达却提供了深厚的理论论证。他认为，人类智能就是在新环境下，找到记忆中与之近似的事件从而建立类比的能力。将智能与环境相结合代表了侯世达跳出传统认知理论的努力。他认为"思维必须依赖于在大脑硬件中对客观实在的表示"③。一个关于世界的灵活的内涵表示是思维的全部所在。"对于每个概念，都存在一个界说良好的可触发模块——由一小群神经原构成的模块——也就是前面设想过的那种'神经复合体'。"④这表明侯世达所理解的智能是依赖于身体和大脑的。而且他也认为，一个人的智能跟他从其文化环境中所继承的概念有关。从而他得到："和实体工具相比，概念有一个特质：概念并不是外在的某种装置，而是会成为掌握这个概念的人的内在部分。"⑤所以这些概念拓展了人的概念空间，使其能够思考，能够建立新的范畴和新的类比。

① James C. Kaufman, Elena L. Grigorenko, *The Essential Sternberg Essays on Intelligence, Psychology, and Education*, Springer Publishing Company, 2009, pp.145—179.
② Anna T. Cianciolo, Robert J. Sternberg, *Intelligence: A Brief History*, Blackwell Publishing, 2004, pp.53—54.
③ 侯世达：《哥德尔、艾舍尔、巴赫——集异璧之大成》，本书翻译组译，商务印书馆1996年版，第441页。
④ 同上书，第455页。
⑤ 侯世达、桑德尔：《表象与本质》，刘健、胡海、陈琪译，浙江人民出版社2018年版，第146页。

所以外在的文化环境对人的智能即使不是起决定作用，作为形成概念库的来源也至少具有相关性。从侯世达的这些观点中已经隐约看到了具身认知的身影，而论证智能的类比理解的关键环节则是，类比是人类认知的核心。

　　侯世达的第一个论证出现在《流动性概念与创造性类比》(*Fluid Concepts and Creative Analogies*)第一章"探究数列怎样发生"中。这一论证依赖于两个小前提：第一，模式发现是认知的核心；第二，做类比是模式发现的核心。侯世达在文章中列举了大量的数列推断，比如，1，3，6，10，15，21，28，36，45，55，66，78，91，…这样的数列是如何发生的？当然这是最简单的数列推理。不管这种数列推理的难易程度，侯世达起初是从深度优先(depth-first)或宽度优先(breadth-first)的思路上来进行推断。但是侯世达自己也意识到，如果这样来设计推理程序会过于死板，不像是人做的那样，"用这种方式解决序列推断任务更像是在思考数学，而不是在思考思考"[1]，他的兴趣是将智能程序化而不是将数学程序化。于是他引入了"美感驱动的感知"(esthetics-driven perception)，从数字领悟转向模式敏感性，即去探究信息包(packet)[2]的分割和联合。"这样的描述使得数列推断看起来像模式运行(pattern-play)，处理由小小的整数构成的小信息包，信息包之间的关系除了相等(equality)、后继(successorship)和前驱(predecessorship)，不再包含任何数学概念。"[3]侯世达用"有序岛"(islands of order)来例示具有相同、相继、前驱或镜像对称等这些结构的有序段。在心中对两个不同有序岛进行联结的行为就是做类比，尽管类比的明显程度和强度会有所不同。至此，侯世达认为："一旦所有这一切被如此清晰地梳理后，那么宣称做

---

　　① Douglas Hofstadter, *Fluid Concepts and Creative Analogies*, Basic Books, 1996, p.35.

　　② 侯世达将"packet"理解为一种感知层叠(perceptual overlay)，一个次序片(a bit of order)，用来帮助理解序列的某个具体区域。在模式发现的逻辑下，不存在是否正确的信息包，数字序列被理解为信息包的流，不同的信息包意味着它们之间前后相继的跳跃。

　　③ Douglas Hofstadter, *Fluid Concepts and Creative Analogies*, Basic Books, 1996, p.43.

类比位于模式认知和推理的中心就是件很平常的事情了,还有什么能比这更显而易见吗?并且当这一显见和我更早的主张——模式发现是智能的核心——放在一起时,其含义就清楚了:做类比位于智能的核心。"①侯世达自己也介绍说,这一章涉及的内容虽然属于其早期思想,但是写作顺序却是最后,所以,他在表述中其实有援引高层知觉和流动性等后来发展的关键概念,但是我有意识地回避掉了,因为一是不符合当时的事实,至少当时这个想法还不成熟,二是它意味着另一个论证。

在高层知觉理论的基础上,类比作为人类认知核心的论证也依赖于两个小前提:第一,高层知觉或概念的滑动是人类认知的核心,第二,做类比是概念滑动的触发器。侯世达认为,在长期记忆这个"心智字典"(the mental lexicon)中,无论有语言标签还是没有语言标签,也无论大小如何,那些记忆块(memory chunk)都能够被作为一个"结点"储存在长期记忆中,并作为一个彼此分离的整体被提取。认知过程是一个不断进行的"认知循环"(cognitive loop),"一个长期记忆的结点被获得,然后被迁移到短期记忆并在那里被一定程度地拆解,它产生新的结构被感知,而高层知觉行为仍然激活更深的结点,它接着被获得、迁移和拆解,如此循环"②。在这个循环中,一个结点被获得是通过类比进行的,"通过某种输入——不管是感官的还是更抽象的——对已有精神范畴的触发是类比行为。为什么是它?因为每当一套即将到来的刺激激活一个或更多精神范畴时,一定数量的滑动必然发生"③。因此,类比是概念滑动的触发器,用侯世达的话说,作为心智字典的长期记忆就是一个"可触发的类比的巨大储藏室"④。这样,由这两个前提出发,侯世达再一次表达了类比作为认知核心的观点。

---

① Douglas Hofstadter, *Fluid Concepts and Creative Analogies*, Basic Books, 1996, p.63.

② Dedre Gentner, K. J. Holyoak, and B. Kokinov, *The Analogical Mind: Perspectives from Cognitive Science*, The MIT Press, 2001, p.517.

③ Ibid., p.503.

④ Ibid., p.504.

如果说前面两个论证是逻辑论证,那么在《表象与本质》中,侯世达提供的只是一个事实论证,而且是一个非常简单的事实论证:"事实上,我们这本书的中心思想是一个简单却未必主流的想法,就是人在思考的时候,每时每刻都在发现类比,因此类比乃是思维的核心。"①于是在该书的主体部分,侯世达向我们呈现整个类比的海洋,类比如何操纵我们,以及我们如何操纵类比。这其实也不难理解。尽管在该书中,侯世达用"范畴化"代替了"概念滑动",但其思想基础仍然是此前的高层知觉理论,他认为,"任何一个具体事件……都可以被编写在不同的抽象层次上……这种人类高层次的感知能力是一个普遍事实,它让我们得以透过情境的具体细节看到其中的本质,并把表面相去甚远的事件联系起来"②。既然类比是人类认知的核心已经进行过逻辑论证,那么,对侯世达而言也就没有重复的必要,而大量的事实论证反而是对此前逻辑论证的强化。

除了侯世达的论证外,霍利约克将类比置于更大的范畴"基于角色的关系推理"(role-based relational reasoning)之下。他认为,基于角色的关系推理比具体事例间的类比推理更宽泛。更一般的概念和范畴往往至少部分地由关系定义,基于规则的推理比如演绎推理也关键性地依赖于关系。但是基于角色的关系推理的核心特征是,推理依赖于素材在推理中的角色的共性或差异,而不只是个别素材的概念特征。类比推理是基于角色的关系推理中的核心范例。霍利约克和根特纳在《类比心灵》中还有一个简单的说明:"何种认知能力奠定了我们基本的人类成就? 尽管一个完全的答案仍然难以找到,但是其中一个基本组成是一种特殊的符号能力,即一种获取模式的能力,一种即便组成它们的成分发生了变化仍然能识别这些模式再次发生的能力,一种形成概念来提取和具体化这些模式并在语言中表达这些概念的能力。类比在最一般的意义上就是思考关系模式的这种能力。正如侯世达所说,类

_____

① 侯世达、桑德尔:《表象与本质》,刘健、胡海、陈琪译,浙江人民出版社 2018 年版,第 17 页。

② 同上书,第 393 页。

比隐藏于人类认知的核心。"①可见，霍利约克等人也赞同侯世达关于"类比作为人类认知的核心"的立场。

2.1.3　作为具身智能的"做类比"

在认知的具身化和类比的认知转向这双重因素的共同作用下，类比作为行动成为理论趋势是可以预见的。也正是在这个意义上，侯世达用"做类比"代替了通常的"类比"，"'类比推理'被大多数论文和书籍用作标准术语，它揭示了人们对类比的偏见：将其视为推理的工具，而非纯粹的理解过程的基础"②。侯世达的学生梅拉妮·米歇尔（Melanie Mitchell）也做过区分："类比这一术语经常让人们联想起那些不太好的标准化测试问题的记忆，如'鞋子之于脚就像手套之于什么'。然而，我用做类比意指广得多的东西：做类比是在面对表面上的差异时感知两个事物之间抽象相似性的能力。"③侯世达曾总结过类比定义的两种成见。一种是亚里士多德的类比比例定义，他认为这一定义过于狭窄。第二种是"有选择性地利用过去的经验来帮助理解新出现的、还不熟悉的、属于另一个领域的事物"④的心理现象，它涉及复杂的推理机制。侯世达认为这第二个成见也只代表了非常宽泛的类比心理现象中的一小部分，是一个没有完全展开的观点，而他的"范畴化"即"将某个物体或某种情况与先前已有的范畴关联起来"的过程才反映了现实生活中的真实的类比。

侯世达自己也认为他的立场接近于具身认知的观点。当他在讨论

① Dedre Gentner, K. J. Holyoak, B. Kokinov, *The Analogical Mind：Perspectives from Cognitive Science*, The MIT Press, 2001, p.2.

② 侯世达、流动性类比研究小组：《概念与类比：模拟人类思维基本机制的灵动计算架构》，刘林澍、魏军译，机械工业出版社 2022 年版，第 339 页。

③ Melanie Mitchell, *Complexity：A Guided Tour*, Oxford University Press, 2009, p.187.

④ 侯世达、桑德尔：《表象与本质》，刘健、胡海、陈琪译，浙江人民出版社 2018 年版，第 21 页。

具身认知时,他一方面肯定了具身认知的意义,认为它揭示出"思维固定在两种东西之上,也就是说,头脑中的概念有两个源泉。首先,思维通过类比固定于过去。其次,思维通过亲历亲为的身体固定于具体的世界"①。另一方面,他也指出,"我们的方法和具身认知的研究方法有一个相同的基本观点,也就是人类的所有思想根植于个人的体验,以及社群、语言共同体和文化群体的公共经验。在我们的表述中,重点是人们都是通过自己的概念思考,而这些概念是由不间断的类比所建立和提取的。人们这一行为是身处物质世界的必然需求。而具身认知的研究方法并没有强调抽象,好像暗示着原始的经验已经可以满足思考,抽象只不过是奢侈的附加之物"②。

在侯世达看来,我们每个人都处在某个情境中,这些情境一定会激发起我们的类比活动。侯世达说:"一旦我们描述了某个情境,它就会自然而然地招来各种类比,这些类比把该情境抽象出来,并且使它的本质(或者说诸多本质之一)变得越来越清晰。由此生成的更加宽泛的情境,虽然只是人们理解一句话时自动产生的副产品,但却形成了一个新的抽象范畴。就这样产生了许多简单的思维滑动,这些滑动把新生成的范畴与其他情境联系起来,这些情境与最早的那个'定制成员'的差别有大有小,而它们将成为这个范畴的新成员。这种建立在类比之上的范畴扩展不断发生,新生的范畴能扩展得非常远。当然了,它们是建立在随着时间流逝而不断遇到的相似情境之上的。"③但是类比或范畴化的作用并不只是产生新的范畴,归根到底,它是用来指导我们如何面对新的情境和行动的,"正是因为能够通过类比进行范畴化,我们才能发现相似的东西,并且利用事物之间的相似性去处理新事和怪事。当我们把刚遇到的新情况,和很早之前就遇到,并且编码处理,然后保存在记忆中的先前经历联系起来时,我们就能利用先前的经历来指引现

---

①②　侯世达、桑德尔:《表象与本质》,刘健、胡海、陈琪译,浙江人民出版社 2018 年版,第 340 页。

③　同上书,第 180 页。

在的行为"①。在这个意义上，类比认知也具有了行动的意义，或者说类比认知就是类比行动或类比实践。

既然对于人类智能行为而言，它既是具身的，也是类比的，那么人类智能行为的具身类比解释就不存在是否可能的问题，我们只需要给出这一解释即可。然而对于动物智能行为和人类智能行为的模拟即人工智能行为而言，情况并非如此。它们都存在是否可能的问题。从事类比研究的认知科学家在将类比作为智能和认知活动探究其认知机制和发生过程时，很自然地从人类过渡到其他非人类动物，从而提出动物类比的问题。在论文集《类比心灵》中，根特纳等人在肯定了侯世达关于"类比是人类认知的核心"这一观点后，随即就说："尽管我们相信类比确实是人类认知的核心构成部分，但是它不是我们物种的专有领域。事实上，我们能够用另一个灵长类物种黑猩猩的能力为例来证明关系模式的这一基础理念。"②霍利约克和撒加德在《心智的跳跃：创造性思维中的类比》(Mental Leaps：Analogy in Creative Thought)中也是从探究类比在进化的起源意义上，引入动物类比的探讨。"为了理解类比的起源，我们不得不从对象之间相似性的隐性反应转向显现思想的进化上的先驱……然而，我们这里关注的不是所有智能形式的进化，而只是那些与类比最相关的形式。"③同样，侯世达在《表象与本质》中也是从人类过渡到其他动物来讨论类比。他认为，人类建立抽象范畴的"这些认知活动都是不知不觉中感受到事物相似之处激发出来的。那么，思维没有人类这么丰富的动物呢？它们其实有着同样的认知活动，只不过会受到所属物种的心智程度限制"④。随后，侯世达以狗为例讨论

① 侯世达、桑德尔：《表象与本质》，刘健、胡海、陈琪译，浙江人民出版社 2018 年版，第 24 页。

② Dedre Gentner, K. J. Holyoak, B. Kokinov, *The Analogical Mind：Perspectives from Cognitive Science*, The MIT Press, 2001, p.2.

③ K. J. Holyoak, P. Thagard, *Mental Leaps：Analogy in Creative Thought*, The MIT Press, 1995, p.40.

④ 侯世达、桑德尔：《表象与本质》，刘健、胡海、陈琪译，浙江人民出版社 2018 年版，第 213 页。

动物的类比。

与动物能不能做类比的情形恰恰相反,人工智能行为不存在能否做类比的问题。如根特纳所言,认知科学在 20 世纪后半叶作为一门学科的出现无疑是众多因素共同作用的结果,其中一个最关键的因素是心灵与机器的类比。①人工智能行为的类比解释的问题首先在于,作为对既是具身的又是类比的人类智能行为的模拟,它是否可能是具身的? 因为,瓦雷拉提出具身行动的概念正是基于对认知计算主义即人工智能的逻辑主义和联结主义的批评。从其诉诸梅洛-庞蒂的具身现象学来说,我们甚至有理由认为,瓦雷拉所批评的主要不是人类的认知与世界的分离即人类智能行为的离身性,而恰恰是人工智能行为的离身性。由此,瓦雷拉向我们提出了一个两难选择,即计算心智与具身心智只能二选一的问题。如果坚持认知计算主义,那么人工智能将不是具身性的,因而也不能实现对人类智能的模拟;如果接受人类认知的具身性,那么它将不是计算主义的,同样人类智能也不能被人工智能计算主义地模拟。于是在人工智能不打算抛弃计算主义的背景下,能否提供具身的类比解释的问题就转换成具身计算主义是否可能的问题。

2.2 类比的模型化

从玛丽·赫西的质料类比模型开始,无论是哲学逻辑学进路还是认知科学进路,当代类比研究都以建构类比模型作为理解类比理论的基本途径。这与科学哲学中基于广义模型来理解科学理论的趋势是一致的。但是,不同类比研究进路中,类比建模的目的并不相同,简单来说,哲学逻辑学进路的类比模型是类比合理性评估模型,认知进路的类比计算模型是类比实现模型。

---

① Dedre Gentner, K. J. Holyoak, B. Kokinov, *The Analogical Mind*: *Perspectives from Cognitive Science*, The MIT Press, 2001, p.7.

2.2.1　理论与模型

如何理解科学理论或对其进行逻辑分析是 20 世纪初期最早的一批被称为"科学的哲学家"（scientific philosophers）如卡尔纳普和赖欣巴哈（Reichenbach）等人就已经关注的问题。对于科学的逻辑主义观点或科学的经典观，其经典的定义性表述由卡尔纳普给出，吉尔（Ronald N. Giere）提供了一个非常简洁的概括，他说："按照经典观，可以给'科学理论是什么?'一个直接的回答。一种理论就是(i)在特定形式语言中未得到解释的公理集，再加上(ii)根据可观察实体和过程，提供部分经验解释的对应规则集。由此，理论为真，当且仅当得到解释的公理全部为真。"①其基础是卡尔纳普对非逻辑词汇所做出的理论的和观察的两部分的严格二分。但是这种公认观点遭到了普特南等人的抵制，因为，"(i)部分解释的概念不能给出适合公认观点的目的的精确描述，并且(ii)也不可能令人满意地做出观察和理论的区分"②。萨普（Frederick Suppe）赞同这种抵制的立场但是基于不同的原因，他认为，"对观察和理论的划分的依赖导致它掩盖了许多科学理论结构中的许多认识论上重要的和揭示性的特征"③。正是对科学理论的认识论结构的充分说明推动了萨普理论的语义观的形成。

公认观点将理论视为得到部分解释的公理系统，因此科学理论是一种语言学实体。理论的语义观将科学理论视为超语言学的（extra-linguistic）实体，一种集合论（set-theoretic）实体。吉尔也基于理论的语义学对"科学理论是什么"的问题做出了相应的概括："按照语义方法，理论的组成包括(i)一个理论定义，再加上(ii)大量的理论假说。"④基

---

①　牛顿-史密斯：《科学哲学指南》，成素梅、殷杰译，上海科技教育出版社 2006 年版，第 626 页。

②③　Frederick Suppe, *The Semantic Conception of Theories and Scientific Realism*, University of Illinois Press, 1989, p.38.

④　牛顿-史密斯：《科学哲学指南》，成素梅、殷杰译，上海科技教育出版社 2006 年版，第 627 页。

于语义观,理论的核心是超语言学的理论结构。但是理论的语义观不是一种单一的理论框架,不同的理论语义观将超语言学的理论结构理解为可能是集合论谓词、状态空间,或者关系系统。他们在实在论立场上也不同,范·弗拉森(Van Fraassen)根据其语义观来支持自己的反实在论立场,而萨普是一种准实在论立场。但他们都共享了不同于公认观点的"句法"方法的"语义"方法,"理论语义观得名于这一事实,它将理论视为它们的表述(formulations)所指称的东西,当理论的表述以一种(形式的)**语义**解释被给出时。因此,'语义的'在这里是在形式语义学或数理逻辑中的模型理论的意义上来使用的"①。但是这种对模型的数理逻辑的局限理解也在不断得到扩展。

吉尔提出了一种基于广义模型的科学理论图景。他认为"大多数发展'语义的'方法来替代经验'句法的'方法以对科学理论本质进行探讨的人,都受到了重建科学理论这一目标的鼓舞——这一目标是所有经典观的支持者都共同追求的"②,但是对科学理论进行哲学重建是否有意义,现在许多科学哲学家都提出了质疑,所需的不是重建科学理论的一种技术框架,而只是一个普遍的解释框架。因而,吉尔认为,"在此,有强烈的理由通过广义模型来理解科学理论,科学理论并没有对任何特定的形式主义做出承诺——比如状态空间或集合论谓词。事实上,人们甚至可以扔掉'句法的'和'语义的'之区别,将之作为旧争论的一个残余。把模型作为基本的理论解释,跟把陈述,特别是定律,作为基本的理论解释之间的区别,才是重要的区别……这里,明确引入理论模型观念可能会有所帮助,这种抽象实体可以精确地回答相应的理论定义。这样一来,尽管只是通过准许才成行,但理论模型由此就提供了可以为真的理论定义。这就使得,她能够把大多数科学家的理论话语解释为理论的模型,而不是直接关涉世界。由此就可以把传统上一致

---

① Frederick Suppe, *The Semantic Conception of Theories and Scientific Realism*, University of Illinois Press, 1989, p.4.强调为原文就有。
② 牛顿-史密斯:《科学哲学指南》,成素梅、殷杰译,上海科技教育出版社 2006 年版,第 631 页。

解释为自然律的东西视为仅仅描述了理论模型之行为的陈述"①。吉尔认为,这种基于广义模型来理解科学理论的方法可以并入科学哲学中自然主义的普遍框架中,也能与库恩的理论科学的观念取得联系。

但是吉尔本人也属于语义方法的一个分支,虽然他提出抛弃语义方法和句法方法的争论,但是其理论并没有跳出理论的语义观。玛丽·赫西则相对于理论的语义观提出了理论的类比观的模型理解。她认为,"为了着手解决意义和辩护的问题,我们有必要摒弃仍然隐藏在SCT(理论的语义观)中的两个教条。第一个教条是,以从科学哲学中排除语言问题和认识论问题为代价,过分关注本体论和实在论。第二个教条是,强调对理论进行静态的、'合乎规范的'阐述,忽视了正在进行的理论创造的过程和随之发生的理论选择和理论变化的问题"②。玛丽·赫西认为,近来的讨论已经明显抛弃了这两个教条,带来的后果是,在讨论理论的语义观时解除了对模型表达的数学束缚。一个典型的事例是卡特赖特(Nancy Cartwright)的"说明的影像理论"(simulacrum theory of explanation)③:"模型不再是抽象的数学实体,而是根据更多的历史考虑,把模型看成科学共同体所接受的可操作的范式。"④

在此基础上,玛丽·赫西所谓理论的类比观是说,"这种理论观在一个统一的理论体系的层次等级中,运用这些数据与其他领域的数据模型的类比,描述了在指定领域的数据中(数据模型和现象定律)的规律性。'理论术语的意义'通过与常见的自然过程(例如,力学系统)的类比,或者说,通过假说模型[例如,玻尔(Bohr)的行星原子模型]来给出。在每一种情况下,描述类比的术语都是在隐喻的意义上从日常语言中获得的"⑤。在这种科学理论的理解下,模型对真实世界的表征是

---

① 牛顿-史密斯:《科学哲学指南》,成素梅、殷杰译,上海科技教育出版社 2006 年版,第 631 页。

②④⑤ 同上书,第 364 页。

③ N. Cartwright, *How the Laws of Physics Lie*, Clarendon Press; Oxford University Press,1983, pp.143—162.

通过类比来进行的,表征的强弱取决于从不同的类比领域内能获得的证据多少。当然,玛丽·赫西也认为,理论的类比观也并非没有问题。有趣的是,无论是吉尔的广义模型理论还是玛丽·赫西的类比模型理论都将对模型理解的下一站设定在科学的认知进路上。

2.2.2　类比建模

实际上从上一小节我们也已经看出,从理论的语义观开始,虽然对模型的理解可能存在分歧,但是将科学理论模型化已经成为一个基本趋势。模型作为关于世界的科学理论的类比物,其建构必然依赖于对类比的理解。玛丽·赫西的质料类比模型就是一个关于如何建模的理论。她将之区别于概念模型、包含错误理论的模型,以及模拟机。在她看来,概念模型能够用于预测,但那是完全想象性的,不能在任何现实的或可能的物理系统中实现,"这种概念模型肯定可以为理论的发展提供建议,但如果它们确实没有诉诸任何在先的已知因果关系,那么很难想象我们应当对它建议的任何新预测具有多少信心"[1]。带有错误理论的模型实际上是包含负相似(negative analogy)的模型,但是如果其与待解释项相关的本质特征和因果关系是该负相似的部分,那么它也不构成预测所需要的模型。同样模拟机是用来模拟待解释项的行为的,也不构成预测所需要的模型。正是基于对这些模型的预测性的考察,玛丽·赫西提出了类比的质料模型,当然后面我们还会谈到,要满足科学的预测功能,质料模型还需要满足三个条件。我们这里只是提纲式地说明,将类比建模或者模型化是当代类比研究的主要特点之一。

20 世纪 80 年代后,认知科学进路的类比研究又涌现出大量类比计算模型。保罗·巴萨在其《平行推理:类比论证的建构和评估》(*By Parallel Reasoning*)中对各种类比计算模型进行了详细的分类和评

---

① Mary B. Hesse, *Models and Analogies in Science*, University of Notre Dame Press, 1966, p.88.

析。保罗·巴萨区分了三个类比建模思路。一是结构主义方法，即给予系统性和结构考量以重要角色，这一方法最典型的类比计算模型包括根特纳的结构映射理论、霍利约克和撒加德的多元约束理论（the multiconstraint theory）。二是案例推理（case-based reasoning），其思路是通过调整以往相似问题的解决方案和方法来解决和分析新问题。这一思路依赖于两个假设，"一个关键假设是过去的经验能根据典型的框架或脚本进行表示。第二个假设是我们已经积累了相当大的过去案例的结合，足够大到对任何新案例而言都将有一个在相关方面与其紧密相似的旧案例"①。这一思路的认知基础是罗杰·尚克的动态记忆理论。还有一种相对比较特殊的建构思路，它在人工智能程序上对应于侯世达等人的Copycat，在认知模型上对应于他们的高层知觉理论。其基本理念是，真正的做类比是概念滑动，所以它既不同于结构主义，也不同于案例推理。

保罗·巴萨自己的详描模型（articulation model）则是一种哲学评估模型。用他自己的话说，他的方案"聚焦于与类比论证的评估和辩护相关的哲学问题，尤其关注于它们在科学推理中的运用"②。所以详描模型包括两部分，"第一部分由两个一般原则组成。第二部分是将这两个原则以不同方式应用于不同类比论证类型的分类方案"③。这两个基本原则是先在的关联性要求（requirement of prior association）和对泛化潜力的要求（requirement of potential for generalization）。依据这两个原则，保罗·巴萨分三步来建构详描模型的第一部分，即，第一步阐明先在的关联性，第二步确定相关性，以及第三步评估泛化潜力。在第二部分，他区分了如下四个类比论证类型并根据两个原则进行了详细分析评估，即，预测性类比（predictive analogies）、解释性类比（explanatory analogies）、功能性类比（functional analogies）和（统计）相关

---

① Paul Bartha, *By Parallel Reasoning : The Construction and Evaluation of Analogical Arguments*, Oxford University Press, 2010, p.76.

② Ibid., p.61.

③ Ibid., p.24.

性类比（correlative analogies）。[①]

　　无论是哲学模型还是认知模型，类比建模共同的核心问题是其逻辑构造问题。玛丽·赫西在《科学中的模型和类比》中提出，所有类比模型都有一个共同特征，即都表现为两种二元关系，她分别称为横向关系（horizontal relations）和纵向关系（vertical relations），"横向关系涉及同一和差异，比如在这一事例中（指地球和月亮的类比，作者按），或一般而言，涉及相似性，纵向关系在多数情况下是因果关系"[②]。我们将玛丽·赫西的一幅类比结构图引用如下（见下图）[③]，这能更直观地说明类比模型的二元关系构造。横向关系反映的是从源域到靶域的相似性关系，纵向关系反映的是源域的内部关系。

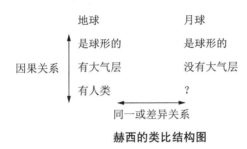

赫西的类比结构图

类比模型的纵向关系构造

　　玛丽·赫西将纵向关系确定为因果关系，并具体解释了因果关系的要求，即至少有一种共现（co-occurrence）的趋势。因此，"基于模型的论证包含类比，它们能被用来预测具体特征或事件的发生，并且因此其中的相关关系是因果性的，至少在意味着有共现趋势的意义上"[④]。基于这种共现趋势，因果关系可以有很多种。比如在休谟的意义上，它表示共同发生的相对频率，它意味着因果关系的紧密性程度对应于两

　　① Paul Bartha, *By Parallel Reasoning：The Construction and Evaluation of Analogical Arguments*, Oxford University Press, 2010, pp.92—149.

　　②③ Mary B. Hesse, *Models and Analogies in Science*, University of Notre Dame Press, 1966, p.59.

　　④ Ibid., p.78.

者一起发生相对于分离发生的高比例。在假说-演绎理论中,因果关系产生于作为规律的更高阶假说。在模态意义上,原因意味着必须,在存在论意义上,原因意味着产生性的意义。但是,相对于因果关系的多样性,玛丽·赫西特别指出,"如果论证有效,那么这个论证从模型到待解释项之间,就两者共享的特征而言,延续的是相同意义上的因果关系"①。事实上,除了共现的趋势外,玛丽·赫西在"可接受的因果性解释"下对因果关系设定了多种附加条件。

这种因果解释的"可接受性"首先意味着可观察性。"不管因果关系以何种方式进行解释,必须再次强调的是,在类比逻辑问题中,我们关注的特征不是隐蔽的原因或理论实体,而是可观察到的东西"②。因为,用来建立横向相似性关系的正是这些因果关系中的可观察性特征。第二,这种因果关系的可接受性也意味着因果关系对相关主题的适用性。玛丽·赫西认为:"类比论证受到攻击,不仅可以基于表面的相似性,也可以基于不适合主题的因果关系。这两种形式的反对意见必须仔细加以区分。第二种攻击是基于对模型中所宣称的关联性是否应该被称为因果关系的分歧,或者,尽管它们对于该模型可以适当地认为是因果关系,但是它们是否适用于该待解释项的主题?"③实际上对类比论证的第二种攻击方案已经暗示了对类比纵向关系构造进行深入分析的重要性,后来根特纳等人的结构映射理论(SMT)则更强调系统性而不是因果性。

保罗·巴萨也提出,玛丽·赫西的因果性原则对于类比推理来说过于严格,其结果是"这一因果条件排除了那些在原域中没有任何因果知识的类比论证"④,比如数学中的类比论证。保罗·巴萨还说:"即使我们将注意力限制在经验科学,说服性的类比论证仍然可以在缺少任何已知的因果联系下依赖强统计关联性被找到。"⑤保罗·巴萨依据自

---

① ② Mary B. Hesse, *Models and Analogies in Science*, University of Notre Dame Press, 1966, p.79.

③ Ibid., p.81.

④ ⑤ Ibid., p.43.

己的详描模型也对类比的纵向关系构造进行了修正。其第一原则即
"先在的关联性要求",是"对源域的描述必须包含明晰陈述的纵向关
系,类比论证设想会将这种纵向关系以某种方式延伸到靶域"①。根据
这一原则,建构详描模型的第一步就是详细阐明这种先在的关联性
(prior association)。"'详描'指如下事实,即我们的理论要求对源域中
先在的关联性的性质做出精确的陈述。"②而后保罗·巴萨基于这一原
则从纵向关系对类比模型进行分类,他说:"相反,这本书中给出的解释
提供了一种基于源域和靶域中纵向关系的不同类型上的分类方案。纵
向关系提供了确定哪些相似性和差异是相关的线索。不同种类的纵向
关系自然地导致了对相关相似性的不同评估。"③在此方案下,保罗·
巴萨区分出四种类比推理模型。

类比模型的横向关系构造

玛丽·赫西在分析类比模型的逻辑构造时,列举了四个事例以对
应于四种不同的类比类型。第一个事例是地球和月亮的类比,从横向
相似性角度来说,两者具有相同的特征。第二个事例是光和声音的类
比,两者不是特征相同,而是相似。第三个事例是分类系统中的类比,
比如鸟的翅膀和鱼的鳍,两者是结构或功能上的相似。第四个事例是
一种类比的误用,即父亲之于子女类比于国家之于国民,但是玛丽·赫
西认为,这两者之间没有任何独立于纵向关系的横向相似性。在她看
来,类比模型中横向关系的相似性存在两个要求。第一,质料类比中具
有可观察的、前理论的相似性。物理理论中要么是形式的类比,要么是
质料的类比。前者是基于同一形式理论下的不同解释间的一一对应,
但是不能用来预测。后一种是可观察事物中的前理论性的类比,可以
用来预测。正是这种类比中一定包含着某种横向关系上的相似性。第
二,类比推理中的相似性都可以还原为同一和差异。她分析了两种相

---

①③　Paul Bartha, *By Parallel Reasoning: The Construction and Evaluation of Analogical Arguments*, Oxford University Press, 2010, p.25.

②　Ibid., p.33.

似性的模式，即，两个类比物有共同特征 B 和其他不同特征 A 和 C，或有相似特征 B 和 B′。对于第二种模式，玛丽·赫西说："但是，如果我们假设该分析在某个点上停下来，并且公开或默认可以不去进一步考虑原来相同特征之间的差异，那么我们就有了对相似性进行同一和差异关系的分析。"①这是玛丽·赫西对类比模型横向相似性构造的两个最初设定，但是两者后来都遭到了批评。

纳尔逊·古德曼（Nelson Goodman）提出了对相似性的七个批评，这些一般性的批评或许并非针对玛丽·赫西的类比模型，但就其理论指向而言也不能说毫无关系，其中后三个批评其实都与类比直接相关。第五个批评是，"相似性并不解释我们的预测，或者更一般地说，并不解释我们的归纳实践"②。玛丽·赫西很大程度上排斥了形式类比，而着重强调质料类比的原因正是在于质料类比的预测功能。第六个批评是，"个体（particulars）之间的相似性并不足以定义事物的性质"③。这个批评主要针对根据相似性对个体的分类，但是，这样的分类本身也是一个类比推理，古德曼的批评导致这一类比推理是无效的。第七个批评是，"相似性不能等同于对共同特征的拥有，或不能根据对它们的测量"④。古德曼的观点是，对于确定是否相似，重要的不是共同特征的数量，而是它们所带来的累积的重要性，而这种累积的重要性随着背景的变化是不确定的。应该说，这一批评并没有否定玛丽·赫西将相似性还原为同一和差异的观点，但是对相似关系重要性的变动性特征的强调已经超出玛丽·赫西的最初设定，应该算是一个进步。

玛丽·赫西所谓可观察的相似性在一些认知科学家的研究中也称为感知相似性（perceptual similarity）或表面相似性（surface similarity），以对应于深层相似性（deep similarity）。某种角度而言，玛丽·赫西的质料类比模型正是从表层相似性到深层相似性的推理。但是，古德曼对

---

① Mary B. Hesse，*Models and Analogies in Science*，University of Notre Dame Press，1966，p.71.

②③ Nelson Goodman，*Problems and Projects*，Bobbs-Merrill，1972，p.441.

④ Ibid.，p.443.

相似性所提出的批评在认知和心理学实验中都逐渐得到了证实。里普斯(Lance J. Rips)通过认知科学实验已经证明,如果相似只是一种单一的相似性(pure similarity),那么它对于分类(categorization)来说便是既非充分的,也非必要的。一个最简单的反例就是,对相似性的分级更加依赖于表面特征,也就是表面相似性,而分类的等级更加依赖于下层特征,也就是深层相似性。在此基础上,她提出了两种新的相似性划分,单一相似性和多重相似性(multiple similarity)。"一方面,如果相似性指像自然的(raw)感知相似性这类东西,那么它本身没有足够的解释力来说明分类……如果相似性只指谓词比较,那么相似性理论有陷入无用或循环论证的危险。"[①]所以她设想可能存在着两种相似性,一种是"分类相似性"(categorization similarity),用来对事物分类,一种是"相似相似性"(similarity similarity),指日常相似性判断。但这只是就分类而言,认知过程除了分类,还包括推理、问题解决、决策等等,因此她的实际意图是主张从单一相似性过渡到多重相似性的立场。

琳达·史密斯(Linda B. Smith)从发展的角度提出相似性的另一种区分,即从全局相似(global similarities)到多维相似(dimensional similarities)的发展。如沃斯尼亚杜(Stella Vosniadou)和奥托尼(Andrew Ortony)所评论:"这一区分本质上聚焦于如下事实,人们将两件事物认知为相似,是根据对它们的某种整体感知,还是以一种更受限的方式,只是依据某种区分性的维度认为它们相似。无论哪种情况,根据史密斯的观点,合适的理论解释只能是根据多种相似性类型构成的复杂关系系统,而不是某种理想化的'单一的'相似性。"[②]这一评论呼应了里普斯对单一相似性的批评,只是这一呼应是从发展的角度进行的。史密斯说:"在感知相似性和差异的基础概念中,似乎存在着相当大的复杂性和成长性。在早期发展中,存在相似性和差异,但是在概念水平上没有多维度的相似性和差异性种类的具体化。随着发展的深入,关系

---

① Stella Vosniadou, Andrew Ortony, *Similarity and Analogical Reasoning*, Cambridge University Press, 1989, p.51.

② Ibid., p.3.

性的知识系统变得多维度化,并高度组织化为既相互区别又相互联系的各种相似性和差异。"①也就是说在发展早期,我们依赖的是一种全局相似性,后来我们拥有了各种相似性种类的复杂系统。虽然看起来这一区分考虑的是认知的发展,但是对类比的横向相似性构造而言,也具有价值,因为在类比模型的逻辑构造中,我们也不得不考虑相似性的动态发展。

相对于这种对相似性的一般性讨论,根特纳在类比主题下也讨论了相似性问题。类比映射的系统性原则不仅强调的是源域或靶域中的关系的系统性,更强调这种系统性关系从源域到靶域的相似性。她认为区分不同种类的相似性对于通过类比和相似性来理解学习是必不可少的,所以她对不同相似性活动中的相似类型做了区分:在类比中,只有关系谓词被映射。在表面相似(literal similarity)中,关系谓词和对象属性都被映射。在纯粹表象匹配(mere-appearance matches)中,主要是对象属性被映射。根特纳区分了四种表示结构,分别是实体(entities)、关系(relations)、属性(attributes)和函项(functions)。它们在类比映射中被不同地对待,"关系包括高阶关系必须被同等地匹配。实体和函项基于周围的关系结构与其他实体和函项对应。属性被忽略。因此存在着三种水平保存:同等匹配、位置对应和忽略"②。就相似性讨论而言,根特纳的工作与里普斯以及史密斯等人的工作是一致,她是在将作为复杂关系系统的相似性在类比映射中进行区分和具体化。

保罗·巴萨也对玛丽·赫西的两点预设提出批评。就第一点即可观察的相似性而言,保罗·巴萨批评了玛丽·赫西对形式类比的强硬态度。关于第二点即相似性还原为同一和差异的设定而言,保罗·巴萨提出了两点质疑,一是对玛丽·赫西所谓分析停止点的质疑,二是认为存在不能还原为同一和差异的相似性。值得注意的是,保罗·巴萨进一步分析了玛丽·赫西支持质料类比的理论前提。他认为,玛丽·

---

① Stella Vosniadou, Andrew Ortony, *Similarity and Analogical Reasoning*, Cambridge University Press, 1989, p.174.

　　② Ibid., p.209.

赫西出于预测目的的设定,已经预设了我们对靶域的对象一无所知的立场,否则,我们就不需要对其进行预测了。但是,保罗·巴萨认为,真正的类比,恰恰是应该按照"先在关联性的要求"建立对源域和靶域的详细描述,然后在此基础上确立相关性特征,这正是保罗·巴萨建立详描模型的第二步。在建立了先在的关联性后,"下一步就是挑出源域和靶域的哪些特征与论证的结论是相关的,并确定它们的相关程度"[1]。而这正是详描模型与其他模型的主要差别,他说:"大多数当前的分类方案是基于两个域之间相似性的总体特征(overall nature)——玛丽·赫西作为横向关系所指向的那些东西。这样的方案导致人们认为,类比论证应当基于源域和靶域的总体相似性进行评估。相反,详描模型基于每个域的纵向关系对类比论证进行分类。这一新的途径导致评估标准是基于相关相似性而不是总体相似性,并证明这对于试图满足上面所列的要求(保罗·巴萨所列类比论证的合理性需要满足的六个要求)是至关重要的。"[2]保罗·巴萨强调类比的分类方案应该基于纵向关系而不是横向关系,这在分析纵向关系时已经讨论过。这里他基于这一分类方案进一步得出了类比评估应该基于相关相似性而不是总体相似性的要求。无疑,与表面相似性和深层相似性、单一相似性和多重相似性、总体相似性和多维相似性的区分相比,总体相似性和相关相似性的区分直接面向类比推理,而且是作为类比论证的评估标准被提出。

2.2.3　类比建模的意义:合理性评估与认知实现

现代类比理论研究将类比推理置于归纳推理之下,类比推理的构造本质上是作为一种归纳推理来建构的。同样,对类比推理合理性的评估本质上也是对归纳推理合理性的评估。在此框架下,现代类比理论通过概率分析来评估类比推理的合理性,包括从凯恩斯比较性的概

---

[1] Paul Bartha, *By Parallel Reasoning: The Construction and Evaluation of Analogical Arguments*, Oxford University Press, 2010, p.102.

[2] Ibid., p.93.

率概念到卡尔纳普证实度的概率概念。卡尔纳普甚至试图构造出一个归纳推理的连续统来整合各种并不一致的概率方法,但结果并不太理想,尤其对于类比推理而言。玛丽·赫西对几种评估方法做出了回应。在《科学中的模型和类比》的"类比的逻辑"一节中,玛丽·赫西设计了三个类比推理:

(1) 已知模型 ABD,待解释项 BC,则由此推知 BCD 要比 BCX 更合理。

(2) 已知模型 $A_1B_1D_1$ 和模型 $A_2B_1B_2D_2$,待解释项 B_1B_2C,则由此推知 $B_1B_2CD_2$ 要比 $B_1B_2CD_1$ 更合理。

(3) 已知模型 $A_1B_1D_1$ 和模型 $A_2B_2B_3D_2$,待解释项 $B_1B_2B_3C$,则由此推知 $B_1B_2B_3CD_2$ 要比 $B_1B_2B_3CD_1$ 更合理。[1]

玛丽·赫西以这三个类比推理分别考察了归纳支持、概率、证伪度和简洁性等四个评估标准,结果表明,这四个评估标准都不如基于模型的论证本身能够分别对这三个类比推理做出更为合理的解释,当然所谓基于模型的论证对玛丽·赫西来说专指质料类比模型。

玛丽·赫西在分析了类比模型的二元关系构造后,提出了一个能够满足预测要求的质料类比模型所需要具备的条件:第一,"横向的二元关系是相似性关系,而且这种相似性至少出于分析的目的能够被还原为构成它们的特征集间的同一和差异"[2];第二,"纵向关系是在某种可接受的科学意义上的因果关系,且不存在任何令人信服的先在的理由来否定这种同类型的因果关系"[3]。玛丽·赫西认为这两个条件对质料模型的预测功能而言还不是充分必要的,因为如果构成模型的必要关系和已知负相似联系在一起,那么它们会削弱甚至直接否定类比

---

[1] Mary B. Hesse, *Models and Analogies in Science*, University of Notre Dame Press, 1966, pp.101—129.

[2] Ibid., pp.86—87.

[3] Ibid., p.87.

模型的建立。为此,她又增加了第三个条件,"该模型的必要特征和因果关系没有表现为模型和待解释项间的负相似的一部分"①。然而玛丽·赫西也认为,这些特征和关系是否是"必要的","部分依赖于对什么是相对于该模型的因果上必要的判断,也部分依赖于能否获得其他可替代的模型"②。换句话说,实际上玛丽·赫西自己也没有对"必要的"提供一个确切的界定。前面两个条件对应于横向和纵向的二元关系,前面已经分析过,实际上也都遭到了批评。第三个条件同样被保罗·巴萨认为过于严格,认为这样会排除掉一些本来很好的类比论证。

保罗·巴萨在建构详描模型过程中提供了一个规范的类比论证需要满足的六个条件。③第一,清晰性和一致性(clarity and consistency),清晰性是说,类比论证的表示和评估它的原则是清晰的,一致性的要求指,评估标准不能产生冲突的意见;第二,应用性和适当的预见性(applicability/predictive adequacy),即必须提供合理地区分好的类比论证和不好的类比论证的标准;第三,解释力(explanatory power),即必须提供符合哲学论证的标准;第四,范围(scope),即能最大限度地应用于不同的类比论证;第五,简洁性(simplicity),即尽可能节省的基础概念和假设;第六,非凡性(nontriviality),即应该将注意力限制在类比在论证中具有非凡作用的事例上。不过,巴萨也承认,要找到一个满足所有要求的类比论证理论是很难的。而现有的类比模型从总体相似出发加重了这种困难,所以他的详描模型要从相关相似出发力求满足这些要求。

玛丽·赫西将类比研究总结为两个核心问题,即类比的本性和类比的合理性评估。④类比的合理性评估依赖于类比定义,尤其是形式化的类比定义。无论是玛丽·赫西的质料类比模型还是保罗·巴萨的详描模型都是类比的合理性评估模型。经历类比的认知转向后,类比定

---

① Mary B. Hesse, *Models and Analogies in Science*, University of Notre Dame Press, 1966, p.91.

②③ Ibid., p.92.

④ Ibid., p.57.

义的形式化方向发生了根本性转变，即转向以人工智能实现为目标，表现为各种类比计算模型。类比计算模型并非不考虑类比推理的合理性问题，但是这种考量被转换为类比建模和人工智能实现。保罗·巴萨批评过类比计算模型所谓的合理性问题，"可以肯定，认知科学家强调在类比迁移阶段评估的必要性，但这往往相当于检验这些模型是否产生了心理学上现实的合理性判断。这些合理性判断的合法性并没有被进一步质疑。"①换句话说，类比计算模型关注的是类比实现的成功率和效率问题，而不是类比推理本身逻辑上的合理性问题。

根特纳认为，类比是两个结构化的表示之间的比较，这种表示不同于缺少内在结构的那种表示。另外，类比意味着新的推理，关键是这种推理是选择性的，并不是源域中已知的一切都映射到靶域中，所以，"从计算性的角度讲，这种选择性的推理能够被获得需要两个条件：(a)我们假定人们拥有了结构化的表示，在这些表示中，高阶关系包含低阶关系；(b)我们假定类比映射优先在诸如因果或包含这样的高阶约束关系控制的关系系统之间进行匹配操作，而不是在彼此分离的匹配之间的操作"②。显而易见，根特纳主要还是从自己的类比映射理论出发对类比计算模型提出的要求，但是非映射理论的类比计算模型比如样例模型并不适用这个标准。

结构映射理论重点放在不同层次的结构关系上，案例推理以过去的经验来解决新场景中的问题，因此虽然它也有结构关系的问题，但是其侧重点在内容上，所以案例推理围绕着案例的索引、分类、组织、调用、修正和保存来进行。卡伦·凯特勒(Karen Ketler)说："一个案例系统(a case-based system)是成功还是失败依赖于知识表示、对案例的分类、记忆组织，或者对相似历史案例进行提取的测量。"③詹妮特·科洛

---

① Paul Bartha, *By Parallel Reasoning: The Construction and Evaluation of Analogical Arguments*, Oxford University Press, 2010, p.viii.

② Dedre Gentner, Kenneth D. Forbus, "Computational Models of Analogy", *Wiley Interdisciplinary Reviews: Cognitive Science*, 2011, Vol.2(3), pp.266—276.

③ Karen Ketler, "Case-Based Reasoning: An Introduction", *Expert Systems with Applications*, 1993, Vol.6, pp.3—8.

德纳说得更通俗一些,她说:"一个案例推理器(a case-based reasoner)的推理质量依赖于如下几件事情:(1)它具有的或者已经被输入其数据库的经验;(2)根据旧经验理解新场景的能力;(3)在适应性上的熟练程度;(4)在评估和修正上的熟练程度;(5)将新经验适当地整合进其记忆中的能力。任何基于案例系统的推理,不管是自动的还是交互的,都需要处理这五个议题,在交互系统中,正是该系统和使用者所拥有的能力的联合决定了人机交换系统的解决方案会好到什么程度。"①而且科洛德纳特别强调,案例推理器不只是各部分的总和,而是作为一个整体的呈现。当然,既然 CBR 区别于结构映射理论,那么这一标准也不适用于后者。

保罗·巴萨在评论类比计算模型时,提供了几个标准来对它们进行全面的评估。第一,预见性(predictiveness),它"关注体现在程序和对表示的约定中的评估标准是否能够被明确地做出,并且产生一个清晰的合理性的判断。对表示的约定越不清晰,程序对表示的细节又越灵敏,理论主张的预测性就越弱"②;第二,应用性(applicability),保罗·巴萨认为,这是一个三方标准,"首先是程序员对问题域的最低标准的界定,其次是这些标准在程序或表示约定中的执行,三是程序员的界定的合理性的哲学或技术的论证"③;第三,范围(scope),即一个类比计算理论应该能够应用于一大类的问题,应当能解释与类比推理相联系的各种各样的现象,当然,"范围的标准不应当被理解为生产满足所有目的的类比推理程序的强制命令,而应当是体现能够广泛应用的程序书写的理想"④;第四,简洁性(simplicity),即能用最少的概念工具来解释许多不同的类比类型。不过保罗·巴萨在分析了所有类型的类比计算模型后,认为它们都不能同时满足这四个标准。

然而,无论是对玛丽·赫西质料模型还是对各种类比计算模型的批评,保罗·巴萨批评的焦点都不是"基于模型的推理"本身,而是如何

① Janet Kolodner, *Case-Based Reasoning*, Morgan Kaufmann, 1993, p.564.
②③④ Paul Bartha, *By Parallel Reasoning: The Construction and Evaluation of Analogical Arguments*, Oxford University Press, 2010, p.61.

建构一个本身合理的模型。实际上，我们可以换一种思路来重新思考类比推理的合理性问题。在现代归纳范式下的类比研究中，类比推理的合理性评估是基于已知事例进行全称归纳的合理性测量。而当我们将类比推理作为模型来建构时，对类比合理性的考量我们可以从如下三种途径入手：(1)建构的类比模型直接合理；(2)建构的类比模型需要进行合理性评估；(3)类比模型建构过程中包含差异性调节。人工智能研究者和认知科学家的类比计算模型可以说是从第一种途径入手。这些类比计算模型在计算机实现上大体可分为检索、映射、迁移和再表示等四个阶段。所有这些阶段都是为试图建立直接可靠的类比计算模型而服务。所以保罗·巴萨批评说："一方面存在着许多类比推理模型，一方面又几乎没有模型对类比推理进行批评性评估。确实，认知科学家强调类比迁移阶段评估的需要，但这相当于是去检验模型产生出了心理学上现实的合理性判断，而对这些合理性判断的合法性并没有进行进一步的质疑。"①

可以将保罗·巴萨自己的详描模型看作第二种途径，因为详描模型是一个类比论证的评估模型。在类比模型的纵向关系和横向关系构造中，我们讨论了建构详描模型的第一步和第二步，即尽可能详细地阐明源域中先在的关联性和确定源域和靶域中的相关性特征和相关性程度。第三步是评估泛化的潜力。这旨在满足保罗·巴萨建构详描模型的第二原则，"对泛化潜力的要求"，即，"一个好的类比论证至少没有任何令人信服的理由来否定，在源域中获得的先在关联性能以扩展到靶域的方式被泛化"②。对先在关联性的泛化前景的评估是通过评估正反两方面的证据进行的。但是，通过这三步的建构，才只构成类比详描模型的第一部分，它还包括第二部分，即将它们应用于具体的类比论证，根据相关相似性提供分类方案，从而对类比论证的合理性进行评估。评估依赖于如下三个标准，一是先在关联性的强度，以上一节提到

---

① Paul Bartha, *By Parallel Reasoning : The Construction and Evaluation of Analogical Arguments*, Oxford University Press, 2010, p.viii.

　② Ibid., p.25.

的六个标准为模板和先决条件；二是正相似的程度，关键因素从中立到正相似的转化，或者次级因素从否定或中立分别向中立或正相似的转化都会加强类比论证；三是类比的多样性，支持性的类比能增强结论，竞争性的类比能削弱或否定结论。①因此，类比详描模型作为一个评估模型需要对应用的每一个类比推理的合理性进行进一步的评估。

然而，即使一切都如保罗·巴萨设计的那样，类比详描模型是一个足够合理的类比模型，作为一种哲学逻辑学的评估模型，它仍然存在着一个最为致命的缺陷，即它是对已有模型的合理性解释。更理想的是，从认知实现的角度而言，我们当然希望在真实生活或科学活动中建构的类比无需评估就可得知它直接合理。然而，这种"活的类比"包含着诸多不确定性，也就是说，即使所谓相关相似性也是不确定的。因此，我们在类比推理中需要一种差异性的调节，也就是第三种进路，而这只有在实践的意义上才能实现。科学实践哲学的兴起恰恰为我们提供了这一契机。当科学发现作为实践被理解时，类比在科学发现中的功能就不是解释性的而是实践性的。

2.3　类比的功能问题

赖欣巴哈提出的发现语境和辩护语境的区分主导了 20 世纪关于科学发现的理论探讨。于是对类比在科学发现中的功能的探讨，要么将类比纳入理论辩护阶段，如玛丽·赫西所做的那样，要么重新界定发现，像认知科学家那样。认知科学的发展对语境区分提出了最严峻的挑战。当所有科学努力都成为认知活动时，语境区分的意义也就荡然无存了，类比在科学发现中的功能问题转换成类比的认知机制问题。当这一类比认知活动被视为科学实践时，它也就具有了实践意蕴。

---

①　Paul Bartha, *By Parallel Reasoning*：*The Construction and Evaluation of Analogical Arguments*, Oxford University Press, 2010, p.102.

2.3.1　发现语境与辩护语境的区分

我们知道科学发现中发现语境与辩护语境的区分最初是由赖欣巴哈提出，但在此之前，它还有几个世纪的概念前史。对科学发现的讨论最初的关注点是对发现方法论的讨论，比如培根的归纳法。笛卡尔所谓指导心智的规则亦即科学发现的方法论规则，其第五个原则提到，"全部方法，只不过是为了发现某一真理而把心灵的目光应该观察的那些事物安排为秩序"①。由于这些方法旨在保证发现真理，因此，对这些哲学家而言，发现的方法也是辩护的方法。这一发现与辩护相统一的立场一直持续到启蒙时期晚期。

浪漫主义对这一立场开始提出了质疑："难道所有的创造都依靠逻辑，而不是直觉和灵感？难道高效的创造不需要天才的火花？由此就产生了这样一种思想：发现是一种瞬时的个人灵光突现的经验，而不是持续的、逻辑性的系统实验或理论工作。"②于是传统的发现与辩护相统一的科学观被新的科学观即假说-演绎法所取代，如劳丹（Larry Laudan）所说，前者是生成论的，后者是后果论的。对假说-演绎法而言，作为科学发现的假说可能只是经验性的，只有在假说演绎出一种观察结果，一种需要接受检验的预测时，它才是逻辑可辩护的。自此，发现与辩护开始走向分离。

赖欣巴哈在其《经验和预测》（*Experience and Prediction*）中引入了发现语境与辩护语境的区分："如果要更方便地确定这一理性重构的概念，我们可以说，它对应于思维过程传达给其他人的形式，而不是它被主观地执行的形式……我将引入发现语境和辩护语境这两个术语来说明这一区分。这样我们不得不说，知识论只在建构辩护语境中占有

---

①　笛卡尔：《探求真理的指导原则》，管震湖译，商务印书馆1995年版，第21页。

②　牛顿-史密斯：《科学哲学指南》，成素梅、殷杰译，上海科技教育出版社2006年版，第105页。

一席之地。"①赖欣巴哈认为,要将知识论定义为描述性的任务不仅要将作为内部关系的知识论和外部关系的社会学区分开,也要将作为理性重建的知识论和作为真实思维过程还原的心理学区分开。在赖欣巴哈看来,知识论作为描述性的任务,理性重建甚至是一种比还原其真实思维过程更好的方式,因为后者经常是模糊的、跳跃的、不符合逻辑的。

就赖欣巴哈的本意而言,发现语境与辩护语境的区分只是科学发现中真实的心理过程与逻辑重建的过程之间的区分。但是对这一区分无疑包含多种解释的可能,比如,它意味着时间上先后的两个过程,还是理解理论产生的两种不同方式? 发现是只指那个灵光乍现的"尤里卡时刻",还是也包括后续的描述和发展这一创造性观念的过程? 无论如何,对赖欣巴哈这一区分的使用最终否定了发现的逻辑的可能,也将发现的逻辑分析从科学哲学中清除了出去。在《科学发现的逻辑》中,波普尔在作出新思想的发现和对它的逻辑检验之间的区分后说:

> 有人会反对说,把已导致科学家作出一个发现——找到某一新的真理——的步骤加以"理性重建"看作认识论的事更为合适。但是,问题在于,确切地说,我们要重建什么? 假如要重建的是灵感的激起和释放的过程,那么我将不认为它是知识逻辑的工作。这种过程是经验心理学要研究的,而不是逻辑要研究的。假如我们要理性地重建**随后的检验**,那就另当别论了;通过这个检验,灵感成为一项发现或变成一项知识。科学家批判地评判、改变或抛弃他自己的灵感,就此而言,我们可以(如果我们愿意)把这里所进行的方法论的分析看作一种相应的思维过程的"理性重建"。但是,这种重建并不能描述这些过程的真实情况,它只能提供一个检验程序的逻辑骨架。不过,有些人谈到我们借以获得知识的途径的"理性重建",大概也就是指的这个意思。②

① H. Reichenbach, *Experience and Prediction*: *An Analysis of the Foundations and the Structure of Knowledge*, The University of Chicago Press, 1938, pp.6—7.
② 卡尔·波普尔:《科学发现的逻辑》,查汝强、邱仁宗、万木春译,中国美术学院出版社 2018 年版,第 7—8 页。

可见,波普尔的"理性重建"对应于"随后的检验",也就是说,赖欣巴哈的发现语境与辩护语境的区分变成发现和辩护前后相继的两个阶段。既然前者是经验心理学研究的对象,只有后者是逻辑分析的阶段,那么发现的逻辑成为不可能,也不属于科学哲学的范畴。如希科尔(Jutta Schickore)所说,"这一语境区分对 20 世纪科学发现研究以及更一般的科学哲学的影响几乎怎么评估都不会过分。发现的过程(不管哪种解释)外在于正当的科学哲学的范围的观点在 20 世纪的大部分时间里被科学哲学家们广泛接受"①。语境的区分决定了科学哲学应该讨论什么,以及它应该如何进行。

所幸,虽然语境区分的影响已经无法抹去,但是发现的方法论也并没有在事实上从科学哲学的范畴中真正被完全清除出去。根据尼克尔斯(Thomas Nickles)的考察,20 世纪 60 年代以后存在着三股"发现之友"的力量②,即科学哲学中的历史学派、早期人工智能中逻辑主义或符号主义的研究者,以及科学知识社会学。托马斯·库恩(Thomas Kuhn)以氧的发现为例说明,"这些发现决非孤立的事件,而是很长的历史过程,它们具有一种有规则地反复出现的结构,发现始于意识到反常,即始于认识到自然界总是以某种方法违反支配常规科学的范式所做的预测。于是,人们继续对反常领域进行或多或少是扩展性的探索。这种探索直到调整范式理论使反常变成与预测相符时为止。消化一类新的事实,要求对理论做更多的附加调整,除非完成了调整——科学家学会了用一种不同的方式看自然界——否则新的事实根本不会成为科学事实"③。所谓"完成了调整"即实现范式的转换。汉森(Norwood Hanson)从区分提出假说和接受假说出发,认为提出一个假说可能有

① Jutta Schickore, "Scientific Discovery", *The Stanford Encyclopedia of Philosophy* (Winter 2022 Edition), Edward N. Zalta & Uri Nodelman (eds.), URL = ⟨https://plato.stanford.edu/archives/win2022/entries/scientific-discovery/⟩.

② 牛顿-史密斯:《科学哲学指南》,成素梅、殷杰译,上海科技教育出版社 2006 年版,第 106 页。

③ 托马斯·库恩:《科学革命的结构》,金吾伦、胡新和译,北京大学出版社 2003 年版,第 48—49 页。

好的理由或者不好的理由,但是不能否认它们存在着逻辑,而这些"逻辑"被心理学家、社会学家和科学家自己的工作所掩盖。由此可见,无论是库恩,还是汉森这里所说的"发现的逻辑"都已经不是赖欣巴哈等实证主义哲学意义上的假说-演绎逻辑。

同样,兰利(Pat Langley)和西蒙(Herbert Simon)等人也认为,"无论发现的那一刻是多么浪漫和英勇,我们都不能相信,导致那一刻的事件完全是随机和混乱的,也不能相信它们需要只有志同道合的人才能理解的天才"[1]。由此,西蒙和纽厄尔(Allen Newell)从人工智能视角来看待科学发现的问题,将科学发现视为问题求解过程,而科学家都是问题求解者(problem solver)。"我们研究的核心假说是,科学发现的机制并不是这一活动所特有,而是可以被纳入问题求解的一般机制的特例。"[2]证明这一假说的方式是建构一个计算机程序,它能作出非凡的科学发现,它的操作方式是基于我们关于人类问题求解方法的知识,尤其是启发式的选择性搜索方法。这一方法的优势在于,科学发现的尤里卡时刻也能被计算主义地说明,"我们的立场并不是说'直觉'和'灵感'不会发生在科学发现的过程中,而是说,这些标签所适用的现象可以根据信息处理的方式得到相当直接的解释"[3]。在这个意义上,科学发现的"逻辑"也不再是形式逻辑的规则及其推理,而是程序语言。

布鲁尔(David Bloor)等早期科学知识社会学家则将目光移向科学发现中的社会因素。如夏平(Steven Shapin)所说:"科学知识社会学(SSK)着手构建一种'反认识论',以打破'发现语境'和'辩护语境'之区分的合法性,并为知识社会学提出一种反个人主义和反经验主义的框架。在这个框架中,'社会因素'不是被视为污染物,而是科学知识理念的建构性的成分。"[4]科学知识社会学的强纲领即所谓因果性、无偏

---

① Pat Langley, Herbert Simon, et al., *Scientific Discovery: Computational Explorations of the Creative Processes*, The MIT Press, 1987, p.3.

② Ibid., p.5.

③ Ibid., p.39.

④ Steven Shapin, "Here and Everywhere—Sociology of Scientific Knowledge", *Annual Review of Sociology*, 1995, Vol.21, pp.289—321.

见性、对称性和反身性，就是主张，"包括自然科学知识和社会科学知识
在内的所有各种人类知识都是出于一定的社会建构过程之中的信念；
所有这些信念都是相对的、由社会决定的，都是处于一定的社会情境之
中的人们进行协商的结果"①，它既强于拉卡托斯（Imre Lakatos）的那
种"外在历史"的解释，也强于曼海姆（Karl Mannheim）将社会原因等
同于"理论之外的"因素的解释，对布鲁尔而言，"我们对知识的思考就
是对社会的思考"②，即使如逻辑和数学知识也包含着制度和价值
因素。

这三股力量也有各自的局限性。许多发现之友"在某种意义上从
为发现逻辑的存在进行辩护退却到辩护发现的合理性"③。就早期的
问题求解而言，"与计算主义的启发式程序提供的问题空间相比，科学
问题的复杂问题空间往往没有好的定义，而且在描述启发式假设之前，
必须先划定相关的搜索空间和目标状态"④。无论是哪一位发现之友，
都无法形成统一的所谓"科学发现的逻辑"⑤，当然，这些局限性在随后
的发展中也在发生变化，一方面，它们从来不是彼此分离的，例如布鲁
尔等人与托马斯·库恩的社会学视角有很大的继承关系，而历史主义
和人工智能也有着密切的互动。另一方面，每一股力量也在沿着自己
的独特进路向前发展，尤其是人工智能和认知科学进路的推动。尽管
它们的缺点显而易见，但是，它们的努力为发现的逻辑得以重新激发起
人们的兴趣埋下了伏笔。可以这样说，从消极的角度来说，语境区分作
为科学发现的一个研究节点，其影响无论如何是无法抹去了，"理性重
建"那种意义上的"发现逻辑"肯定是不存在了，但从积极的角度来看，

①② 大卫·布鲁尔：《知识和社会意象》，霍桂桓译，中国人民大学出版社 2014 年版，"译者前言"第 6 页。

③ 牛顿-史密斯：《科学哲学指南》，成素梅、殷杰译，上海科技教育出版社 2006 年版，第 106 页。

④ Jutta Schickore, "Scientific Discovery", *The Stanford Encyclopedia of Philosophy* (Winter 2022 Edition), Edward N. Zalta & Uri Nodelman (eds.), URL=〈https://plato.stanford.edu/archives/win2022/entries/scientific-discovery/〉.

⑤ 参见牛顿-史密斯：《科学哲学指南》，成素梅、殷杰译，上海科技教育出版社 2006 年版，第 103—115 页。

无论是语境区分还是"发现之友"都突出了科学研究中发现阶段的重要性和意义。

现在,我们可以考虑,当我们在讨论类比在科学发现中的功能问题时,这里的"科学发现"是在何种意义上而言的。根据尼克尔斯的观点,我们可以将整个科学努力区分为如下三个阶段,初始发现(initial discovery)、最终发现(final discovery)和最终辩护(final justification)。将发现局限于"初始发现"无疑是最狭窄的理解,即将发现专指那个"尤里卡时刻",在这个阶段发现的逻辑遭到了否定。"发现之友"希望对发现的逻辑做出重新解释,因此他们将发现延伸到最终发现的阶段。将发现进一步扩展到最终辩护意味着这样的发现等同于科学努力,也就不存在发现与辩护之间的界线。因此,我们思考类比在科学发现中的功能时,首先要问的是,类比出现在科学发现中的上面哪个阶段。

2.3.2　语境区分背景下的类比

在《定义类比》一文开篇,玛丽·赫西说:"普遍的观点是,类比和模型在科学建构中的作用被认为是发现心理学的主题,而不是逻辑分析的主题。这个状况的出现,与其说是由于坚信类比在科学中的作用不太重要,不如说是由于没有出现任何对类比概念令人满意的分析。"①玛丽·赫西这里所谓"普遍的观点"正是发现语境与辩护语境的区分,类比和模型只具有在发现心理学中的辅助功能。这一观点早在迪昂(Pierre Duhem)那里就已出现,而在语境区分的背景下似乎有了更加充分的证据,但是玛丽·赫西将这一状况归因于对类比本身缺乏令人满意的分析,从而引出其冲破归纳逻辑藩篱的类比定义。后来,玛丽·赫西继续探讨这一话题。

在《科学中的类比和模型》中,玛丽·赫西虚构了一个迪昂派和坎

---

① Mary B. Hesse, "On Defining Analogy", *Proceedings of the Aristotelian Society*, New Series, Vol.60, 1959—1960, pp.79—100.

贝尔派之间的对话，争论的焦点正是类比在科学发现中的功能。这个功能问题可以扼要地表述为，模型或类比物在理论发现中是必不可少的部分，还是只起到辅助作用并在理论发现后是可以丢弃的。这个争论是坎贝尔（Norman Robert Campbell）和迪昂之间的争论的延续。1914年，法国物理学家和哲学家迪昂在其《物理学理论》(La Théorie physique)中区分了来自欧洲大陆和英国的物理家的不同气质和科学心智。大陆物理学家是抽象的、逻辑的、系统化的、几何的心智，英国物理学家是形象化的、想象的、跳跃的心智。相应地，迪昂区分了两种物理理论，一种是抽象的系统性的理论，另一种是使用熟悉的机械模型的理论。迪昂认为，这些机械模型对于理论的提出具有心理学上的帮助，但是它们是跳跃的、表面的，并且倾向于扰乱心灵对逻辑秩序的探究。

英国物理学家坎贝尔注意到了这些观点，并在其1920年出版的著作《物理学原理》(Physics, the Elements)中做了回应。他认为，理论必须包含两个特征，一是它们必须由假说和词典组成，如果它们是真的，那么通过观察在现实中发现为真的规律必须能从假设通过逻辑推理并结合词典的翻译演绎出来。"但是，为了让理论可以是有价值的，它还必须具有第二个特征，它必须展示为一个类比。假设的命题必须是某些已知规律的类比物。"[1]在此基础上他也批评了把类比当作辅助的观点。"他们把类比说成是对假说（他们用的这个词指我称为理论的东西）的表述和科学的总的进步的'辅助'。但是这里迫切的观点是，类比不是建构理论的'辅助'；它们完全是理论必不可少的部分，如果没有它们，理论将是毫无价值的，也担不起理论之名。人们也经常建议，类比导向理论的表述，但是一旦理论被表述，类比就完成了它的目的，也是可以被抛开和遗忘的。这样的建议绝对是错误的，具有危害性极大的误导性。"[2]玛丽·赫西表示，坎贝尔和迪昂之间的争论以当时的物理学成果为基础，因此一些论辩的细节可以不予考虑，但是争论本身并没有过时，也没有决出胜负。可以说玛丽·赫西在现代物理学的背景下

①②　Roman Robert Campbell, *Foundations of Science*, Dover, 1957, p.129.

重构了坎贝尔派和迪昂派之间的这一争论。

坎贝尔派描述了迪昂派对模型的态度："我想,与大多数当代科学哲学家一致,你想说,模型或类比物的用处对科学的理论化而言不是必须的,而且,理论的说明也能根据存在的形式演绎系统来描述,它们的结果可以通过观察来解释,因此也是经验上可检验的,但是理论作为整体不需要通过任何模型来解释。"①迪昂派同意坎贝尔派对他们的描述,还进一步做了补充："是的,我当然并不否认模型在提出理论时也许具有有用的指导,但是我认为,他们甚至作为心理上的辅助也不是必须的,对一个理论接受为科学的而言,他们逻辑上肯定不是必须的。当我们发现了一个可接受的理论,任何可以将我们引向它的模型都可以被丢弃。"②这是迪昂派的观点,他们认为,模型对于科学理论的建立即使有用,也不是科学理论的必要组成部分。与之相反,坎贝尔派认为,"模型在某种意义上对科学理论的逻辑是必不可少的"③。虽然争论是以迪昂派和坎贝尔派的口吻进行论辩,双方的立场看起来与迪昂和坎贝尔本人的观点也相差不大,但是在具体的辩论中,双方不仅已经身处新的物理学背景下,玛丽·赫西也为这场虚构交锋融入了新的哲学背景,比如卡尔纳普的经典的理论观、波普尔的证伪主义,尤其是在凯恩斯正相似和负相似概念区分基础上引入的中性相似和对模型$_1$和模型$_2$的划分,因此其中无疑也体现了玛丽·赫西本人关于类比或模型在科学发现中的功能的一些基本立场。

那么问题是,当玛丽·赫西借迪昂派和坎贝尔派来讨论类比在科学发现中的功能时,这里的"发现"是在何种意义上而言的,即它是指最初发现,还是最终发现,甚至包含最终辩护? 可以看出,迪昂派的立场代表了语境区分的普遍观点,但是他们对类比的态度既涉及发现心理学阶段,也涉及逻辑辩护阶段。坎贝尔派作为玛丽·赫西的代言人则有将类比引入逻辑辩护阶段的倾向。在迪昂派对"模型"概念的使用有

---

①②③ Mary B. Hesse, *Models and Analogies in Science*, University of Notre Dame Press, 1966, p.7.

可能导致和"理论"概念相混淆的质疑时,玛丽·赫西借坎贝尔派之口,明确表示:"部分原因是有一种趋势,特别是在你们学派的人中,使用'理论'一词只涵盖我所谓已知的正相似,而忽略了模型在其成长节点中的特征,即中性相似。我的整个论证将依赖于这些特征,所以我想明确一点,我不是在处理静态的和形式化的理论,它们只对应于已知的正相似,而是成长过程中的理论。"①借用了汉森关于"提出假说"和"接受假说"的区分,在此基础上,玛丽·赫西的"发现"同时涵盖了两者。汉森在讨论开普勒使用类比时认为,在"提出假说"时,不管通过类比提出的假说是对还是错,它也是逻辑的,而不仅仅是心理学的事情。玛丽·赫西则通过类比的预测功能试图证明,类比在"接受假说"阶段,也就是最终发现甚至最终辩护阶段,同样是必不可少的。

我们可以按照如下方式重构玛丽·赫西论证类比或模型进入理论的过程:

(P1) 理论的标准是可证伪性;

(P2) 可证伪性与理论的预测力相关;

(P3) 弱意义上的可证伪性和预测力是已知观察陈述之间的关联性预测,它对应于科学的形式理论,也即玛丽·赫西的只包含正类比的模型$_1$;强意义上的可证伪性和预测力是包含新观察陈述的关联性预测,它是理论十模型,也就是玛丽·赫西的模型$_2$,是包含中性类比的理论;

(P4) 一个新的观察陈述(预测)要么来自陈述之间的关联性,要么无需任何理由,要么来自理论本身;

(P5) 形式理论只处理已知观察陈述之间的关联性(O-statements),因此不能提供新的观察陈述(P-statements);

(P6) 无理由的新观察陈述也可以被其他新观察陈述任意取

---

① Mary B. Hesse, *Models and Analogies in Science*, University of Notre Dame Press, 1966, p.10.

代,因此既不具有预测性,也不具有可证伪性;

　　(C)因此,一个新的观察陈述只能来自理论＋模型,也就是模型$_2$。

玛丽·赫西特别强调:"我的整个立场是,(模型$_2$的类比对应关系)必须在理论之前,否则这个理论就不是强意义上预测性或证伪性的。"[①]当然,这个论证的基础是卡尔纳普关于理论陈述和观察陈述之间的区分,而这个区分和语境区分一样,在托马斯·库恩之后都受到了挑战。事实上,迪昂派也并不没有就此被说服。一个重要的理由是,在迪昂派看来,可以被归入归纳逻辑的类比不具有假说-演绎方法的保真性,因此难以接受其被用于辩护阶段的理性重构。而玛丽·赫西的目的与其说是要解决这一问题,倒不如说是旨在重提这一问题,从而引出对类比的定义、评估标准以及与归纳方法的关系等问题的探讨。

　　在这个虚拟的争论中,玛丽·赫西已经提到了类比的两个功能,即启发性功能和预测功能。保罗·巴萨在总结类比的科学功能时,除了启发性工具和预测功能外,还提到了概念同一和辩护功能。[②]但所有这些功能都建立在类比作为推理或论证方式的基础上,换句话说,所有这些类比都是解释功能的类比。正是因为这一立场,类比在科学发现中的功能也很难从根本上改观,如吉尔等人在《理解科学推理》中仍然认为,"类比模型在研究的早期阶段最有用,这一时期科学家刚刚涉足这一主题。从这一点上来说,对科学家如何构建一种新的模型的任何建议都是有益的。到后期,当问题转变为评价新的模型如何与真实世界吻合时,最初的类比模型就不那么有用了"[③]。因此,无论是对类比功能的分析,还是对语境区分的重新思考都意味着一种新的研究进路的引入。

[①]　Mary B. Hesse, *Models and Analogies in Science*, University of Notre Dame Press, 1966, p.43.

[②]　Paul Bartha, *By Parallel Reasoning: The Construction and Evaluation of Analogical Arguments*, Oxford University Press, 2010, p.2.

[③]　罗纳德·吉尔、约翰·比克尔等:《理解科学推理》,邱惠丽、张成岗译,科学出版社 2010 年版,第 25 页。

2.3.3　认知进路下的语境区分与类比功能

无论是语境区分背景下的"发现之友",还是玛丽·赫西对类比在科学发现中的功能分析,他们都不同程度地回避了科学的尤里卡时刻,那个最具创造性的时刻,但又是最无法用理性和逻辑予以说明的时刻。所以"发现之友"将"发现"延伸到最终发现,玛丽·赫西将类比拖进理论重建中。希科尔说:"很长一段时间,发现哲学中的主流观点是,发现的最初那一步是人类心灵的一次神秘的直觉的跳跃,无法被进一步分析。"①但是随着认知科学的发展,这一时刻也终于进入研究视野,尤其是其所展现出的创造性,成为了探索的焦点。玛格丽特·博登将创造性定义为:"想出新颖的、奇异的和有价值的观念和人工制品的能力。"②根据新颖性,她区分出心理创新(P-creativity)和历史创新(H-creativity)两种创造性;根据奇异性,她区分出组合型创新(combinational creativity)、探索性创新(exploratory creativity)和变革型创新(transformational crea-tivity)。组合型创新是熟悉的观念和不熟悉的观念之间的联合。第二、第三种都与概念空间的探索有关,第二种是一个概念空间中探索有价值的构造,第三种是通过对一个空间构造的探索发现对另一个概念空间有价值的构造。博登列举了不同创新类型的几种例证,比如,她认为类比属于组合型创新。此时对创造性的分类还没有深入认知机制内部。

20世纪80年代类比研究的认知转向后,类比作为认知活动或智能行为的范例进入认知科学的视野,科学家开始探讨科学和现实生活中的类比的认知机制和发生过程。玛丽·赫西虚构的那个争论只是类比在科学发现中的功能问题之一,凯文·邓巴(Kevin Dunbar)还列举

---

①　Jutta Schickore, "Scientific Discovery", *The Stanford Encyclopedia of Philos-ophy* (Winter 2022 Edition), Edward N. Zalta & Uri Nodelman (eds.), URL = 〈https://plato.stanford.edu/archives/win2022/entries/scientific-discovery/〉.

②　Margaret Boden, *The Creative Mind: Myths and Mechanisms*, Psychology Press, 2004, p.1.

了如下几个问题："科学史中的罗瑟福事例和其他事例提出了许多关于类比在科学中的功能的重要问题。科学家在日常科学中使用类比吗？如果使用，那么是人们在历史上的创造性文献中谈到的那些远类比（distant analogy），还是不那么远的类比，就像经验心理学工作所说明的那样，在科学中起作用呢？类比是单独起作用，还是和其他心理运作相结合起作用？最后，类比包含在科学发现和科学中的模型建构中吗？"[①]最后一个问题接近于玛丽·赫西的那个对话所讨论的问题，而前几个问题都和类比的认知机制有关。

尤为重要的是，类比的认知机制打破了赖欣巴哈以来的语境区分。霍利约克和撒加德根据以下两个标准列出了科学史上 16 个重要类比，即，第一，所使用的类比必须在科学家的思维中的某个关键阶级做出重要贡献，第二，所使用的类比必须在当时背景下推动了理论进步。通过对这些重要类比的分析，他们认为，类比在科学的发现、发展、评估和说明中都有使用，也就是出现在科学努力的全过程中：

> 科学类比至少有四种不同的用途：发现、发展、评估和传播。最令人激动的是发现，即当类比推动一个新的假说形成的时候。在假设被发明之后，类比可能有助于其在理论上或实验中的进一步发展。另外，类比也能在对假说的评估中发挥作用，正如在接受或反对它的论证中所揭示的那样。最后，类比经常被用于科学的传播，即新观念通过与旧观念的比较来传递给其他人。我们将发现，类比有不止一种用途。[②]

这并不难理解，从类比的认知进路出发，既然类比是一项认知活动，那

---

① Kevin Dunbar, "How Scientists Build Models In Vivo Science as a Window on the Scientific Mind", in *Model-Based Ressoning in Scientific Discovery*, Lorenzo Magnani, Nancy J. Nersessian and Paul Thagard(eds.), Springer Science & Business Media, 1999, p.88.

② K. J. Holyoak, P. Thagard, *Mental Leaps: Analogy in Creative Thought*, The MIT Press, 1995, p.189.

么它完全有可能贯穿于作为认知活动的科学努力的整个过程。后来,霍利约克将类比视为基于角色的关系推理(role-based relational reasoning)的范例则为此进一步提供了证明,"类比推理是基于角色的关系推理的主要范例,因为它的全部力量都依赖于明确的关系表示。这种表示使得关系角色区别于填充这些角色的实体,并将实体与它们的具体角色捆绑编码"①。由此,类比在科学发现中的功能问题转换成科学发现中的类比的认知机制问题,这里的"科学发现"指从最初发现到最终辩护的全过程。

根特纳的结构映射理论、侯世达的高层知觉理论,以及罗杰·尚克的动态记忆理论本质上是三种不同的类比认知机制,这里我们不再重复。与类比认知机制相联系的是类比推理的一般认知过程。与认知机制上的争论不同,如根特纳所言,认知科学家在这一问题上基本形成共识,即区分为在不同学者那里大同小异的四个子过程:(1)检索(retrieval):根据给定情境,找到与之相似的类比物;(2)映射(mapping):给定两个情境,将它们结构化地连线,以便产生一套"什么与什么相配"的对应、候选的推理,以及一个结构评估,它提供对源域与靶域的连线好坏的数字化测量;(3)抽象(abstraction):比较的结果会作为一个抽象被储存,以产生一个图式或其他类似规则的结构;(4)再表示(rerepresentation):给定一个不完全的配对,人们可以改变一两个类比物,以改善配对的效果。②前两个阶段尤为关键,霍利约克和撒加德说:"两个基本过程奠定了科学类比的使用:源的选择和源在靶上的应用。这两个过程提出了两个问题。第一,给定要理解的靶域,那么如何找到或建构一个源以提供靶所需要的东西? 第二,给定一个可能的源,那么它能够怎样被应用以提供一个理解靶的模型?"③显而易见,第一个过程和

---

① K. J. Holyoak and Robert G. Morrison, *The Oxford Handbook of Thinking and Reasoning*, Oxford University Press, 2012, pp.235—259.

② Dedre Gentner, K. D. Forbus, "Computational Models of Analogy", *Wiley Interdisciplinary Reviews: Cognitive Science*, 2011, Vol.2(3), pp.266—276.

③ K. J. Holyoak, P. Thagard, *Mental Leaps: Analogy in Creative Thought*, The MIT Press, 1995, p.191.

第一个问题对应于检索阶段,第二个过程和第二个问题对应于映射阶段。根特纳的结构映射理论本质上是对第二个问题的回答,而霍利约克和撒加德聚焦于第一个阶段和第一个问题。

霍利约克和撒加德认为,一个源类比物的选择并不是在记忆中的简单检索,一个类比物的选择至少有四种产生方式,即注意(noticing)、检索(retrieving)、编译(compiling)和建构(constructing)。**注意**指机缘巧合下,注意到一个源能被应用于正待解决的靶问题,或者注意一个源能应用于记忆中并非当下考虑的靶问题,比如达尔文偶然读到的马尔萨斯《人口原理》推动了他在自然选择理论上的突破。**检索**是从记忆中对类比物的直接提取。然而,记忆并不局限于提供先成的能够应用于靶的类比物。**编译**是科学家从记忆中唤醒各种信息片段,将它们综合从而形成一个类比物,比如富兰克林对电的特征的列表。**建构**是认知上最复杂的源类比物的来源,它可能包括前三个过程,但又在不同程度上超出了它们,建构的类比物不同于科学家先前已知的任何东西,例如麦克斯韦用来解释电磁力而建构的图解机械模型,它由具有涡旋和应力的流体介质组成。①

需要注意的是,这里讨论的类比的认知机制和发生过程都是面向科学和现实生活中的真实的类比认知活动。这并非无关紧要,因为人们在真实环境下的类比认知活动和在实验室背景下的类比认知活动中的表现会出现凯文·邓巴所谓"类比悖论"现象。这个概念是他在编入《类比心灵》的一篇论文中提出的,包含两个层次。一是在经验层次上,"许多心理学实验中被试倾向于在使用类比时聚焦表面特征,而在非实验环境下的人们比如政治家和科学家频繁使用更深层次的更多结构性的特征"②,二是在类比模型层次上,即,类比模型旨在发现和选择基于关系集或结构特征的类比物。但是实验研究表明人们倾向于聚焦表面

---

① K. J. Holyoak, P. Thagard, *Mental Leaps: Analogy in Creative Thought*, The MIT Press, 1995, pp.191—197.

② Dedre Gentner, K. J. Holyoak, B. Kokinov, *The Analogical Mind: Perspectives from Cognitive Science*, The MIT Press, 2001, p.313.

特征来使用类比，那么这些模型不得不编入使模型找到表面特征的机制，尽管这些类比推理引擎的能力能够找到更高阶的相似关系。归根结底，类比悖论揭示的是，在自然条件下和在实验条件下的类比构造与我们的直观感受不一致，因为直观上讲，利用更深层次的结构特征构造类比在自然条件下本该比在心理学实验中更难。所以邓巴这篇文章的标题就是："为什么类比在自然条件下如此容易，而在心理学实验中又如此困难"①。邓巴认为，产生类比悖论的原因可能来自自然状态下的科学家和政治家的类比使用与心理学实验背景下的类比使用存在的两个明显差异：第一，心理学实验中的被试已经被给定了源和靶，而自然状态下的人们需要自己生成类比，即要自己去寻找源和靶；第二，自然设定下的人们拥有巨大的知识和技能库，这些知识和技能能够影响他们的类比推理。邓巴最终肯定了第一个差异是导致类比悖论产生的原因，而否定了第二个差异也就是先前知识（prior knowledge）②对类比悖论的影响。但也正如邓巴所说，造成类比悖论的原因就像俄罗斯套娃一样，一层原因揭开背后还有更深层次的原因。

在类比认知进路中，南希·纳塞斯安（Nancy Nersessian）直接将科学实践看作基于模型的推理实践（model-cased reasoning practice）。她将自己的方法称为认知历史进路（cognitive-historical approach）。首先，她认为："我同意实证主义者关于科学发现不存在任何（经典）**逻辑**的结论，但是我不同意将推理等同于就是将逻辑应用于命题集的观点。"③在此基础上，她的问题是，"有没有可能提出一种不属于演绎和归纳但仍然富有成效的推理形式的概念，它们同样产生科学问题的潜在解决方案？"④答案是肯定的，即她所谓"基于模型的推理"。提出这

①　Dedre Gentner, K. J. Holyoak, B. Kokinov, *The Analogical Mind: Perspectives from Cognitive Science*, The MIT Press, 2001, p.313.

②　"Prior knowledge"在这里并不是先于经验，而只是先于类比使用的知识，因此翻译为"先前知识"而不是"先验知识"。

③　L. Magnani, N. Nersessian, P. Thagard, *Model-Based Reasoning in Scientific Discovery*, Springer Science & Business Media, 1999, p.8.

④　Ibid., p.9.

一推理形式的基础是,她认为,心理建模(mental modeling)是人类推理的基本形式,无论是日常环境,还是科学实践。这里的"模型"不是逻辑意义上的从事物到术语的抽象映射,而是类比意义上的对物理世界某个方面的结构同构体。"在使用和构建科学理论时,无论原则上如何表示,模型都是科学家借以进行大量推理的心理表征,也是她借以通过概念结构的视角思考和理解的心理表征。"①纳塞斯安将基于模型的推理区分为类比建模、视觉建模和思想实验三种主要形式。不难看出,虽然在这种区分中,类比成为隶属于基于模型的推理的一种,但是整个基于模型的推理都是类比意义上的。

更为重要的是,纳塞斯安这里的类比不同于玛丽·赫西对类比的使用。从玛丽·赫西对模型的解释来看,模型与理论之间反映的确实也是一种类比关系,模型是理论的类比物,也就是说,类比处于理论辩护的阶段,一个模型或类比的预测功能是对一个理论被接受的理由的强化,也是使一个理论被切实地拒绝的理由。但是纳塞斯安基于模型的推理意义上的类比是对物理世界的心理建模,是观念的创造,也就是说,处于科学发现的阶段。所以纳塞斯安有理由说,虽然"概念转变问题"(problem of conceptual change)占据了 20 世纪大部分时间,但是传统科学哲学家对于"科学概念是如何被创造的"问题几乎没说什么。因为,这个问题以及相关的讨论是由逻辑经验主义者提出和主导的,在语境区分的背景下,科学发现的问题让位于理论辩护的理性重构了。相反,纳塞斯安是从认知-历史视角对科学实践进行重构,基于模型的推理及其在此意义上的类比从而具有了科学实践的意蕴。

---

① L. Magnani, N. Nersessian, P. Thagard, *Model-Based Reasoning in Scientific Discovery*, Springer Science & Business Media, 1999, p.15.

第3章 人类行为的类比实践模型

3.1 人类行为的类比解释:布尔迪厄的启示

与类比研究的认知转向不同,布尔迪厄从仪式实践的社会学分析中,区分出类比的解释功能和实践功能,并在"实践的一般科学"中主张,从客观主义解释学的类比转向类比实践,即以习性的类比机制为核心的一般实践模型。

3.1.1 类比的解释功能与实践功能

自从赖欣巴哈做出发现语境和辩护语境的区分之后,对类比在科学发现中的功能的探讨,很长一段时间忽视了科学发现中的"尤里卡时刻",包括玛丽·赫西在内。随着类比研究的认知转向,这个最初发现的创造性时刻才开始被重新关注。认知科学家考察科学发现中的类比的认知机制和发生过程。南希·纳塞斯安将科学实践看作基于模型的推理,已经含蓄地表达了类比的实践意蕴。而布尔迪厄对类比的解释功能和实践功能的区分第一次明确了类比的实践功能。

在《实践感》(Le Sens Pratique)中,布尔迪厄借助对仪式实践的分析区分出这两种类比功能:

如康福德(Cornford)和剑桥学派所言,"从宗教到哲学",也就是从作为仪式行动之实践图式的类比到作为反思对象和理性思维方法的类比,这一缓慢的演变与功能的转化有关。仪式,尤其是神话,过去一直以信仰的方式"实现",并在对自然和社会世界的象征行动中作为集体性工具执行实践功能,如今它们趋向于只行使一种功能,即学术人士参照今昔注释家的研究和解读,对它们进行字面研究和解读时形成的竞争关系中接受的功能。也只有在此时,仪式和神话才明确成为它们一向之所是(只是处在不言明或实践状态):一个关于宇宙学和人类学的解答系统,学术反思认为是从仪式和神话中发现的,而实际是出于一种解读谬误。任何不了解其本身客观性的解读都包含这种解读谬误。①

布尔迪厄在这里说明了三层意思:第一,从实践图式的类比到思维方法的类比的转变是类比功能的转变,即从类比的实践功能向类比的解释功能的转变。第二,将仪式实践中类比解释的古今转变视为从实践功能向解释功能的转变是一种解读谬误,本质上其中的类比一直在执行其解释功能,即作为"一个关于宇宙学和人类学的解答系统";第三,这种解读谬误源自对仪式实践的客观性的不了解,即对仪式实践的理智主义本性的不了解。

所谓"实践图式的类比"是指将类比作为实践机制的类比,因此,它与作为理性思维方法的类比不仅是两种类比形态的划分,更涉及两种类比功能的划分,前者的功能是生产实践,后者的功能是反思对象,正是在类比功能的意义上,它们区分为两种类比。布尔迪厄说:"我们应该从'作品'(ergon)转向'活动'(energeia)(根据威廉·冯·洪堡所作的区分),从对象或行动转向它们的生成法则,或者更准确地说,从客观主义解释学所认为的亦已建立的类比或隐喻的既成事实和已死的字面表达(a∶b∷c∶d)转向类比实践(analogical practice),即理解为习性

---

① 布尔迪厄:《实践感》,蒋梓骅译,译林出版社 2003 年版,第 411 页。　　　125

在习得的对等关系基础上所执行的图式迁移,使行为反应的可置换性成为可能,使行动者能够通过实践的普遍化驾驭在新的情境下可能发生的类似形式的所有问题。"①我们首先应该将布尔迪厄的这段文字看作是对类比的两种功能或基于功能的两种类比的表述,即客观主义解释学的类比和类比实践。在此基础上布尔迪厄对类比实践的运作机制进行了说明,可以看出,其核心是习性的形成与实现。

当然,这一功能的转变经历了漫长的演变过程。如果从布尔迪厄关于类比的解释功能和实践功能的区分出发,我们不难发现,当代以前的类比理论都可以归入解释功能的类比。对柏拉图和亚里士多德而言,类比是他们建构宇宙观、形而上学和伦理学说的工具。对托马斯而言,类比是有意义地言说上帝的工具。对培根、休谟和穆勒等古典归纳逻辑学家和凯恩斯、卡尔纳普等现代归纳逻辑学家而言,类比是科学发现和辩护的功能。也就是说,类比是他们的理论工具和解答系统。在仪式实践中,"仪式实践实施的是一种不确定的抽象,后者将同一种象征纳入不同的关系,从不同的方面把握此象征,或者把同一个参照对象的不同方面纳入同一种对立关系"②。也就是说,仪式实践中的这些相关项可以根据不同的生成图式生成不同的类比。这看起来具有一种很强的类比灵活性,但是"只要神话-仪式空间被理解为实践结果,亦即作为诸共存事物的秩序,那它从来就只是一个理论空间,而在此空间,设有对立关系项(高/低、东/西、等等)这类标志点,且只能进行一些理论操作,也就是一些逻辑位移和转换,这类逻辑位移和转换——比如升高或跌落,如同天狗之于吠狗,两者有天壤之别"③。所以仪式行为从来都是在执行解释功能而不是实践功能。布尔迪厄甚至认为,对仪式逻辑的完全掌握足以能使人有朝一日写出一部严密的仪式(实践)逻辑代数学。

---

① Pierre Bourdieu, *The Logic of Practice*, Translated by Richard Nice, Polity Press, 1990, p.94.
② 布尔迪厄:《实践感》,蒋梓骅译,译林出版社 2003 年版,第 136 页。
③ 同上书,第 146 页。

　　布尔迪厄对类比实践功能的揭示与其思想转变不无关系。在其结构主义阶段,他对客观主义解释学的类比并不完全持否定态度。在《住宅或颠倒的世界》(The Kabyle House or the Reversed)这一布尔迪厄自认为是最后一项还算成功的结构主义研究中,他分析了卡比尔人的住宅的内部构造以及住宅与世界的关系构造。他认为,"住宅的构成依据是一组彼此等同的对立:干：湿：：高：低：：明：暗：：昼：夜：：男：女：：男子名誉：女子名节：：授孕：受孕。事实上,这同一些对立也是整个住宅与周围世界的对立"①。因此,住宅内部的构造规则也就是宇宙的构造规则,或者说住宅是一个宇宙的微观世界。但是另一方面,住宅与世界的其他部分之间的构造也服从于这一宇宙的构造规则,也服从于这些对立关系。因此,住宅内部的每一个空间都被二次定性,第一次被定性为女性,或者湿、暗等等,因为它隶属于整个住宅并与世界的其余部分相对立,第二次被定性为男性或女性依赖于它在住宅这个内部世界中属于对立的哪一部分。所以,正是在这个意义上,布尔迪厄认为,住宅"虽然包含了对原型世界作出规定的全部属性和全部关系,但依然是一个倒转的世界,一个倒影"②。就其中所用的类比而言,这些类比既是住宅和宇宙的构造原则,也是布尔迪厄的解释原则。

　　但是在建构的结构主义阶段,布尔迪厄对仪式实践中类比的理智主义特点进行了批评。仪式实践"由于太过理智主义,以致如果不通过对这些被选择或被排斥的'方面'、相似或不相似的'侧面'的明确把握,它就无法表达在身体动作(bodily gymnastics)中直接执行的逻辑"③。也就是说,它把实践的逻辑变成了客观主义的解释逻辑,把实践的序列变成了表象系列,把由需求结构客观地构成的空间中的不可逆行动变成了在连续的同质的空间中的可逆的动作。在仪式实践中,布尔迪厄认为,为解释实践所采用的概念与实践格格不入,实践并不关心仪式实

---

①　布尔迪厄:《实践感》,蒋梓骅译,译林出版社 2003 年版,第 431—432 页。

②　同上书,第 443 页。

③　Pierre Bourdieu, *The Logic of Practice*, Translated by Richard Nice, Polity Press, 1990, p.89.

践中的这些对立，也不关心这些概念。就解释实践而言，观察者相对于实践的执行者甚至更有优势，因为，他能把行为当作对象而从外部把握它，但这也就偏离了实践的本质。对行为人来说，情况也是一样，"因为学术性提问往往会使他对自身的实践采取一种不再是行动的，但也不是科学的观点，促使他在解释其实践活动时使用这样一种实践理论，这种实践理论迎合了观察者因自身处境而偏爱的法律、伦理或语法条文主义"①。理论的谬误就在于它把对实践的理论看法当作与实践的实践关系，把人们为解释实践而构建的模型当作实践的原则。

归根到底，布尔迪厄通过类比的实践功能或类比实践所要强调的是，我们应该在实践中理解实践。类比的实践功能意味着，类比是在生产实践，而类比的解释功能是在解释实践，使实践成为模型的机械学，成为一个可逆的、反复可用的解答系统。而且，通过类比实践，布尔迪厄在不同场域之间，以及在同一场域的不同状态之间建立起了实践运作的相似性，这也就是布尔迪厄所倡导建立的"实践的一般科学"。

3.1.2　类比与实践的一般科学

当我们谈论实践时，首先想到的是以善为目的的伦理实践。对实践的这一理解肇始于亚里士多德。他将人类的活动区分为三类，分别是：理论的、实践的和创制的。理论活动主要指沉思的活动，包括第一哲学、数学、物理学和逻辑学。创制活动包括各种技艺。实践包括伦理行为和政治行为。实践与理论的区别在于，前者在求知，后者在求善。实践与创制的区别在于，前者以本身的善为目标，后者以产品的善为目标。相应地，实践哲学成为西方哲学中由亚里士多德开创的重要的伦理学理论传统。另一种典型的实践概念来自马克思。在《关于费尔巴哈的提纲》中，马克思将实践看作一种对象性的活动，即主体作用于客体的感性活动。作为主体的人，他的任何实践活动都具有一定目的和

　　　①　布尔迪厄：《实践感》，蒋梓骅译，译林出版社 2003 年版，第 142 页。

价值指向,价值指向始终贯彻于实践活动过程中。"单纯的自然物质,只要没有人类劳动物化在其中,也就是说,只要它是不依赖人类劳动而存在的单纯物质,它就没有价值,因为价值只不过是物化劳动。"①对于中后期的马克思而言,从经济学的视角入手的历史唯物主义研究取代了形而上的哲学思考,物质生产取代了早期的实践范畴。唐正东认为物质生产包括三个层次:"一是物的生产与再生产;二是社会关系的生产与再生产;三是劳动者作为人的生产与再生产。"②根据这一理解,马克思的实践主要包括物质资料的生产、阶级斗争、交往实践和人口生产等等。但是我们也不能完全脱离西方实践哲学的传统来孤立地理解马克思的实践观点。如徐长福所认为:"马克思的实践从外延看既包括亚里士多德的实践也包括他所说的创制;其实质是劳动在价值上的实践化和实践在本质上的生产化。"③

　　布尔迪厄的"类比实践"概念不仅体现为类比的实践功能,它也向我们传递了一种对实践的理解,一种基于类比解释的实践理论。所以布尔迪厄的实践概念既不同于伦理实践,也不同于马克思的实践。布尔迪厄将自己的"实践"与马克思的"实践"做了区分:"我必须指出,我从来没有使用过'实践'(praxis),在法语里,这一概念容易给人一种虚张声势,还有点似是而非的印象,容易使人想起时髦的马克思主义,想起青年马克思、法兰克福学派和南斯拉夫马克思主义……我所讨论的,历来只是简简单单的实际活动(pratique)。"④"时髦的马克思主义"是指在法国 20 世纪 60 年代流行的结构主义的马克思主义,其代表人物是阿尔都塞。他认为不存在一般的实践,不同层次的社会存在具有不同的实践形式,包括经济的实践、政治的实践、意识形态的实践、技术的

---

① 《马克思恩格斯全集》第 46 卷上,人民出版社 1972 年版,第 337 页。

② 张一兵、姚顺良、唐正东:《实践与物质生产——析马克思主义新世界观的本质》,载《学术月刊》2006 年第 7 期,第 33—44 页。

③ 徐长福:《劳动的实践化和实践的生产化——从亚里士多德传统解读马克思的实践概念》,载《学术研究》2003 年第 11 期,第 47—54 页。

④ Pierre Bourdieu, *In Other Words: Essays Towards a Reflexive Sociology*, Stanford University Press, 1990, p.22.

实践和科学的实践等等,它们共同构成社会的整体。布尔迪厄的"实践"也包括各种不同领域的行为,比如经济活动、科学研究、文艺创作、言语交流等等。然而与阿尔都塞不同,布尔迪厄肯定一般实践的存在,各领域的实践都服从该一般实践的逻辑。所以布尔迪厄一直致力于建构所谓"实践的一般科学"。他说:"我这一辈子就是在与各种任意分割的学科疆界做斗争……诸如此类的疆界完全是学院再生产的产物,也毫无认识论方面的根据。"①

布尔迪厄也用"统一的实践的政治经济学"或"实践的一般经济学"来指称其"实践的一般科学"。在一次以"建立类比方法"为标题的访谈中,面对提问者关于其作品在时间上有很强的统一性,但又处理了很多不同领域的提问时,布尔迪厄以追求建立"实践的一般经济学"予以回应:"我将我的工作看作是用习性、场域、策略、资本(或利益)等概念建立实践的一般经济学的基本原理的努力……我的愿望是建立,哪怕是非常粗略地建立包括宗教、通常意义上的经济、艺术和司法等在内的所有类型的经济学实践的一般原理。这就是场域或习性等概念的作用。"②这一访谈的标题已经显示了类比在跨场域中建立实践的一般经济学中的作用。

布尔迪厄将类比看作建构科学对象的一种重要手段:

> 类比的推理方式,往往基于一种对结构对应关系的合乎情理的直觉(本身又建立在对场域某些恒定性法则的知识的基础上)。它是一种强有力的对象构建工具。正是这种推理方式,使你得以全身心地投入手头正在研究的个案的特殊性之中,并借此实现一般化(generalization)的意图,而不会像经验主义的唯特殊论(em-

---

① 布尔迪厄、华康德:《实践与反思——反思社会学导引》,李猛、李康译,中央编译出版社 1998 年版,第 196 页。

② Pierre Bourdieu, «Fonder les usages analogiques, Entretien avec Pierre Bourdieu (Questions posées par Louis Porcher)», in: *Le Français dans le monde*. Revue de la Fédération Internationale des Professeurs de Français(Paris/FRA: la Fédération), février 1986(n°199), pp.41—45.

piricist idiography)那样,沉浸其中,不能自拔;而且这种推理方式
还进一步使你认识到,这种一般化的意图正是科学本身。但在这
里,一般化的过程不是通过以无关宏旨的人为方式应用那些空洞
的形式概念构建来实现的,而是通过对特定个案的特殊性思维方
式(而且正是这种思维方式,将人们的思维方式构成了实际存在的
那种样式)来实现的。从逻辑的角度看,这种思维方式就体现在比
较方法中,并通过比较方法来实现自身。比较方法可以让你从关
系的角度来思考一个特定个案,而基于不同场域之间存在的结构
对应关系……或同一场域的不同状态之间的结构对应关系……这
一个案被构成为"所有可能情况的一个特例"。①

我们需要对这段文字予以说明。首先,这里提到的比较方法是在类比
意义上使用的。在《社会学的技艺》(*The Craft of Sociology*)中,布尔
迪厄提到,"被许多知识论者视为科学发明的第一原则的类比推理,也
被要求在社会学科学中扮演特殊角色,即,它只能通过比较方法建构其
对象"②。其次,虽然布尔迪厄从逻辑的角度引入类比推理,但是他对
类比推理的使用却不是纯逻辑的,即不是"应用那些空洞的形式概念构
建来实现的,而是通过对特定个案的特殊性思维方式",这个"特殊性思
维方式"应该指实践本身,也就是说,这里的类比也不是客观主义解释
学的类比,而是类比实践。最后,布尔迪厄说明了类比使用的两种场
景,即"不同场域之间的结构对应关系"和"同一场域的不同状态之间的
结构对应关系"。

　　类比实践应用的第一个场景解释了跨场域中实践逻辑的一致性。
布尔迪厄认为,虽然由于每个实践场域对应的意义域是自我封闭的,所
以不同场域的实践逻辑彼此之间千差万别,甚至同一事物在不同场域

---

　　① 布尔迪厄、华康德:《实践与反思——反思社会学导引》,李猛、李康译,中央编译
出版社 1998 年版,第 357—358 页,译文有改动。

　　② Pierre Bourdieu, Jean-Claude Chamboredon, and Jean Claude Passeron, *The
Craft of Sociology*: *Epistemological Preliminaries*, Walter de Gruyter, 1991, p.51.

的实践逻辑中也可能会获得彼此对立的属性，但是每一场域的实践逻辑又都服从习性最深层次的实践图式。布尔迪厄将这种习性最深层次的实践图式追溯至对世界的基本划分及其运算。基本划分是指将世界万物划分为互补的两类的划分原则，而运算是指分离的对立面之结合和结合的对立面之分离。布尔迪厄认为通过这种基本划分原则及其运算图式能够完全理解一切实践。因为习性是社会结构的产物，同时又倾向于将社会结构嵌入自身之中并再生产此社会结构。布尔迪厄说："在哲学场域、政治场域、文学场域等与社会空间的结构（或阶级结构）之间，我们可以察觉出，它们在组成结构和运作过程方面都存在着全面的对应关系（homologies）：两者都存在着支配者和被支配者，都存在旨在篡夺控制权与排斥他人的争斗，都存在自身的再生产机制，等等。"①这里的"对应关系"（homologies）指的是一种同源相似，即因共同根源于基本划分及其运算而具有的场域相似。

　　类比实践应用的第二个场景所反映的则是习性在同一场域的结构化功能或习性的实现。正是这种不同状态之间的结构对应关系，才使习性作为被结构的结构得以发生图式迁移，从而起到结构化功能的作用。这也就是布尔迪厄将自己的一般实践理论称为"建构的结构主义"或"结构的建构主义"的原因。布尔迪厄说："通过'结构主义'或'结构主义的'，我意指，客观结构不仅存在于语言、神话等符号系统中，而且也存在于社会世界本身之中，它独立于行动者的意识和欲望，并且能指导或约束他们的实践或表征。通过建构主义，我意指客观结构的双重社会源头，一方面是构成我所谓习性的感知、思想和行动的模式，另一方面是社会结构，尤其是我所谓场域和群体尤其是通常被称为社会阶级的社会结构。"②正是基于此，奥马尔·利萨尔多（Omar Lizardo）批评吉登斯等人考虑布尔迪厄时，不应该谈论**结构的双重性**（duality of

① 布尔迪厄、华康德：《实践与反思——反思社会学导引》，李猛、李康译，中央编译出版社1998年版，第144页。
② Pierre Bourdieu, *In Other Words: Essays Towards a Reflexive Sociology*, Stanford University Press, 1990, p.123.

structure),而应该思考**双重结构性**(duality of structures)。①由此看来，所谓类比实践应用的第一个场景即"不同场域之间的结构对应关系"本质上也是根源于这一双重结构性，它们共同指向了习性的运作。

3.1.3 类比实践的内核：习性

从布尔迪厄的本意来看，实践的运作逻辑是双重结构的互动，而不是如在类比实践所使用的两个场景分析中看到的那样，好像习性拥有最后的解释力。但是在某些场合，出于对侧重点的强调，布尔迪厄仍然给人留有这样的错觉。在《实践感》中，布尔迪厄在批评了客观主义解释学和主观主义想象人类学的实践理论后认为，"作为实践活动的实践的理论与实证主义唯物论相反，它提醒我们，认识的对象是构成的，而不是被动记录的；它也与理智主义唯心论相反，它告诉我们，这一构成的原则是有结构的和促结构化的行为倾向系统，即习性，该系统构成于实践活动，并总是趋向实践功能"②。这一表述明确了实践与习性的关联，即习性是实践的结构原则。

虽然斯沃茨(David Swartz)分析了布尔迪厄习性概念的发展③，但实际上布尔迪厄在不同时期对习性的定义大同小异。在法文版《实践理论大纲》中，习性"是可持续的倾向性系统，是先期被结构化且作为使结构化结构——也就是作为可以被客观'支配'且'规则的'但又不是遵守规则(这些规则客观适应其目标，但并不意味着有意识的目的和明确掌握为达目的所需要的操作，因此这些规则是被整体协调的，但又不是协调者组织行动的产物)的产物的实践与意象的产生与结构化原则——来运作的结构"④。后来经过再加工的法文版《实践感》及其英

---

① Omar Lizardo, "The Cognitive Origins of Bourdieu's Habitus", *Journal for the Theory of Social Behaviour*, 2004, pp.375—401.

② 布尔迪厄:《实践感》，蒋梓骅译，译林出版社 2003 年版，第 79 页。

③ 参见斯沃茨:《文化与权力——布尔迪厄的社会学》，陶东风译，上海译文出版社 2012 年版，第 116—120 页。

④ 布尔迪厄:《实践理论大纲》，高振华、李思宇译，中国人民大学出版社 2017 年版，第 213—214 页。

文版《实践的逻辑》几乎完全沿用了这个定义。英文版的《实践理论大纲》在习性定义上存在一个较为明显且重要的变化。习性被定义为，"持续的、可以转换的倾向系统，它把过去的经验综合起来，每时每刻都作为知觉、欣赏、行为的母体发挥作用，依靠对于各种框架的类比性的转换（这种转换能够解决相似地形成的问题），习性使千差万别的任务的完成成为可能"①。与法文版定义相比，这个定义突出了习性生成实践的类比逻辑机制。正如英文译者理查德·尼斯(Richard Nice)所说，这个英文译本结合了布尔迪厄后来的发展，它是一个经过再加工的产物。

在这些大同小异的类比定义中，布尔迪厄通过习性所要表达的核心要点都通过高度浓缩化的方式体现了出来。第一，习性是持久的行为倾向性系统，是实践的产生与结构化原则；第二，习性是先期被结构化的，也能发挥结构化功能，即实践表现为习性的形成与实现；第三，习性的实现或转换机制是类比性的；第四，习性的实现或结构化功能既不是有意识的目的性操作，也不是规则的产物，即实践表现为无意识的规则性。这一节我们主要分析作为行为倾向系统的习性。

根据斯沃茨的考察，涂尔干和莫斯都使用过习性概念，但也正如斯沃茨所说，他们既没有系统的应用，也没有达到布尔迪厄的解释高度②。布尔迪厄将习性定义为"倾向"(disposition)，即"持久的、可转换的倾向，是一被结构的结构，而又倾向于作为结构化的结构发挥功能"。然后，布尔迪厄又专门对"倾向"作了解释："倾向这个词似乎特别适合用来表达习性概念(被定义为倾向系统)所涵盖的内容。首先，它是组织化行为的结果，有着与结构一词相近的意义；二是指存在的方式，习惯性的状态(尤其是身体状态)；三是指禀性、癖好、偏好、爱好。"③所以正

---

① Pierre Bourdieu, *Outline of a Theory of Practice*, Translated by Richard Nice, Cambridge University Press, 1977, pp.82—83. 中译文转引自斯沃茨:《文化与权力——布尔迪厄的社会学》，陶东风译，上海译文出版社 2012 年版，第 116 页。

② 参见斯沃茨:《文化与权力——布尔迪厄的社会学》，陶东风译，上海译文出版社 2012 年版，第 117 页脚注。

③ Pierre Bourdieu, *Outline of a Theory of Practice*, Translated by Richard Nice, Cambridge University Press, 1977, p.214.

如《实践理论大纲》的英译者理查德·尼斯所言:"'倾向'一词的意义束在法文里一定程度上比在英文里要宽,但就这个注释而言,'倾向'与'习性'是完全等价的。"[1]正是在此基础上,习性才被理解为身体素性,把身体当作储存器从社会角度对身体动作加以定性,在身体空间与社会空间之间建立等价关系,即布尔迪厄所说"生物学特征的社会性再利用和社会性特征的生物学再利用"[2]。习性作为身体状态或身体素性(body hexis)的特点,后面我们会专门谈到,这里我们探讨其作为能力的一极,大卫·霍伊(David Couzens Hoy)认为:"习性准确而言是一种将属于社会必然性的东西和属于生物必然性的东西相统一的能力。"[3]

　　布尔迪厄在《言语意味着什么》(Ce que parler veut dire)中分析话语实践时谈到,语言习性包括三方面的能力:一是它暗含一种以某种方式言说,并确定言说对象的倾向,即确定表达旨趣的能力;二是包括言说技能、产生合乎语法的无穷无尽的话语系列的语言能力;三是包括在既定情境中以适当方式运用这种能力的社会能力。这三方面的能力都是以不可分割的方式即由一整套决定语言习性的社会条件一同确定的。所以布尔迪厄认为,语言技能并非一种简单的技术能力,而是一种规范能力。实际上,不只是语言习性。每个场域所特有的实践类型及其习性都是一项社会技艺,都包含这三方面的能力。

　　习性作为一项社会技艺首先是一种决定做什么的能力。布尔迪厄将习性称为"实践感",他说:"实践感是世界的准身体意图,但它决不意味着身体和世界的表象,更不是身体和世界的关系;它是世界的内在性,世界由此出发,将其紧迫性强加于我们,它是对行为或言论进行控制的要做或要说的事物,故对那些虽非有意却依然是系统的、虽非按目

---

①　Pierre Bourdieu, *Outline of a Theory of Practice*, Translated by Richard Nice, Cambridge University Press, 1977, p.214.

②　Pierre Bourdieu, *The Logic of Practice*, Translated by Richard Nice, Cambridge: Polity Press, 1990, p.75.

③　David Couzens Hoy, "Critical Resistance: Foucault and Bourdieu", in *Perspectives on Embodiment: The Intersections of Nature and Culture*, Edited by Gail Weiss, Honi Fern Haber, Routledge, 1999, p.13.

的来安排和组织却依然带有回顾性合目的性的'选择'具有导向作用。"①布尔迪厄将这种实践感类比为游戏中的游戏感。游戏感来源于游戏经验,是游戏空间客观结构的产物,对于游戏参与者而言,"它使游戏具有一个方向,一种倾向,一个将要到来"②。但是并不是所有的批评者都认同布尔迪厄的这一类比,至少在其中的某些方面存在着不同意见。比如詹金斯(Richard Jenkins)批评布尔迪厄在实践感或游戏感的习得中,过于强调游戏的经验方面,而对游戏作为专业技能方面的教学则过度忽视了③。不过这一批评值得商榷,因为詹金斯批评的这一点并不是布尔迪厄用游戏感来类比实践感时所要强调的重点。就布尔迪厄而言,纯粹技能可以归入集体习性的范畴,而每一次行动的实现是个体习性的现实化。这正是习性作为社会技艺第二种能力所要强调的主题。

习性作为社会技艺的第二个方面是如何行动的能力。这种能力除了专业技能外,布尔迪厄更强调习性的个体差异,正如标准语言与表达风格之间的关系一样。因为专业技能可以作为集体习性的一部分,而每一次的具体实践都是个体习性的运作。布尔迪厄在《区分》中提供了一般实践的公式:[(习性)(资本)]+场域=实践。④斯沃茨解释为"行为是阶级倾向与特定场域的结构动力之间相互作用的产物"⑤。这一解释过于笼统。阶级倾向即阶级习性,我们从逻辑上固然可以将阶级习性与个体习性进行分离,但是每一个社会个体所呈现的都只能是个体习性。个体习性是阶级习性在个体风格上的偏离。这就涉及个体习性和阶级习性或集体习性的关系问题。如布尔迪厄所说:"我们可以把阶级习性——也就是表现或反映阶级的个体习性——视为一个主观的但不是个体的内在化结构系统,这些内在化结构是共同的感知、理解和

①② 布尔迪厄:《实践感》,蒋梓骅译,译林出版社 2003 年版,第 101 页。
③ Richard Jenkins, *Pierre Bourdieu*, Routledge, 1992, p.43.
④ Pierre Bourdieu, *Distinction:A social Critique of the Judgement of Taste*, Translated by Richard Nice, Harvard University Press, 1984, p.169.
⑤ 斯沃茨:《文化与权力——布尔迪厄的社会学》,陶东风译,上海译文出版社 2012 年版,第 161 页。

行为图式,它们组成了任何客观化和任何统觉的条件;而且可以把个别的实践活动和对世界的关注的完全无个性和可替代性,作为实践活动的客观协调和对世界的关照的单一性的依据。"①而个体习性之间的差异源于每个个体社会轨迹的差异。"个体习性之间的差异原则源自于社会轨迹(trajectoire sociale)的特殊性,与社会轨迹相对应的是按年代顺序排列的和不能互相化约的决定因素系列:习性时刻都在按先前经验生产的结构使新的经验结构化,而新的经验在由其选择权力确定的范围内,对先前经验产生的结构施加影响;习性从而对在统计学上为同一阶级所共有的经验进行整合,该整合受先前经验支配,是独一的。"②因此,阶级习性和个体习性之间的关系是一种一致性中的多样性。换句话说,专业技能是可教的,而个体风格是不可教的,只能来自经验。

习性作为社会技艺的第三种能力是运用这种能力的能力。所谓运用这种能力的能力是指,在特定社会条件下被建构的习性,能够在相应的执行时的社会条件下被触发和激活的能力。布尔迪厄说:"一切社会秩序都在系统地利用身体和语言能储存被延迟的思想这一倾向。这类延迟的思想可以被远距离和定时触发——只要身体置于一个能够引起与其相关联的感情和思想的总体处境之中,置于身体的一种感应状态之中,而这类感应状态,凡演员都知道会产生种种心理状态。"③这里,布尔迪厄以演员的感应状态为例并不是为了说会产生某种心理状态,而是旨在说明,身体被置于一定社会条件下,能够得到激活和触发,从而产生相应的行为反应。

习性的这三种能力都统一于习性的审查制度。审查制度是习性在特定的场域对行动的内容和方式进行的自我审查。布尔迪厄专门讨论过话语实践中的审查制度的运作。布尔迪厄指出:"每一个语言表达都是表达旨趣与审查制度相妥协的产物,这种审查制度由提供语言表达的场域构成,而这种妥协则是一种委婉化过程的产物,最极端的审查结

---

① 布尔迪厄:《实践感》,蒋梓骅译,译林出版社 2003 年版,第 92 页。
② 同上书,第 93 页。
③ 同上书,第 106 页。

果是要求言说者保持沉默。"①因此,通过审查制度,对于特定的语言产品的社会条件而言,不仅是对其生产的社会条件,也是对其被接受的社会条件而言,言谈拥有了自己最为具体的特征,而这种特征不仅是内容上的,也包括形式上的。在这里,场域即是指某种特定资本的分布结构,比如与特定场域相适应的学术资本、学术声望、政治权力以及身体力量等等的结构分布。而如果场域作为审查制度发挥作用,那是因为,一旦某人进入特定场域,他就被置于相应资本类型的特定结构分布中,并获得其中某一特定位置,群体将确定是否信任他,是否给予其言说的权力。因为言说的说服力依赖于言说者的权威性,合法的语言能力是一个获得了授权的人所具有的获得了认可的能力。因此所谓审查制度本质上是习性在其执行的社会条件下所进行的类比迁移机制的当下运作。

3.2 习性的具身认知解释

虽然如前所述,布尔迪厄的类比实践源自对仪式实践的社会学分析,但是,当以习性为核心构建一般实践理论时,布尔迪厄与具身认知也建立起了必然联系。我们从夏皮罗(Lawrence Shapiro)关于具身认知的三个假设出发,可以充分论证,布尔迪厄的习性也是具身认知理论的又一个版本。

3.2.1　习性与身体

从倾向的角度来说,习性作为结构化能力,不是与生俱来的,而是习得的结果,而这一习得的结果所呈现的也正是倾向所强调的另一极,习性是身体状态,或身体素性:

---

① Pierre Bourdieu, *Sociology in Question*, Translated by Richard Nice, Sage, 1993, p.90.

实践信念不是一种"心理状态",更不是对制度化教理和信念大全("信仰")的由精神自由决定的信从,而是——如果可以这样表述的话——一种身体状态(état de corps)。原始信念就是这种在习性和习性与之相适应的场在实践中建立起来的直接信从关系,这种由实践感带来的不言而喻的世界经验。实践信念来自原始得的反复灌输,而原始习得是依照典型的帕斯卡尔逻辑,把身体当作备忘录,当作一个使精神只动不思的自动木偶,同时又将其当作寄存最可贵价值的所在。①

布尔迪厄不仅用倾向系统来定义习性,也用"实践感"或"实践信念"来指称习性,这一概念更突出行动者对场域的基本预设的信从,对场域行为的认可。"信念"(doxa)也是布尔迪厄实践理论中的一个关键概念,但是它区别于现象学的信念。胡塞尔对"信念"在多个意义上使用,最狭义上的"信念"指一种"原立义样式和基本样式",是一种对存在的评价或判断,广义上的"信念"指"一致性的对象意识的形式",等同于"客体化的确然性",后期胡塞尔在世界存在的"原确然性"意义上使用信念。②但无论是哪一种意义上的"信念",布尔迪厄都将其批评为基于一种外在的旁观者的视角。布尔迪厄所谓"实践信念"对场域行为的认可既是场域运作的条件,也是场域运作的产物,"在这样的关系中,被历史所把持的身体,反过来直接完全地把持被同一历史所占据的事物"③。

布尔迪厄明确认为,这种实践信念不是心理状态,而是身体状态或身体素性。前者指一种社会心理学的立场,它将身体化定位在社会表征的层次,即是行为人对自身社会效应的表征,意味着一定程度的自我

---

①　布尔迪厄:《实践感》,蒋梓骅译,译林出版社 2003 年版,第 105 页。

②　倪梁康:《胡塞尔现象学概念通释》,生活·读书·新知三联书店 2007 年版,第202—204 页。

③　布尔迪厄、华康德:《实践与反思——反思社会学导引》,李猛、李康译,中央编译出版社 1998 年版,第 307 页。

评价。布尔迪厄批评这一立场是不可接受的，一是因为，这种自我评价的评价图式先在于身体化过程。而习性的身体化是在实践中以实践的状态得到传播的，"身体仪态（*hexis*）直接作为特殊和系统性的姿态模式与运动技能对话，因为其中包含了一整套身体技术和工具系统并承载着大量含义和社会价值"①。用汤普森（John B. Thompson）的话说，身体素性是习性作为"身体及其在世界中展开的可持久的组织"的执行的方面。②布尔迪厄批评社会心理学不可接受的第二个原因是，习性作为身体素性，其形成是无意识的和前反思性的。

"实践信念来自原始习得的反复灌输"，也就是说，作为身体状态或身体素性的习性实际上由前后相继的两个过程形成，即原始习得和反复灌输。所谓原始习得是指原始经验的首次身体化或内化，它是习性得以形成的第一步和基础，它通过实践摹仿（practical mimesis）完成。摹仿是柏拉图的概念，"柏拉图早已注意到，实践摹仿意味着一种总体投入和一种深层的感情同一化"③。所以实践摹仿不是机械的模仿（imitation）。在这一点上梅洛-庞蒂的习惯（habitude）概念与布尔迪厄的习性有相通之处。他认为学习过程不是一种机械理论，"习惯的获得是对一种意义的把握，而且是对一种运动意义的运动把握"④。布尔迪厄同时认为实践摹仿也不是类比。因为它在不同的现象之间建立起关系，而这种关系又不需要对诸关系项的属性或者它们的关系建立原则作任何解释。事实上，在原始习得中，还没有相似项可以提供以便进行类比，就实践逻辑而言，原始习得没有过去。

与之相反，反复灌输即习得的娴熟过程以原始习得为过去。它所灌输的对象不是实践的原则，而是由原始习得的习性所实现的新的实践经验。如布尔迪厄所说，任何社会都规定了一些用以传授各种实践

---

① 布尔迪厄：《实践理论大纲》，高振华、李思宇译，中国人民大学出版社 2017 年版，第 238 页。

② J. B. Thompson, "Editor's Introduction", in Pierre Bourdieu, *Language and Symbolic Power*, Harvard University Press, 1991, pp.1—31.

③ 布尔迪厄：《实践感》，蒋梓骅译，译林出版社 2003 年版，第 113 页。

④ 莫里斯·梅洛-庞蒂：《知觉现象学》，姜志辉译，商务印书馆 2001 年版，第 189 页。

样式的结构练习。"习性时刻都在按先前经验生产的结构使新的经验结构化,而新的经验在由其选择权力确定的范围内,对先前经验产生的结构施加影响。"①也就是说,习性的每一次实现即每一次实践都能作为结构练习发挥作用。这就是布尔迪厄所谓习性的客观化和身体化的辩证关系:"系统性行为倾向的系统性客观化,即实践活动和作品,转过来也能生成一些系统性行为倾向。"②反复灌输以致娴熟的过程是习性的不断形成与实现,或者说内化与外化的再生产过程。而习性的形成与实现或内化与外化不过是同一实践经验的两个不同侧面。一个新的实践经验既是先前习性的实现与外化,又是新的习性的形成与内化。与原始习得的差别在于,在反复灌输中,习性的实现不是依赖于实践摹仿,而是类比。所以习性的形成本质上是借助于各种身体操练在身体空间和社会空间之间建立起等价意识。布尔迪厄说:"身体所习得的东西并非人们所有的东西,比如人们掌握的知识,而是人们之所是。"③当然,身体何以具有这种被激活的能力,布尔迪厄并没有能够解决,这在后面我们讨论生物行动的类比实践模型时还会谈到。

习性的实现表现为策略是布尔迪厄实践理论的核心要点。策略给人以合目的性的假象,而实际又不含任何理性的算计,它通过反复灌输带来的"习得的娴熟"得以实现。布尔迪厄在将列维-斯特劳斯的结构主义解释学贬为"模型的机械学"的同时,也将萨特的行为理论斥为"主观主义的想象人类学",因为萨特"把实践活动描述为具有明确方向的策略,即它们遵循自由设计确定的目标,或者在某些相互作用论者看来,则以其他行为人的预期反应为依据"④。但是,布尔迪厄反对的并不是"策略"概念本身,而只是其主观主义的目的论倾向。"如果说行动的世界不过是这样一个世界,如果说这个世界因主体选定感动而令人感动,因主体选定厌恶而令人厌恶,那么激情和情绪,还有行动本身都

---

① 布尔迪厄:《实践感》,蒋梓骅译,译林出版社 2003 年版,第 93 页。
② 同上书,第 114 页。
③ 同上书,第 112 页。
④ 同上书,第 63 页。

只是些自欺行为。"①所以布尔迪厄从习性出发对策略进行了重新解释。首先,策略不再是针对未来的既定目标,不再是对未来的筹划,而是行动本身。"策略的取向取决于对其自身结果的预测,并因此助长了目的论幻觉,这实际上是因为策略总是倾向于再生产那些生产策略的客观结构,决定策略的是策略生成原则的以往生产条件,也就是说,策略是由相同的或可替换的以往实践活动之已经实现的'未来'决定的,此未来与策略的未来重合——只要策略在其中发生作用的结构与生产策略的客观结构同一或等同。"②这一等同的"客观结构"正是习性,而习性的实现则成为"组成客观策略的定向有序行为系列"③。

其次,策略不再是理性计算的结果,而是当机立断的即兴创作。实践的时间性意味着其运作的紧迫性,如果错过了适当的时机,最好的决定也是毫无意义的。所以实践的逻辑是一种自在逻辑。布尔迪厄认为,"这种习得的娴熟在实际运用时具有出自本能的无意识可靠性,惟有它才能使人们立刻对各种不确定情境和实际做法的模糊之处作出反应"④。严格说来,一旦习性建立,这种"习得的娴熟"便已为行为主体所掌握,因为表征为策略的每次实践经验都是"习得的娴熟"针对刻不容缓的情境所做出的及时反应。但是反复灌输能够强化这种"习得的娴熟",相应地强化其每一次类比实践的可靠性。因为习性需要保证自身的稳定,"习性在能与之交往的处所之间、事件之间、人之间进行选择,通过这种选择,使自己躲过危机和免遭质疑,确保自己有一个尽可能预先适应的环境,也就是说,一个相对稳定的、能强化其倾向的情境域,并提供最有利于它之产品的市场"⑤。然而正是这一"习性的强化"成为批评者争相攻讦的焦点,因为这样的话,习性似乎就是不可改变的。

---

① 布尔迪厄:《实践感》,蒋梓骅译,译林出版社 2003 年版,第 64 页。
② 同上书,第 94 页。
③ 同上书,第 95 页。
④ 同上书,第 164 页。
⑤ 同上书,第 93 页。

对布尔迪厄而言，"习性的改变"似乎是无法解决的难题。因为如果习性是不可改变的，那么这显然不符合事实。而布尔迪厄也明确说过，习性"具有一定的稳定性，又可以置换"①。学者注意到这一点，并根据布尔迪厄的实践理论作出了适当演绎。理查德·詹金斯，根据布尔迪厄关于这一问题的说明，至少可以得出如下三点："客观条件产生出习性，习性根据客观条件做出调整，两者是相互作用或辩证的关系。"②里卡多·科斯塔（Ricardo L. Costa）提出："习性不得不面对和适应与之形成时不同的新的情境，这一事实构成在历史中生成的习性之改变的核心原则，而且在例外情况下，它甚至会引起习性的根本改变。习性的这种适应能力使它变得灵活和可修正的。"③而尼克·克罗斯利（Nick Crossley）则批评说："布尔迪厄承认习性的改变，至少在其后期著作中如此。但他没有对其原因和方式提出相当的或者有说服力的说明。而且他将行动主体还原为习性的倾向让他很难对其中的动力机制作出解释。"④公允地说，布尔迪厄在习性的改变问题上确实费力不多，而且即使布尔迪厄承认存在这种可能，这种"改变"也应该是在"强化"或"优化"意义上的改变，而不会倾向于认为习性会发生彻底改变，本质上这是由习性运作的类比机制决定的。客观条件的彻底改变引起习性的根本变化在布尔迪厄实践的逻辑中根本不会发生，因为场域和习性的变化始终是在本体论合谋意义上的谐振。

由此，我们也能理解，"习性"（habitus）为什么不是"习惯"（habit）。简单来说，习惯是一种机械性行为，而习性的实现是模糊性的创造性行为。布尔迪厄自己明确表示，使用习性这一术语的原因之一，就是为了避免习惯作为一种机械性组件或预先形成的程式的共同观念⑤。在与

① 布尔迪厄、华康德：《实践与反思——反思社会学导引》，李猛、李康译，中央编译出版社 1998 年版，第 171 页。
② Richard Jenkins, *Pierre Bourdieu*, Routledge Press, 1992, p.49.
③ Ricardo L. Costa, "The Logic of Practices in Pierre Bourdieu", *Current Sociology*, 2006, Vol.54, p.881.
④ Nick Crossley, "Habit and Habitus", *Body & Society*, 2013, Vol.19, p.147.
⑤ Pierre Bourdieu, *Outline of a Theory of Practice*, Cambridge University Press, 1977, p.218, note 47.

华康德的对话中,布尔迪厄对两者做了明确的区分:"我说的是惯习(habitus),而不是习惯(habit)。就是说,是深刻地存在在性情倾向系统中的、作为一种技艺(art)存在的生成性的(即使不说是创造性的)能力,是完完全全从实践操持(practical mastery)的意义上来讲的,尤其是把它看作某种创造性艺术(ars inveniendi)。"[①]在布尔迪厄看来,习性的生成性、创造性和实践性都不同于习惯的机械行为。

3.2.2　习性的认知源头

当布尔迪厄将习性看作是身体素性,而明确否定其作为心理状态的存在时,这似乎意味着,习性由此与认知无关? 这当然是错误的。但是布尔迪厄对行动者(agent)而非传统意义上的"主体"(subject)的理解恰恰给人造成了这一假象。在传统哲学中的主体既是认知主体也是实践主体,但首先是认知主体。然而布尔迪厄否定了这一点。个体确实存在,"不过是以行动者(agent)——而不是生物性的个体、行为人(actor)或主体——的方式存在着;在所考察的场域,他们是被各种社会因素构成为积极而有所作为的"[②]。在布尔迪厄的双重结构性框架中,行动者代表了作为习性的身体化结构,场域代表了社会的客观化结构。两者通过前反思性的实践形成了所谓"本体论合谋"(ontological complicity)。"在习性和场域的关系中,历史遭遇了它自己:这正像海德格尔和梅洛-庞蒂所说的,在行动者和社会世界之间,形成了一种真正本体论意义上的合谋。这里的行动者,既不是某个主体或自觉意识,也不是某种角色的机械扮演者,不是某种结构的盲目支持者,也不是某种功能的简单实现者。"[③]但是对"行动者"作为"主体"的否定并不能否定"行动者"的认知组成或认知结构,而对这一理解的辩护也仍然只能

---

① 布尔迪厄、华康德:《实践与反思——反思社会学导引》,李猛、李康译,中央编译出版社 1998 年版,第 165 页。
② 同上书,第 146 页。
③ 同上书,第 172—173 页。

从其双重结构,即行动者及其与场域的本体论合谋的理解出发。

我们可以从两个角度来理解习性与认知的关联。第一,习性不仅是实践图式,也是认知结构。习性是历史的产物,"它确保既往经验的有效存在,这些既往经验以感知、思想和行为图式的形式储存于每个人身上,与各种形式规则和明确的规范相比,能更加可靠地保证实践活动的一致性和它们历时而不变的特性"①。实践世界是在作为认知和促发性结构的系统的习性与场域的关系中形成的;第二,习性的产物也包括认知的部分。"习性是一种无穷的生成能力,能完全自由地(有所限制)生成产品——思想、感知、表述、行为——,但这些产品总是受限于习性生成所处的历史和社会条件。"②也就是说,在习性与场域的本体论合谋中,习性的产品具有一种非经选择的选择性,"习性使在习性的特定产生条件之固有范围内形成的各种思想、各种感知和各种行为的自由产生成为可能,而且只能使这类思想、感知和行为的自由产生成为可能"③。从习性的运作机制,或类比的实践功能来说,类比实践是一种理解人类智能活动的视角和方式,包括认知和传统意义上的实践。一方面,即使习性的产品表现为思想,它也是类比实践运作的产物,另一方面,即使习性的产品表现为实践,它也有其无可置疑的认知源头。

然而,利萨尔多将布尔迪厄的习性区分为双重结构,即作为感知与分类结构的习性和作为实践之生成结构的习性,尤其是在此基础上分别探究各自的认知起源④,然而这个观点是值得商榷的。这一分析思路表明利萨尔多仍然在认知与实践相区分的传统立场而并没有在布尔迪厄将认知也视为类比实践的立场上来看待习性作为结构化结构的认知源头。基于认知与实践的传统分离立场,利萨尔多将习性的认知和

①　布尔迪厄:《实践感》,蒋梓骅译,译林出版社 2003 年版,第 83 页。
②　同上书,第 84 页。
③　同上书,第 83—84 页。
④　Omar Lizardo, "The Cognitive Origins of Bourdieu's Habitus", *Journal for the Theory of Social Behaviour*, 2004, pp.375—401.

分类结构追溯到从涂尔干、莫斯到列维-斯特劳斯的人类学和社会学传统,同时批评将习性作为实践图式的结构的源头排他性地追溯至对梅洛-庞蒂具身意识的发展的观点,而主张其可以追溯到皮亚杰的生成结构主义。相反,基于类比实践的立场,我们主张布尔迪厄作为结构化的结构的习性是这几方面传统共同驱动的结果。

　　莫斯(Marcel Mauss)也将习性理解为身体素性(body hexis),并与习惯专门做了区分:"我已经使用'习性'的社会特性这一概念多年。请注意我用的是拉丁语的词语——它应当被理解成法语的'habitus'。这个词翻译亚里士多德的'hexis'、'习得的能力'和'才能'比'习惯'好太多。"①结合尼克·克罗斯利的分析,我们可以从这三个方面来看莫斯的身体素性的认知起源。第一,习性作为一项身体技术,"习性就是习得知道、掌控和处理世界的手段"②,也就是说,习性涉及对世界的理解。第二,相对于习惯意味着个体差异而言,莫斯的习性意味着社会差异。习性作为身体技术不仅由生物学等自然世界的事实塑造,也反应心理事实,比如它们也许体现了情绪或目的。社会差异揭示出作为社会事实的习性。第三,克罗斯利认为,莫斯对习性的探讨完全属于迪尔凯姆的社会学传统,它甚至可以被解读为是用知识和理解的集体前表征或非表征形式理解对涂尔干"集体表征"概念的补充。③可以看出,莫斯对习性概念的使用没有达到布尔迪厄习性概念作为客观结构的身体化产物又具有结构化功能的层次,但是从布尔迪厄的习性中我们也能隐约看到莫斯习性的身影。

　　胡塞尔也在关于"habit"的主题下讨论习性。在这个主题下,胡塞尔使用 habit、habitus、habituality 等概念。④在这些概念的使用中有一部分指向 disposition,也正是这一部分与布尔迪厄意义上的习性相近。

　　① M. Mauss, "Techniques of the Body", *Economy and Society*, 1973, Vol.2(1), pp.70—88.
　　②③ Nick Crossley, "Habit and Habitus", *Body & Society*, 2013, Vol.19, pp.136—161.
　　④ Dermot Moran, "Edmund Husserl's Phenomenology of Habituality and Habitus", *Journal of the British Society for Phenomenology*, 2011, Vol.42, No.1, pp.53—77.

在《现象学的心理学》(*Phenomenological Psychology*)中,胡塞尔认为,执行活动的我不是一个空洞的、想象的极,它也是一个有着与各种活动对应的习性(habitualities)的极。"这些习性是一些倾向(disposition),它们通过生成,通过我执行的各种行动这一事实而归于我,而且只有依赖于它们才历史地属于我。我通过原初的决定而原初地成为那个如此决定的我,由此我立即将自己看成那个我,并在此后将自己看成同一的,仍然如此决定的我"。①正如胡塞尔在阿姆斯特丹演讲稿中所言,"在与自我研究相关联的一些具体主题中,能力和习性(tendency to do something)是现象学研究的主题"②,换句话说,习性是在与自我的关联中进入胡塞尔现象学的。但就自我与习性的关系而言,"通过原初的决定而原初地成为那个如此决定的我"是在先的,在此基础上通过"仍然如此决定"而执行的各种行动才生成相应的习性。就此而言,胡塞尔的习性在具体表现上已经很接近于布尔迪厄在社会行为人意义上的习性了,虽然两者仍然有着本质的区别。

与胡塞尔不同,梅洛-庞蒂并没有使用"习性"概念,而是使用了"习惯"概念。但梅洛-庞蒂所使用的"习惯"概念,并不是布尔迪厄所明确反对的那种指向机械的,刺激-反应的反射行为意义上的习惯。梅洛-庞蒂恰恰反对行为主义对习惯的机械理解。对梅洛-庞蒂而言,习惯是行为的结构,并且保证了身体主体与世界之间的互动。这一框架要求对习惯、对身体以及对理解的重新认识。在习惯的获得中,是身体在理解,而"理解,就是体验到我们指向的东西和呈现出的东西,意向和实现之间的一致,——身体则是我们在世界中的定位"③。所以,习惯的获得就是一种对意义的把握,是在身体与世界之间动态而持续的互动中的形成和重塑,"当身体被一种新的意义渗透,当身体同化一个新意义

① Edmund Husserl, *Phenomenological Psychology*, Translated by John Scanlon, Martinus Nijhoff, 1977, p.161.

② Edmund Husserl, *Psychological and Transcendental Phenomenology and the Confrontation with Heidegger (1927—1931)*, Translated and Edited by Thomas Sheehan and Richard E. Palmer, Springer Science+Business Media, 1997, p.244.

③ 莫里斯·梅洛-庞蒂:《知觉现象学》,姜志辉译,商务印书馆 2001 年版,第 191 页。

的核心时,身体就能理解,习惯就能被获得"①。习惯的这一身体理解
以及在身体与世界之间的互动概念被布尔迪厄的习性及其与场域之间
的本体论合谋所吸收,但不是在梅洛-庞蒂身体主体的意义上,而是在
非主体的行动者意义上。②

但是将布尔迪厄的习性完全归功于梅洛-庞蒂或现象学传统显然
不符合事实。利萨尔多认为,布尔迪厄的习性强调的具身图式和身体
操作等要素都直接来自皮亚杰,而不只是来自对梅洛-庞蒂身体意识的
发展。利萨尔多合理地指出,布尔迪厄的社会理论是对列维-斯特劳斯
的社会学结构主义和皮亚杰的认知结构主义进行综合的努力。以往在
讨论布尔迪厄和结构主义传统的关系时,一般认为布尔迪厄既吸收了
结构主义的关系思维,又批评了结构主义的客观主义立场。皮亚杰的
作用一定程度上被忽视了。利萨尔多认为,"在皮亚杰系统中有着特定
意涵的类比迁移、具身图式和身体操作等观念有助于澄清习性的一些
模糊性,并且允许我们理解习性的微妙之处,以及运用在不同研究领域
中的灵活性"③。皮亚杰的知识概念在其中扮演了关键角色。在《发生
认识论》(Genetic Epistemology)开篇,皮亚杰就指出,发生认识论是要
试图在其历史、社会学起源,以及其所基于的概念和操作的心理学起源
的基础上解释科学知识。④对皮亚杰而言,知识的核心是认知结构,但
关键是如何理解这里的"认知"? 利萨尔多认为,皮亚杰的"认知"覆盖
"感知—处理—行动—生成"的整个序列而不只是符号操作阶段。皮亚
杰所强调的不是作为静态的符号表征的认知结构,而是身体图式。"正
是在这个意义上,皮亚杰认为知识的本性主要是**操作性的**(operative),
认知发展是由不同结构系统、一些身体运动和一些符号表征的相互作

---

① 莫里斯·梅洛-庞蒂:《知觉现象学》,姜志辉译,商务印书馆 2001 年版,第 194 页。
② Nick Crossley, "Habit and Habitus", *Body & Society*, 2013, Vol.19, pp.136—161.
③ Omar Lizardo, "The Cognitive Origins of Bourdieu's *Habitus*", *Journal for the Theory of Social Behaviour*, 2004, Vol.34(4), pp.375—401.
④ Jean Piaget, *Genetic Epistemology*, Translated by Eleanor Duckworth, Columbia University Press, 1970, p.1.

用决定的。"①这一主动操作和认知表征之间的辩证关系在布尔迪厄的习性中发展为身体是被结构的（structured）结构和其结构化（structuring）功能之间的互动。

基于这一分析，利萨尔多等人将布尔迪厄视为认知社会学家。"认知社会学"（cognitive sociology）这一术语最早出现在阿隆·西科利尔（Aaron V. Cicourel）的论文集《认知社会学：社会交际中的语言和意义》（*Cognitive Sociology: Language and Meaning in Social Interaction*），但是成为一门学科或规范化的研究领域是从伊维塔·泽鲁巴维尔（Eviatar Zerubavel）的《社会心态：认知社会学的邀请》（*Social Mindscapes: An Invitation to Cognitive Sociology*）和保罗·迪马乔（Paul DiMaggio）的论文《文化与认知》（Culture and Cognition）开始的。他们都共同强调诸如感知、社会分类、身份认同和集体记忆等社会认知运用和过程，对布尔迪厄也都有所观照。但利萨尔多认为，布尔迪厄只能在具身认知意义上被视为认知社会学家。

3.2.3 作为具身认知的习性

迄今为止，具身认知理论还不是一个统一的理论。克里斯蒂安·马蒂尼（Kristian Moltke Martiny）在评论夏皮罗的《具身认知》时说："具身认知的影响虽然与日俱增，但是将它描述为一个严格定义的和统一的理论是错误的。它来自不同的领域（如哲学中的现象学运动、生态与发展心理学、机器人学、动物行为学和动力系统理论等），因此在诸多基本议题上存在着内在分歧，如它的对象、方法论承诺，'具身性'的确切性质和定义，以及在解释认知时具身性涉及的范围等。"②如前所述，玛格丽特·威尔逊总结了具身认知的六个基本观点，夏皮罗

---

① Omar Lizardo, "The Cognitive Origins of Bourdieu's *Habitus*", *Journal for the Theory of Social Behaviour*, 2004, Vol.34(4), pp.375—401.

② Kristian Moltke Martiny, "Book review of Lawrence Shapiro's *Embodied Cognition*", Routledge, 2011, pp.297—305.

进一步将它们浓缩为三个假设:(1)概念化假设;(2)替代假设;(3)构成假设。①可以看出,夏皮罗的这三个公设更突出了具身认知作为认知的解释功能,而回避了具身认知的行动功能。夏皮罗坦诚,他与玛格丽特·威尔逊的差异之处正是他要远离的方面。这表明夏皮罗回避具身认知的行动倾向是刻意为之。但是在威尔逊的六个框架中有多个框架都指向行动,尤其是第五个,并且认为在终极的意义上它是正确的。安迪·克拉克的延展认知虽然和瓦雷拉的生成认知在表征问题上存在争论,但是他也有着明显的具身行动倾向。在其新作《预测算法》中,他明确提出,"我们的神经架构存在的意义就是服务于具身的行动。这需要激发和维持一个复杂的循环因果流程,其中知觉和行动既决定彼此,又被彼此决定"②。这里的"循环因果流程"就是克拉克在《此在:重整大脑、身体和世界》中提出的"连续交互因果"(Continuous Reciprocal Causation)③。因此,我们姑且以具身认知的行动倾向作为第四个公设,即,"认知是为了行动"。我们将从这四个公设来论证布尔迪厄的类比实践理论也是一种具身认知理论。

所谓概念化假设是说:"一个有机体身体的属性限制或约束了一个有机体能够习得的概念(concepts)。即一个有机体依之来理解它周围的世界的概念,取决于它的身体的种类,以至于如果有机体在身体方面有差别,它们在如何理解世界方面也将不同。"④换句话说,身体的具体性或特殊性决定了对世界的认知的具体性或特殊性。当然,这还需要进一步解释,即,所谓"有机体在身体方面有差别"或者身体的具体性是指肉体上的还是社会性上的差异? 从夏皮罗的分析来看,他似乎偏向于肉体上比如大脑活动层面的差异,"具身概念包含在感知、运动和情

---

① 夏皮罗:《具身认知》,李恒威、董达译,华夏出版社 2014 年版,第 4—5 页。
② 克拉克:《预测算法:具身智能如何应对不确定性》,刘林澍译,机械工业出版社 2020 年版,第 307 页。
③ Andy Clark, *Being There: Putting Brain, Body, and World Together Again*, The MIT Press, 1998, p.163.
④ 夏皮罗:《具身认知》,李恒威、董达译,华夏出版社 2014 年版,第 4 页。

绪处理等大脑活动中"①。至少可以看出,夏皮罗并不愿意将概念化假
设太多涉及社会因素的层面,因为他特意在"概念"(concept)和"观念"
(conception)之间做了区分②。但是,这可能是夏皮罗出于具身认知理
论中最小公约数的考量,即,只取各种具身认知理论中完全共同的部
分。事实上,我们只要考虑到安迪·克拉克的延展认知就会很自然地
相信,具身认知所谓的身体不可能只是局限于身体本身,而是身体及其
社会情境。我们知道布尔迪厄反复说明,习性作为一种实践感或实践
信念不是一种心理状态,而是一种身体状态,是一种身体素性。"身体
素性是具体化的、身体化的、成为恒定倾向的政治神话学,是姿势、说
话、行走,从而也是感觉和思维的习惯。"③在布尔迪厄看来,从社会角
度对身体的属性和动作加以定性具有双重功能,它不仅使最基本的社
会选择得以自然化,还将身体及其属性和动作构建成模拟算子在各种
不同的社会世界区分之间建立各种等价关系。

　　所谓替代假设是说:"一个与环境进行交互作用的有机体的身体取
代了被认为是认知核心的表征过程。因此,认知不依赖于针对符号表
征的算法过程。它能在不包括表征状态的系统中发生,并且无需诉诸
计算过程或表征状态就能被解释。"④这个指向最为明确,即针对符号
计算的老派人工智能(GOFAI)的立场。在布尔迪厄看来,将认知的核
心看作是表征和计算的观点是一种客观主义的观察者立场,即认知被
视为一种在社会世界之外对社会世界的被动记录,一种景象。对布尔
迪厄而言,对象是构成性的,而构成的原则正是习性。习性的反应也不
是计算,它排斥任何形式的计算。"实践逻辑是自在逻辑,既无有意识
的反思又无逻辑的控制。实践逻辑概念是一种逻辑项矛盾(contradiction
dans les termes),它无视逻辑的逻辑。这种自相矛盾的逻辑是任何实

---

① Lawrence Shapiro, *Embodied Cognition*, Routledge, 2019, p.117.
② 夏皮罗:《具身认知》,李恒威、董达译,华夏出版社 2014 年版,第 85 页。
③ 布尔迪厄:《实践感》,蒋梓骅译,译林出版社 2003 年版,第 107 页。
④ 夏皮罗:《具身认知》,李恒威、董达译,华夏出版社 2014 年版,第 5 页。

践的逻辑，更确切地说，是任何实践感的逻辑：实践离不开所涉及的事物，它完全注重于现时，注重于它在现时中发现的表现为客观性的实践功能，因此它排斥反省（亦即返回过去），无视左右它的各项原则，无视它所包含的、且只有使其发挥作用，亦即使其在时间中展开才能发现的种种可能性。"①也就是说，习性的逻辑是一种无意识的合目的性，它是一种"生成性遗忘"（genesis amnesia），既不同于机械的必然，也不同于反省的自由。这一术语出现在英文版《实践理论大纲》中。布尔迪厄提出了一组概念，即，实施结果（*opus operatum*）和实施方法（*modus operandi*），客观主义所理解的"生成性遗忘"将历史的产物视为实施结果，因此只能借助前定和谐的神秘和意识协奏的天才来解释客观意义的出现②。布尔迪厄反对这种客观主义理解的"生成性遗忘"，而认为："实践是实施结果和实施方法、历史实践的客观化产物和身体化产物、结构和习性的辩证运动。"③

所谓构成假设是说："在认知加工中，身体或世界扮演了一个构成的而不仅仅是因果作用的角色。"④身体或世界是认知的一个构成成分，而认知又是身体和世界之间的交互作用，因此，夏皮罗这里构成假设实际上意指，身体和世界之间的相互构成性。这在瓦雷拉的具身认知版本中被称为"操作闭圈"，在克拉克的延展认知中被称为"连续交互因果"，在布尔迪厄那里则被称为"本体论合谋"，它是一种双向的模糊关系。"习性和场域之间的关联有两种作用方式。一方面，这是一种制约（conditioning）关系：场域形塑着习性，习性成了某个场域（或一系列彼此交织的场域，它们彼此交融或歧异的程度，正是习性的内在分离甚至是土崩瓦解的根源）固有的必然属性体现在身体上的产物。另一方面，这又是一种知识的关系，或者说是认知建构的关系。习性有助于把

① 布尔迪厄：《实践感》，蒋梓骅译，译林出版社 2003 年版，第 143 页。
② Pierre Bourdieu, *Outline of a Theory of Practice*, Cambridge University Press, 1977, p.79.
③ 布尔迪厄：《实践感》，蒋梓骅译，译林出版社 2003 年版，第 80 页。
④ 夏皮罗：《具身认知》，李恒威、董达译，华夏出版社 2014 年版，第 5 页。

场域建构成一个充满意义的世界,一个被赋予了感觉和价值,值得你去投入、去尽力的世界"①。布尔迪厄与瓦雷拉、克拉克一样,他们都有着共同的梅洛-庞蒂渊源。

所谓行动公设,按玛格丽特·威尔逊的界定:"心智的功能是引导行动,而感知和记忆等认知机制必须根据它们对情境适应行为的最终贡献来理解。"②我们知道瓦雷拉直接用"具身行动"来指示具身认知。安迪·克拉克也说:"行动产生自知觉,知觉预测感知信号,随后,某些实际传入的感知信号将促成新的行动,而新的行动又会调动新的知觉。"③同样,布尔迪厄也强调认知与行动之间的联结,社会学的目的是揭示社会人群的深层结构以及确保社会空间在生产或变革的机制,"对客观结构的这种探索本身就是对认知结构的探索,而行动者在对于具有如此结构的社会世界的实际认识中正是运用这种认知结构"④。和瓦雷拉不同的是,布尔迪厄所谓这种行动者的"认知结构"就是习性,习性既是感知和分类结构,也是行动之生成结构。

梅特亚德(Lotte Meteyard)将语义表征根据具身性区分为四个层次,分别是:(1)非具身性,即语义内容是符号性的并完全独立于身体的感知运动系统;(2)次具身性,即语义内容是非模态的,但与表征模态信息的局部大脑区域相连接;(3)弱具身性,即由近端感知运动区域表示的集成模态信息形成语义内容的基础;(4)强具身性,即由主要感知运动系统在模拟分布式网络种表征语义内容。⑤根据这一区分,布尔迪厄的习性所体现的具身性无疑属于强具身认知理论脉络之中。利萨尔多

---

①　布尔迪厄、华康德:《实践与反思——反思社会学导引》,李猛、李康译,中央编译出版社 1998 年版,第 171—172 页。译文有改动。

②　Margaret Wilson, "Six Views of Embodied Cognition", *Psychonomic Bulletin & Review*, 2002, Vol.9, pp.625—636.

③　克拉克:《预测算法:具身智能如何应对不确定性》,刘林澍译,机械工业出版社 2020 年版,第 157 页。

④　布尔迪厄:《国家精英——名牌大学与群体精神》,杨亚平译,商务印书馆 2004 年版,"序言",第 1 页。

⑤　L. Meteyard, S. R. Cuadrado, B. Bahrami, G. Vigliocco, "Coming of Age: A Review of Embodiment and the Neuroscience of Semantics", *Cortex*, 2012, Vol.48(7), pp.788—804.

区分了布尔迪厄五种意义上的具身性,分别是,文化意义的具身性、主体性的具身性、社会文化活动的具身性、认知的外在化具身性,以及认知无意识的具身性。他认为,第五种意义上的具身性是布尔迪厄那里最强意义上的具身性,也正是在这个意义上,布尔迪厄的工作能被看作是一种认知社会学。①

华康德将这种具身认知的社会学称为"肉身社会学"(carnal sociology),卡伦·塞鲁洛(Karen A. Cerulo)将其总结为三个基本原理。第一个是由梅洛-庞蒂规定的,肉身社会学将其从心身二元论和作为"建立在一个不在场的、惰性的、无声的身体之上的积极的心灵"的行动者的版本中分离出来;第二个建立在布尔迪厄之上,肉身社会学要求对结构的再概念化(reconceptualization),将它视为"深深地嵌入和熔铸在身体中的力的动态网络",而不是可能性和约束的外在网络;第三个原理即,肉身社会学打破了思想的计算模型,赋予通过行动习得的实践知识以优先性。②华康德认为,思想行动者也必须被看待为不仅仅是符号的持有者。相反,行动者也是"感知的"(能感受知觉)、"受苦的"(能忍受痛苦、压力和疼痛)、"娴熟的"(拥有行动的能力和竞争力)、"积淀的"(与世界不可分离)、"情境的"(通过物理和社会空间中的唯一居而获得思想)。因此,肉身社会学将认知定义为"从身体、心灵、活动和世界的纠缠中生长出来的情境性的活动"③。

布尔迪厄认为,要对实践做出解释,就必须把习性生成时的社会条件与习性被执行时的社会条件联系起来加以考察。但是,"'无意识'可以不用建立这种关系:历史生成客观结构,并使其在准自然中亦即习性中具体化,从而生产历史,而'无意识'从来只是对历史本身生产的历史

---

① Omar Lizardo, "Pierre Bourdieu as Cognitive Sociologist", in *The Oxford Handbook of Cognitive Sociology*, Edited by Wayne H. Brekhus and Gabe Ignatow, Oxford University Press, 2019, pp.65—80.

② Karen A. Cerulo, "Embodied Cognition: Sociology's Role in Bridging Mind, Brain, and Body", in *The Oxford Handbook of Cognitive Sociology*, Edited by Wayne H. Brekhus and Gabe Ignatow, Oxford University Press, 2019, p.87.

③ Loïc Wacquant, "For a Sociology of Flesh and Blood", *Qualitative Sociology*, 2015, Vol.38, pp.1—11.

的遗忘。作为身体化的、称为自然的,也因此被遗忘了的历史,习性是习性赖以产生的全部过去的有效在场。"①所谓"习性是习性赖以产生的全部过去的有效在场"是指习性作为一种身体素性,其不经过意识的特点来自原始经验的反复灌输以至娴熟的过程,如布尔迪厄所说,"上述两个过程都倾向于在没有达及意识和表达的情况下,也就是在意识和表达所要求的反思距离以内完成"②。布尔迪厄将习性的这种无意识运作比作一列自带轨道的火车,过去的历史不间断地生成一个既前所未闻又不可避免的历史。所以习性遵循一种"一切选择的非经选择的原则"。习性时刻都在按既往经验生产的结构使新的经验结构化,而新的经验在由其选择权力确定的范围内对先前经验产生的结构施加影响。但是,习性在新的信息之间进行选择时,倾向于偏袒那些能使之得到强化的经验。布尔迪厄说:"实践感是变成自然的、并转换成原动图式和身体自动性的社会必然,在它的作用下,实践活动基于和由于它们含有它们的生产者所看不见的、却显示出它们之主观转换生成原则的东西,故变得合乎情理,也就是说被常识所寄住。行为人从不完全知道自己所为,故他们之所为与他们之所知相比,总是具有更多的意义。"③

　　虽然布尔迪厄的类比实践理论可以被合理地论证为一种具身认知理论,但它与其他具身认知理论又有所不同。无论是瓦雷拉、克拉克,还是布尔迪厄,他们都把梅洛-庞蒂作为各自具身认知的一个重要基点。而我们知道梅洛-庞蒂的具身认知的基础是身体-主体概念,"如果说主体处于情景中,如果甚至说主体是情景的可能性而非别的什么,这是因为它事实上只有作为身体,只有借助这一身体进入世界,才能够实现其自我性"④。我们可以将梅洛-庞蒂的这种具身认知理论称为"基于主体的"(subject-based)具身认知理论。⑤然而前面我们已经说明,布

① 　布尔迪厄:《实践感》,蒋梓骅译,译林出版社 2003 年版,第 85 页。
② 　同上书,第 112 页。
③ 　同上书,第 106 页。
④ 　梅洛-庞蒂:《知觉现象学》,姜志辉译,商务印书馆 2001 年版,第 511 页。
⑤ 　有学者从主体的视角来理解瓦雷拉的具身认知和克拉克的延展认知,笔者认为这是一种误解。

尔迪厄的具身认知理论不是基于主体的,或者说是反主体的,他的具身认知理论围绕行动者(agent)展开。对布尔迪厄而言,在习性与场域的关系中,行动者不是主体,我们可以称为"基于行动者的"(agent-based)具身认知理论。

3.3 类比实践模型的逻辑构造

从以上对布尔迪厄基于习性的类比实践的分析,我们不难发现,布尔迪厄以类比实践为特征的一般实践理论已经为我们提供了一个对人类行为的类比解释。这一节我们以习性的实现为内核,根据玛丽·赫西关于类比推理的二维逻辑构造即纵向关系分析和横向相似性分析,重构一个更为模型化的解释,即人类行为的类比实践模型。

3.3.1 类比实践的纵向关系建构

类比逻辑构造的纵向关系是指源域或靶域的内部关系,但是不同类比模型对此内部关系的理解并不相同。在玛丽·赫西的类比质料模型中,纵向关系指源域或靶域中各要素之间的因果关系。在根特纳的结构映射模型中,纵向关系指源域或靶域中的结构关系。但是,保罗·巴萨批评说,前者过于局限,伴随发生(co-occurrence)的关系并非只有因果关系,还有可能是逻辑关系、统计关系等等;后者只考虑结构关系本身,而不涉及源域或靶域中的具体内容。所以他提出一种"详描模型","'详描'是指如下事实,即我们的理论要求对源域中先在的关联性的性质做出精确的陈述"①。布尔迪厄的场域分析所做的也正是这项工作。

对布尔迪厄而言,行动者的行为与场域之间的关系也很难还原为简单的因果关系、逻辑关系或统计关系,它是多元决定的(overdeter-

---

① Paul Bartha, *By Parallel Reasoning*: *The Construction and Evaluation of Analogical Arguments*, Oxford University Press, 2010, p.33.

mined)。"多元决定"是阿尔都塞的概念,其完整的意义是:"'矛盾'是同整个社会机体的结构不可分割的,是同该结构的存在条件和制约领域不可分割的;'矛盾'在内部受到各种不同矛盾的影响,它在同一项运动中既规定着社会形态的各方面和各领域,同时又被它们所规定。"①如果我们将"行动者的行动"也理解为一种"矛盾运动",那么这也就是布尔迪厄所要表达的观点。布尔迪厄在以哲学场域为例借用"多元决定"来形容场域的斗争逻辑时说明了两个观点:第一,置身一定场域的行动者经历了场域对其重新形塑的过程。第二,哲学场域、政治场域、文学场域等与社会空间的结构之间存在着同源相似或结构对应关系(homology)。场域分析作为行动者在场域中的关系性分析即是对表现为这两点的多元决定性的分析,布尔迪厄将之分为三个步骤:第一步,必须分析与权力场域相对的场域位置;第二步,必须勾划出行动者或机构所占据的位置之间的客观关系结构;第三步,必须分析行动者的习性。不难看出,场域分析作为行动者与场域结构的关系分析本质上是行动者的自主性分析。但需要说明的是,从类比逻辑的纵向关系出发,"三步骤"分析只是静态的关系分析,而没有考虑这些关系在时间上的变化。

在展开场域分析前,我们首先要定义两个概念,场域和权力场域。所谓场域,布尔迪厄定义为:"从分析的角度来看,一个场域可以被定义为在各种位置之间存在的客观关系的一个网络,或一个构型。正是在这些位置的存在和它们强加于占据特定位置的行动者或机构之上的决定性因素之中,这些位置得到了客观的界定,其根据是这些位置在不同类型的权力(或资本)——占有这些权力就意味着把持了在这一场域中利害攸关的专门利润的得益权——的分配结构中实际的和潜在的处境,以及它们与其他位置之间的客观关系(支配关系、屈从关系、结构上的对应关系等等)。"②简言之,场域是一个由特定资本类型决定的位置

---

① 阿尔都塞:《保卫马克思》,顾良译,杜章智校,商务印书馆 1984 年版,第 78 页。

② 布尔迪厄、华康德:《实践与反思——反思社会学导引》,李猛、李康译,中央编译出版社 1998 年版,第 133 页。

之间的结构化空间。不同位置意味着资本的量的不同，从而决定了该位置上的行动者在场域中处于支配或是被支配的地位。

权力场域概念对布尔迪厄有着同样重要的方法论意义。它既意味着"同以实体论方式考虑社会世界的倾向决裂"①，也意味着"使所有场域都具备了某种历史性的动态变化和调适能力，避免了传统结构主义毫无变通弹性的决定论"②。所谓权力场域，布尔迪厄在《艺术的法则》和《国家精英》中都有明确的定义：

> 就其结构而言，权力场域就是力量场域，它是由不同的权力形式或资本类别之间的力量关系决定的。与此同时，权力场域既是不同权力的持有者为了争夺权力而展开的场域，又是一个竞技的空间（espace de jeu）——在这个空间，行动者和机构共同拥有大量的足以在各自的场域占据支配性位置的特殊资本（尤其是经济资本和文化资本），因而他们在某些以维护或者改变彼此之间的力量关系为目的的策略上形成对抗。能够介入这些斗争的力量，以及对这些力量是进行保守性的，还是破坏性的引导，都取决于人们所说的不同类别的资本之间的"交换率"（或者"转换率"），也就是说，取决于所有这些策略旨在维护或者改变的东西本身（这种维护或改变主要是通过对不同类别的资本及其合法性的各种表现进行维护或批判来实现的）。③

可见，权力场域与具体场域有着很大的不同。第一，每个具体场域是由特定资本构成的竞技空间，权力场域是不同资本构成的竞技空间，所以，权力场域被称为"元场域"。在权力场域的行动者和机构在各自的

---

① 布尔迪厄：《实践理性——关于行为理论》，谭立德译，生活·读书·新知三联书店 2007 年版，第 36 页。
② 布尔迪厄、华康德：《实践与反思——反思社会学导引》，李猛、李康译，中央编译出版社 1998 年版，第 17 页。
③ 布尔迪厄：《国家精英——名牌大学与群体精神》，杨亚平译，商务印书馆 2004 年版，第 457 页。

特殊场域中拥有足以占据支配性位置的特殊资本,在各自场域取得合法性支配地位是它们在权力场域中竞技和对抗的前提。第二,每个具体场域的斗争目标是特定资本和利润的积累,以获得在该场域的支配权,权力场域内的斗争以这些资本类型为目标,即以争夺对各种资本或权力的决定权为目标。第三,在权力场域中,不同资本之间之所以能够进行对抗和竞技是因为它们之间存在交换率,对决定权的争夺也包括对交换率的决定权。场域分析首先是从行动者或机构所处的具体场域与权力场域的关系开始的。

　　场域分析的第一步即相对于权力场域的场域位置分析本质上是行动者所处具体场域相对于权力场域的自主性分析。以文化生产场域为例,布尔迪厄认为艺术家和作家处于一种"支配-被支配"位置,即他们在文化生产场域中处于支配地位,但是在权力场域中则又处于被支配的位置。布尔迪厄认为,虽然在不同场域根据资本具体功能的区分,能够表现为经济资本、文化资本和社会资本等三种形式,但是"行动者在特定场域被赋予的社会地位和具体权力首先依赖于他们能够调动的具体资本,而不管以其他资本形式存在的额外资本(虽然它们也能施加一种混合的影响)"①,也就是说,首先依赖于内化在倾向或客观化在经济资本或文化资本中的财富。布尔迪厄根据实证研究发现,"权力场域是按照一种交叉状的结构排列的:根据主要的等级化原则(即经济资本)构成的分布与根据次要的等级化原则(即文化资本)构成的分布在某种意义上形成'交叉',而在根据文化资本建立的分布中,不同的场域是按照逆向的等级排列的,就是说,从艺术场域排列到经济场域"②。正是根据这种等级化分布,文化生产场域在权力场域中处于被支配地位,即,"就他们拥有的文化资本赋予的权力和特权而言,至少就他们拥有的文化资本足以执行其权力而言,他们是支配性的;但是作家和艺术家

---

　　① Pierre Bourdieu, *Distinction: A Social Critique of the Judgement of Taste*, Translated by Richard Nice, Harvard University Press, 1984, p.113.
　　② 布尔迪厄:《国家精英——名牌大学与群体精神》,杨亚平译,商务印书馆 2004 年版,第 465 页。

在他们与拥有政治资本和经济资本的那些人的关系中是被支配的"①。

场域分析的第二个步骤即行动者或机构占据的位置之间的客观关系结构分析本质上是特定场域内部行动者或机构相对于其他行动者或机构的自主性分析。布尔迪厄认为,这些关系是由场域中占据各位置的行动者或机构在争夺合法性的斗争中形成的。布尔迪厄在分析权力场域时发现,如果从结构上看,"权力场域包含的每一个场域都是按照与它相对应的结构组织起来的,在这些场域的一个极点分布着经济上(或者世俗上)处于支配性,文化上处于被支配性的位置,另一个极点则分布着文化方面处于支配性,经济方面处于被支配性的位置"②。这表明,第一,每个场域内部由于不同位置上资本或权力的不对称因而存在着支配与被支配的对抗;第二,不同场域包括权力场域的这种对立面之间的斗争具有结构对应关系。前者是场域运作的原动力,使得场域成为斗争的场所,而为争夺支配权的斗争同时也是争夺合法性的斗争,因为权力"不可能满足于仅仅作为一种专制的力量而存在。因此,它必须为自己的存在和存在形式寻找理由,至少也应该使人们看不出作为其基础的专制,进而使自己作为合法的存在得到认同"③。而后者尤其是与权力场的结构对应关系——因为这种对应关系最为彻底,布尔迪厄认为这是场域全部效应的根源。这些效应包括意识形态效应,不同场域中相似位置的特定群体间的联盟,以及供需之间的对应等等。但布尔迪厄同时也认为,"外部决定发挥作用的唯一方式是以场域的特殊力量和形式为媒介,也就是经历一定的重构。重构越重要,该场域就越自主,也就越能强加自身的特殊逻辑,即只表现为该场域在制度和机制中的整个历史的客观化"④。这确立了内部分析优先性的方法论原则。

---

① Pierre Bourdieu, *In Other Words: Essays Towards a Reflexive Sociology*, Stanford University Press, 1990, p.146.

② 布尔迪厄:《国家精英——名牌大学与群体精神》,杨亚平译,商务印书馆 2004 年版,第 466 页。

③ 同上书,第 459 页。

④ Pierre Bourdieu, *The Rules of Art: Genesis and Structure of the Literary Field*, Translated by Susan Emanuel, Stanford University Press, 1992, p.232.

场域分析的第三个步骤即行动者的习性分析本质上是行动者相对于自身所处场域位置的自主性分析。对行动者的习性的分析是围绕其与所占据的位置的关系进行的。布尔迪厄认为:"位置和倾向之间的相互作用显然是双向的。任何习性作为倾向系统只有在与由社会标识的位置(通过占有这些位置的行动者的社会特征在与其他位置的关系中进行标识和理解)的确定结构关系中才能有效实现,反过来,正是通过某种程度上与这些位置完全适应的倾向,内嵌于位置中的种种潜在性才得以实现。"①以文化生产场域为例,布尔迪厄强调,要理解特定时刻位置与倾向之间这一双向建构关系,必须同时考虑行动者在该时刻以及其艺术生涯中关键转折点上的可能空间,也要考虑认知和评价此可能空间的范畴。但是布尔迪厄对可能空间存在着两种理解。一种理解是,可能空间是指可能立场的空间。所谓立场是占据某一位置的行动者对位置的主观态度。可能空间就是行动者根据构成习性的认知和评价范畴对不同位置所对应的现实的或潜在的立场建立的一种构型。因此,每个立场是在与可能空间的关系中被定义的,从与其他共存的可能立场的否定关系中获得自身的区分价值。位置空间支配立场空间,而立场空间的根本转变只可能来自构成位置空间的力量关系的转变。另一种理解是,可能空间是指可能位置的空间。布尔迪厄说:"场域作为可能力量的场域向每位行动者将自己表现为一种可能的空间。此可能空间是在占据不同位置的平均机会的结构(此机会通过获得这些位置的'难度'或者更准确地说通过位置数量和竞争者数量之间的关系来测量)与每位行动者的倾向之间的关系中被定义的。后者是认识和评价这些客观机会的主观基础。"②换句话说,在特定场域占据某一位置的客观可能性在每一给定时刻仅会在他们通过构成习性的认识和评价图式进行认识和评价的范围内表现为运作的和活跃的。这两种对可能空

---

① Pierre Bourdieu, *The Rules of Art*: *Genesis and Structure of the Literary Field*, Translated by Susan Emanuel, Stanford University Press, 1992, p.265.

② Pierre Bourdieu, *The Field of Cultural Production*: *Essays on Art and Literature*, Edited and Introduced by Randal Johnson, Columbia University Press, 1993, p.64.

间的理解恰好解释了位置与倾向之间的双向对应关系，都汇聚于倾向或习性，因此并不矛盾，关键就在于，习性或倾向的逻辑也是场域的逻辑。问题只是，行动者将场域的逻辑和必然性内化为一种历史的先验性，一种进行认识和评价的思想图式和范畴体系，即习性或倾向，并作为自明性在场域内被普遍接受是在时间中进行的，也只有从时间维度予以分析才能获得充分理解。

场域分析再一次揭示了布尔迪厄以习性为核心的类比实践的双重结构性及其结构对应关系，或者说习性与场域的本体论合谋。这表明，基于布尔迪厄习性理论的人类行为的类比实践模型的纵向关系分析本质上意味着身体与世界的辩证法。一方面，场域完成对习性的塑造，每个场域由此获得场的正常运作所必需的习性的行为人；另一方面，习性作为资本的形式，只有依赖与场域中的关系得以存在并发挥作用。当然这只是该辩证法的一个维度，对类比实践模型而言，它是一阶关系的维度。类比实践模型的横向相似性建构，即二阶关系建构是该辩证法的另一个维度。

3.3.2　类比实践的横向相似性建构

类比逻辑构造的横向关系是指源域与靶域之间的相似性关系，类比类型的区分本质上是由横向相似性的不同类型决定的。玛丽·赫西的质料类比模型依赖于能观察到的相似性特征，根特纳的结构映射模型则以结构相似性为基础。但是保罗·巴萨批评说，这些类比推理的有效性以总体相似性的程度为基础。玛丽·赫西的质料模型要求，源域与靶域共同出现的可观察特征越多，则类比越可靠。根特纳的结构映射理论则意味着，系统性或结构越复杂，类比则越可靠。它们并不是从已知相似性与可能的进一步相似性的直接关联即相关相似性出发。所以保罗·巴萨的详描模型要求，"详尽描述先在的关联性是第一步，它允许我们正确地进入如下适当议题：我们是否有理由去思考能否在靶域获得同样的关联性"①。换句话说,详描模型首先要详尽描述源域先在的关联性,这是纵向分析的任务,然后从相关相似性出发分析靶域中是否存在这一同样的关联性,这是横向相似性分析要做的工作。

对于基于习性的类比实践模型而言,由于作为类比转换图式的习性的存在,对类比实践的横向相似性分析与习性的形成和实现有关,"实践只有通过把产生它们的习性被建构时的社会条件与习性被执行时的社会条件联系起来才能得到解释,即只有通过科学工作展现这两种社会世界的状态的相互关系实践才能得到解释,而习性在实践中并通过实践既展现此相互关系又隐藏此相互关系"②。换句话说,对类比实践而言,源域是习性被建构时的社会条件及相应的实践,靶域是习性被执行时的社会条件及可能的实践,从源域到靶域的转换表现为习性的生成与实现的转换。产生实践的习性与被建构或被执行时的社会条件之间的关系分析是场域分析,是类比实践模型的纵向关系即一阶关系分析。而"这两种社会世界的状态的相互关系"即习性被建构时的社会条件与习性被执行时的社会条件之间的关系则是横向相似性分析,即关系的关系或二阶关系分析。习性作为从被建构到被执行的实践类比转换图式,它建构了这种相互关系,而当实践只是被看作习性的执行时,习性表面上又隐藏了这种相互关系。现在的问题是,这种既被展现又被隐藏的"相互关系"是什么? 这正是类比实践模型的横向相似性分析的任务。

此前对布尔迪厄的习性分析已经告诉我们,(1)对场域逻辑的信从即实践信念是习性的基本因素;(2)实践信念作为身体素性来自原始习得的反复灌输;(3)习性的形成与实现即习性的内化与外化是同一个实践的两个侧面。一个新的实践经验既是被执行时的习性的实现与外化,又作为结构练习成为被建构时的习性的形成与内化。但是这种分

---

① Paul Bartha, *By Parallel Reasoning: The Construction and Evaluation of Analogical Arguments*, Oxford University Press, 2010, p.94.

② Pierre Bourdieu, *The Logic of Practice*, Translated by Richard Nice, Polity Press, 1990, p.56.

析的转换并不意味着类比实践模型的横向相似性分析是对习性的形成和实现的过程分析。作为逻辑分析，它始终意味着一种关系分析。因此横向相似性分析的任务是，习性在被建构和在被执行时，是什么在相似？以及它们如何相似？

第一个问题即，是什么在相似？浅层的回答是，第一，习性被建构时的社会条件和习性被执行时的社会条件的相似，也就是场域逻辑的相似；第二，被建构时的习性和被执行时的习性的相似；第三，被建构时的习性与场域之间的结构对应关系或合谋和被执行时的习性与场域之间的结构对应关系或合谋之间的相似；第四，习性被建构时的实践和习性被执行时的实践之间的相似。其中，场域相似性、习性相似性，以及场域和习性之间的结构对应关系的相似性是类比推理中的已知相似性，从习性被建构时的实践到习性被执行时的实践是类比推理中希望获得的进一步的相似性。不难发现，类比实践或习性的迁移之所以可能发挥结构化功能的关键集中于身体与世界的合谋或辩证法，这就是该辩证法的第二个维度，即从建构到执行的辩证法的迁移，这是类比实践的逻辑构造中关系的关系或二阶关系的维度。

因此，对第一个问题更深层次的回答相当于如下问题：历史经验中的哪些因素被身体化或内化为习性从而能够在被执行时外化为新的实践经验？布尔迪厄对此有明确的描述："一组特定的生存条件所特有的结构，通过相对独立的家庭经济和家庭关系施加不可避免的经济和社会影响，更确切地说，通过这一外部必然性（男女分工形式、物质世界、消费方式、亲属关系等等）在家庭中的特有表现，产生了各种习性结构，而这些习性结构反过来又成为感知和评价任何未来经验的依据。"[①]这种"特定的生存条件所特有的结构"就是习性赖以产生的社会条件，并通过习性延续到现时。斯沃茨说它类似于马克斯·韦伯的"生活机会"，当然也只是类似。虽然两者在各自理论中所指涉的内容是一致的，但是其扮演的理论角色却不尽相同。韦伯用生活选择和生活机会

---

① 布尔迪厄：《实践感》，蒋梓骅译，译林出版社 2003 年版，第 82 页。

的函数来说明生活质量，行为人外在于所谓的"生活机会"，所以虽然受后者制约，但仍然有选择自主性。相比之下，布尔迪厄所谓特定的生存条件被内化为习性，所以行为人的行为实际上是无所选择的，"习性使在习性的特定产生条件之固有范围内形成的各种思想、各种感知和各种行为的自由产生成为可能，而且只能使这类思想、感知和行为的自由产生成为可能"①。

第二个问题即，它们如何相似？ 如保罗·巴萨所做的那样，布尔迪厄在对仪式实践的分析中同样批评了总体相似。他认为仪式实践的类比建立在让·尼科（Jean Nicod）所说的总体相似（overall resemblance）之上，"因为相关项（比如太阳和月亮）的对立原则没有确定，且通常被归结为简单的对立，所以类比（当它不是在纯粹实践状态发挥功能时，它总是省略地表达：'女人是月亮'）运用生成图式在本身是不确定的和多元决定的对立关系之间（热∶冷∶∶男∶女∶∶白天∶黑夜∶∶等等）建立起等同关系（男人∶女人∶∶太阳∶月亮），而这些相关项也能通过不同的生成图式进入其他的等同关系（男人∶女人∶∶东∶西，或者太阳∶月亮∶∶干∶湿）"②，"这种理解模式从不明确地将自己限制在相关项的某个方面，而是每次都将相关项当作一个整体，充分利用两个事实从来不可能在所有方面都完全相似而总是在某个方面相似至少是间接地相似（也就是以某个共同项为中介）的情形。"③这种不确定的抽象和总体相似导致的后果就是对仪式实践的理智主义解释。相反，实践图式的运作也出于某种相关相似性："根据'有关事物'这一隐含的实践相关原则，实践感'选择'某些物体或行为及它们的某些方面，并考虑它所需要的方面或在相关情境下能限定要做之事的哪些方面，或者把一些不同的物体或情境视为等同，从而对一些相关的属性和其他不

---

① 布尔迪厄：《实践感》，蒋梓骅译，译林出版社 2003 年版，第 83 页。
② Pierre Bourdieu, *The Logic of Practice*, Translated by Richard Nice, Polity Press, 1990, p.88.
③ Ibid. 布尔迪厄也在该书第 88—89 页用小字对相同词项根据不同对等关系进入不同类比的情形做了进一步说明。

相关的属性作出区分。"①

　　基于这种相关相似性原则,在习性的形成与实现或内化和外化过程中的每一次类比实践都表现为对习性的优化,当然这种优化是一般经济学意义上的优化。布尔迪厄说:"如果人们看不到经济学理论描述的经济是整个经济世界的一个特例……他们也就无法对在追求最大具体利润和一般优化策略实施中采取的具体形式、内容及杠杆点做出解释。"②这句话包含三层意思:第一,整个实践世界都是服从经济逻辑的世界。"真正意义上的经济实践活动理论,是实践活动的经济学一般理论的一个特例。实践活动即使摆脱了(狭义的)'经济'利益逻辑并转向非物质的、难以量化的赌注——见于'前资本主义'社会或资本主义社会的文化领域——,给人以非功利性外表,但实际上一直在服从一种经济逻辑。"③第二,实践追求利润最大化和遵循优化策略,而且因其利润最大化原则,其优化策略总是意味着最优化策略。第三,只有从实践的经济逻辑出发才能理解利润最大化和优化策略的具体形式、内容和作用点。例如,布尔迪厄在对婚姻策略的分析中发现,人们为了应对婚姻潜藏的对财产和家庭完整性的威胁,作为一种最优化策略,会将过于不相称的家庭之间的联姻排除在外,以使在家庭经济独立范围内进行的婚姻交易可能提供的物质和象征资本最大化。④

3.3.3　类比实践中时间性的逻辑构造问题

　　基于玛丽·赫西的类比二维逻辑构造模型对类比实践的模型解析本质上存在一个关键的缺陷,即,它无法处理类比实践中的时间性问题。后来保罗·巴萨对这一模型进行的相关相似性改进也没有考虑类

---

　　①　布尔迪厄:《实践感》,蒋梓骅译,译林出版社 2003 年版,第 140 页。
　　②　Pierre Bourdieu, *The Logic of Practice*, Translated by Richard Nice, Polity Press, 1990, p.51.
　　③　布尔迪厄:《实践感》,蒋梓骅译,译林出版社 2003 年版,第 193 页。
　　④　同上书,第 240 页。

比推理的时间性问题。可能的辩护是,由于玛丽·赫西和保罗·巴萨关注的类比推理是科学尤其是自然科学中的类比,此类型的类比在科学发现及其辩护中不涉及时间性问题。我有所保留地赞同这一辩护。玛丽·赫西在虚构的那场坎贝尔派和迪昂派的辩论中,所讨论的类比是物理学中的类比,如气体的撞球模型,水波、声波和光波的类比等。在讨论类比的逻辑即类比的合理性辩护中,判断类比的合理性标准是归纳支持、概率、可证伪性以及简洁性,这些标准也都不涉及时间。①保罗·巴萨在建构其详描模型时专门对自己为什么聚焦于科学和数学领域中的类比进行了说明。他认为,科学和数学有大量非凡的类比事例,而"日常生活中没有任何稳定的类比推理实践"②,同样,科学和数学领域有明确的相关关系类型和评估相似性的模型和标准,而在非科学领域没有这些条件。即便如此,我之所以有所保留是因为,如果从类比实践的视角,或者作为认知活动或智能行为的视角来看,那么科学中的类比和日常生活中的类比,它们的运作机制或实践图式难道不是一致的吗?

同样的问题也出现在认知科学家的类比认知研究中。虽然科学和现实生活中真实的类比成为认知科学家研究的对象,但是在他们的类比认知模型中并没有体现时间的维度。例如,根特纳的结构映射理论考虑的是源域和靶域之间的结构相似性,并且高阶关系更能被映射到靶中。随后霍利约克和撒加德对根特纳单纯依赖关系结构的标准进行改进,即在结构描述之外,又增加了语义信息和语用信息,这就是他们的约束满足模型。③显而易见,这一改进也仍然没有考虑时间性。应该说,在类比认知研究进路中,最有可能引入时间性的是侯世达,因为他的高层知觉理论最接近于具身认知的方法。但是其概念滑动以及范畴

---

① Mary B. Hesse, *Models and Analogies in Science*, University of Notre Dame Press, 1966, pp.101—129.

② Paul Bartha, *By Parallel Reasoning: The Construction and Evaluation of Analogical Arguments*, Oxford University Press, 2010, pp.7—12.

③ Ibid., p.72.

化的动力主要来自语境压力，而所谓语境压力是基于概念抽象程度的分类产生的。因此，认知科学家们所研究的类比与其说是"科学和现实生活中的真实的类比"，不如说是实验室中的类比。这也就是凯文·邓巴发现的类比悖论的根本原因所在，忽略时间性的实验室中的类比无法还原真实环境下类比的灵活性和复杂性。

布尔迪厄在揭示类比的实践功能和解释功能时已经发现，仪式实践从类比的实践功能向解释功能转换的这一解读谬误本质上就是忽略了实践中的时间性，即"从实践图式转到事后构建的理论图解，从实践感转到可以像解读方案、计划或方法，或者像解读一个机械性程序，一种由学者神秘地重建的神秘安排那样来解读的理论模型，这就忽略了产生正在形成的实践之时间实在性的东西"①。归根到底，按布尔迪厄的观点，实践就是行动者将自己时间化，或者说实践就是"制造"时间。"实践在时间中展开，具有会被同化所破坏的全部关联性特征，比如不可逆转性；实践的时间结构，亦即节奏、速度，尤其是方向，构成了它的意义。"②布尔迪厄以游戏参与者为例来说明实践中的时间性。游戏参与者沉浸其中专注于将来，将自己与世界的将来同一，从而设定时间的连续性。同样，紧迫性正是游戏者参与游戏并专注于其中所包含的将来的产物。所以，"时间远不是一种先天的历史性条件，而是实践活动在发生的行为本身产生的东西。正是因为习性是规律性和世界内在倾向同化的产物，它包含着这些倾向和规律性的实际状态的预测，也就是说，对属于当下的未来的非设定性指涉……实践活动在它合乎情理的情况下，也就是说，是由直接适合场域内在倾向的习性产生的，是一种时间化行为，在这行为中，行动者通过对往昔的实际调动，对以客观潜在状态属于现时的未来的预测，而超越了当下"③。由此，实践和时间一样具有不可逆性、紧迫性、方向和意义。这种时间既不同于意识哲

① 布尔迪厄：《实践感》，蒋梓骅译，译林出版社 2003 年版，第 125—126 页。
② 同上书，第 126 页。
③ 布尔迪厄：《实践理性：关于行为理论》，谭立德译，生活·读书·新知三联书店 2007 年版，第 150—151 页。

学所说的时间,也不同于科学的时间。

　　科学的时间不是实践的时间,它倾向于将无时间性强加于实践从而破坏实践行为的时间,"科学实践被非时间化,以致连它所排除的东西的概念也给排除:由于科学实践只有在一种与实践的时间截然不同的时间的关系中才成为可能,故它倾向于无视时间,从而使实践非时间化"①。布尔迪厄称之为"客观目光的去时间化效应"②,它导致实践被同化和变得可逆,成为一种实践的机械学。布尔迪厄认为,这种科学的时间是经院观点的产物。"经院观点"(scholastic view)是布尔迪厄从奥斯汀那里借来的词,"奥斯汀在《感觉与可感物》(Sense and Sensibilia)中顺便谈到了'经院观点',举例说明了这种行为,即在不参照任何直接的上下文的情况下,统计和考察一个词的所有可能含义,二不是单纯领会或使用这个与情境直接相符的词的含义"③。布尔迪厄随后区分了经院观点的三种表现,即存在于认识、伦理和美学三个实践领域中,但是三种形式的错误建立在相同的原则上,即"对一个特殊情况也就是对一种特定的社会条件支持和允许的世界观的普遍化,还建立在对这些可能性的社会条件的遗忘和压制上"④。

　　这一经院观点在逻辑上表现为经典逻辑中认为命题的真值不随时间而变化的立场。弗雷格从涵义和指称的区分出发,认为断定句的涵义是思想,它的指称是它的真值。弗雷格专门回应了逻辑规律与时间的关系问题,即逻辑规律是否能够随时间发生变化。弗雷格认为,"是真的规律与所有思想一样,如果它实际是真的,则永远是真的"⑤。也就是说,逻辑规律是没有时间性的。弗雷格分析,"人们以两种方式使用现在时的时态:第一,说明时间;第二,如果思想的成分是无时间性的

---

　　①　布尔迪厄:《实践感》,蒋梓骅译,译林出版社 2003 年版,第 126 页。
　　②　同上书,第 165 页。
　　③　布尔迪厄:《帕斯卡尔式的沉思》,刘晖译,生活·读书·新知三联书店 2009 年版,第 5 页。
　　④　同上书,第 49 页。
　　⑤　《弗雷格哲学论著选辑》,王路译,商务印书馆 2006 年版,第 228 页。

或永恒的,则取消各种时间限制,例如数学定律"①。弗雷格认为,"'是真的'中的现在时并不是指说话者的现在,而是一种不表述时间的时态"②。罗素也表述过相近的立场。与弗雷格将命题的真值视为它的指称不同,罗素将"命题与使命题或真或假的事实的关系"视为命题的指称③。在《数理哲学导论》中罗素将命题定义为表达真假的符号,在《论命题:命题是什么和命题怎样具有意义》中,罗素又将命题定义为信念的内容,并认为信念的真假取决于该信念所指称的事实。不应该将它们视为两个矛盾的定义,恰恰相反,只有结合这两个定义,我们才能理解罗素与弗雷格在命题指称上的不同。在此基础上,我们才能进一步考虑罗素所说命题的真假与时间的关系。罗素特意表明了自己无时态使用语言的立场,他说:"不管怎样,我打算以无时态的方式使用语言:当我说'那个如此这般的东西存在'时,我不想意指:它现在存在,过去存在,或将来存在,而只是指它存在,不蕴涵任何涉及时态的东西。"④显而易见,以此立场来看命题的真值,那么罗素也回避了命题的真值随时间变化的问题。

与之相对立的立场认为命题的真值会随时间发生变化。根据普莱尔(Arthur Prior)的总结,这一立场可追溯自古希腊逻辑和中世纪经院哲学,然后经穆勒,到皮尔士和斯特劳森。⑤普莱尔在这些前人的基础上提出了时间逻辑的问题。普莱尔的工作可以粗略地概括为,在麦克塔加(McTaggart)的时间 A 理论基础上,即基于"过去、现在、将来"等概念将无时态的一阶逻辑规约到时态逻辑中。他说:"因为我发现自己非常不能够将'时刻'(instants)严肃地当作个体实体(individual entities);

---

① 《弗雷格哲学论著选辑》,王路译,商务印书馆 2006 年版,第 137 页。
② 同上书,第 154 页。
③ 关于弗雷格和罗素就命题理解上的比较请参见陈晓平:《罗素的"命题"与弗雷格的"语句"之比较》,载《哲学研究》2012 年第 4 期,第 82—88 页。
④ 《罗素文集 第 10 卷:逻辑与知识》,苑莉均译,张家龙校,商务印书馆 2012 年版,第 307—308 页。
⑤ Arthur Prior, *Time and Modality*, Oxford University Press,1957,pp.104—122.或霍书全:《普莱尔早期的时态逻辑思想》,载《重庆理工大学学报(社会科学版)》2014 年第 7 期,第 22—27 页。

我不能理解时刻和时刻之间的早晚关系，除非它们是作为时态事实（tensed facts）的逻辑构建。时态逻辑对我而言，如果我能用一个习惯用语的话，那会是形而上学基础性的（metaphysically fundamental），而不仅仅是关于早晚关系的一阶逻辑的人为撕扯出来的一个片段。"①普莱尔将命题区分为时态命题（tensed proposition）和无时态命题（tensed proposition），前者是普遍的，后者是时态命题的特例。在此基础上，普莱尔通过引入 4 个时态算子建构了第一个时态逻辑系统。

这里我们并不打算详细引入和分析普莱尔的时态逻辑，一方面它有自身的问题，尚不足以胜任对类比实践模型的时间性进行逻辑构造的任务；另一方面，对类比实践模型进行包括时间问题的完全形式化已经进入形式化的类比实践模型的领域。我们这里只需要说明类比实践模型的时间性同样需要进行逻辑处理，而不是去时间化。布尔迪厄在批评经院观点的同时也指明了与经院观点相决裂的途径，"如同以笛卡尔主义者的方式呈现的唯心主义的身体-物（corps-chose）观念一样，时间-物（temps-chose），钟表时间或科学时间是经院观点的产物，经院观点在一种时间和历史的形而上学中找到了其表现，这种形而上学将时间视为一种先定的、自在的、在实践之先后之外的现实，或视为一切历史过程的先验（空间）背景。通过重建行动着的行动者的观点、作为'时间化'（temporalisation）之实践的观点，并由此显示实践并不是处于时间之中而是制造了时间（严格意义上的人类时间，与生物时间或天文时间对立），我们就能与经院观点决裂"②。布尔迪厄认为，正是实践的时间性特征让我们有可能科学地阐述实践，而这依赖于习性所实施的总体化的同时化效应。总体化一方面悬置以时间为特征的实践用途，因为"由不同的行为人在不同的情境下依次运用的诸时间对比，在实践中

---

① Arthur Prior, *Papers on Time and Tense*（*New edtion*），Oxford University Press，2003，p.232.译文转引自郭美云：《试析普莱尔基于混合时态逻辑对其时间观的辩护》，载《逻辑学研究》2018 年第 4 期，第 83—93 页。

② 布尔迪厄：《帕斯卡尔式的沉思》，刘晖译，生活·读书·新知三联书店 2009 年版，第 243 页。

从来不可能同时被调动"①；另一方面，总体化又意味着必须应用那些在历史进程中积累起来的永存性工具，即"把完整的时间对比系列并置于一个单一空间的同时性之中，从而在不同层次标志之间彻头彻尾地制造出许多关系"②。可以看出，布尔迪厄这里所谓"时间对比"实际上就是通过类比实践所实现的图式转换，也只有这种类比实践才意味着布尔迪厄所谓"用策略的辩证法取代模型的机械学"③。因此，作为实践图式的类比或类比实践与作为思维方式的类比的根本差异是关于时间观点的差异，前者在实践中将自身时间化，或制造时间，后者将实践去时间化。在此意义上，类比实践模型的逻辑构造不应该去时间化，而应该将实践的时间性逻辑化在该模型中。

---

①② 布尔迪厄：《实践感》，蒋梓骅译，译林出版社 2003 年版，第 129 页。
③ 同上书，第 157 页。

第 4 章　动物行为的类比实践模型

4.1　动物能做类比吗?

　　动物认知研究很大程度上是作为跨物种研究即与人类认知相比较的意义上展开的。对类比研究而言,很自然的问题是,动物能不能做类比? 这一问题源于更一般性的问题,即,认知能力是否为人类所独有,或者说,非人类动物能不能进行推理。为了回答这一问题,动物认知哲学家对人类以外的动物进行了大量比较认知心理学的测试。类比推理作为一种典型的推理形式当然也在测试内容之列。普雷马克(David Premack)等人开始采用样本配对任务测试(The Relational Matching-to-Sample Task)来研究黑猩猩是否能够进行类比推理。随着研究的推进,动物被试的范围不断扩大,对动物的训练内容也在不断调整,样本配对任务测试也在改进。而伴随着这些实验手段的变化,反映出的是对测试效果的不断质疑。

4.1.1　支持 vs. 反对

　　动物能不能做类比? 这个问题本质上是一个动物认知问题,即,类比作为一种推理类型,对动物进行类比测试从而判断动物能不能进行推理。如果动物通过类比测试,这也就证明动物具有人类一样的认知

173

能力。普雷马克分析了对动物进行类比测试的如下几个原因。理论上,这是因为类比推理同时为逻辑学家和心理学家所关注;实践上,类比问题在人类测试中能够也经常基于非口语材料,对缺少大量词汇的动物进行不依赖于口语材料的测试就比较合适,而且类比问题广泛应用于人类智力测试中,类比问题测试可以在人类和黑猩猩之间进行比较。①但是,用类比测试来判断动物能不能进行推理也并非没有局限性。在普雷马克看来,对某一特定动物比如黑猩猩 Sarah 的类比测试既不能自动证明它能进行其他类型的归纳推理或演绎推理,也不具有推理在动植物种类史上的普遍性。②不过,普雷马克的批评也并不否认对动物进行类比测试的价值。

动物是否像人类一样具有认知能力? 这一问题自 19 世纪晚期到20 世纪初就引起了学者的广泛争论。达尔文认为,"人类和高等动物在心灵上的差异尽管很大,但这种差异肯定是程度上的差异,而不是种类上的差异"。③相反,也有一些理论家认为,认知能力为人类所特有。比如,桑代克(Edward Thorndike)认为,人类是推理能力的唯一拥有者,其他动物都不具有推理能力,但是这并不能否定动物和人类在心智上的连续性,它们只是反映了联想的数量、精细度和复杂性在功能上的差异。④当然,由于当时实验条件的限制,这一争论并没有得到最终解决。

20 世纪 80 年代以来,学者开始通过对灵长类动物的实验来为动物能不能进行推理提供直接证据。"35 年来,研究人员一直在通过实地和实验室的测试证明,非人类动物解决复杂问题的能力与人类形成了一个连续体。"⑤这似乎进一步证明了达尔文的观点。但是反对的声

①② Douglas J. Gillan, David Premack and Guy Woodruff, "Reasoning in the Chimpanzee: I. Analogical Reasoning", *Journal of Experimental Psychology: Animal Behavior Processes*, 1981, Vol.7(1), pp.1—17.

③ Charles Darwin, *The Descent of Man, and Selection in Relation to Sex*, Princeton University Press, 1981, p.105.

④ Edward Thorndike, *Animal Intelligence: Experimental Studies*, The Macmillan Company, 1911, p.287.

⑤ Irene M. Pepperberg, "Intelligence and rationality in parrots", in *Rational animals?*, Edited by S. Hurley & M. Nudds, Oxford University Press, 2006, pp.469—488.

音也没有消失,如潘恩(Derek C. Penn)等人认为:"尽管有广泛的比较共识来反对我们,但我们将在本文中提出的假设是,达尔文是错误的:人类和非人类动物之间深刻的生物连续性掩盖了人类和非人类心智之间同样深刻的功能不连续性。"①他们认为,这种心智上的功能不连续性几乎渗透到认知的每一个领域,从空间关系推理到欺骗同类。因此,动物认知仍然是一个有待进一步探讨的问题。

对动物是否具有认知能力的争论很自然地通过类比测试也反映到动物能不能做类比的讨论中。根据玛丽·赫西对类比推理的二维逻辑构造分析,类比是基于纵向关系的横向相似性关系,也就是说,是一种关系的关系,纵向关系是一阶关系,横向关系是二阶关系。动物类比测试中所使用的类比推理是人类智能测试中形如 A∶B=C∶D 的类比推理。为了进行动物类比测试,他们区分了两种相同关系,一种是对象之间的相同关系,一种是关系之间的相同关系。霍利约克和撒加德将前者称为 O 相同(O-sameness),将后者称为 R 相同(R-sameness),"为了理解更加抽象的相同性类型的演变,我们需要做出比日常语言提供的更加精确的区分。我们将对象之间的直接的物理相似性称为 O 相同,将对象间关系的相似性称为 R 相同。为简单起见,我们一般忽略对象和关系之间相似性的程度问题这一明显事实;这样,将它们的等级粗略地划分为表示高度相似的'相同'和表示低度相似的'不同'这样的二值区分"。②对应于类比推理的二维逻辑构造,O 相同是一阶关系,R 相同是二阶关系。因此,动物要能通过类比推理测试,那么它首先需要具有认知 O 相同的能力,然后在此基础具有认知 R 相同的能力。

动物认知科学家通过样本配对任务测试来判断动物是否具有认知 O 相同的能力。比如,第一步给被试提供一个苹果,第二步,再给被试

---

① D. C. Penn, K. J. Holyoak, D. J. Povinelli, "Darwin's Mistake: Explaining the Discontinuity between Human and Nonhuman Minds", *Behavioral and Brain Sciences*, 2008, Vol.31(2), pp.109—130.

② K. J. Holyoak, P. Thagard, *Mental Leaps: Analogy in Creative Thought*, The MIT Press, 1995, p.43.

提供一个苹果和一只鞋，第三步，希望被试能从苹果和鞋中挑出苹果。如果被试能挑出苹果，也就是与样本匹配，那么说明被试能够识别 O 相同。当然这是最简单的版本，而且具体的测试还需要增加测试任务以排除一些例外因素的干扰。霍利约克和撒加德通过实验发现，灵长类动物即使不经过任何特殊训练或行为奖励，它们也能很好地完成 O 相同的匹配任务测试。[1]最新研究表明，许多动物物种，包括黑猩猩、恒河猴、狒狒、鹦鹉、鸽子、老鼠，甚至蜜蜂和大黄蜂，都有足够的认知能力来完成这种一阶关系匹配任务测试。当然这还只是类比推理测试的第一步。[2]

　　非人类动物要通过类比推理测试，还需要证明能够识别 R 相同。在样本配对任务中，研究人员通过将单个对象样本更换为成对样本测试二阶关系。例如，第一步，给被试提供两个苹果，第二步，给被试提供两个锤子和一只鞋子加一朵花，第三步，希望被试能从两对选项中选出两个锤子。样本两个苹果和选项两个锤子都表示相同关系，如果被试能够选出两个锤子，意味着它能将苹果的相同关系迁移到锤子的相同关系上，那么证明被试能够识别 R 相同。道格拉斯·吉兰（Douglas J. Gillan）和普雷马克等人发表了第一份关于动物二阶关系测试的研究成果，他们发现，黑猩猩 Sarah 能够完成这一类比推理测试。[3]但是这一测试结果在其他动物中并不能复制，因此，普雷马克等人认为，专门的语言训练是 Sarah 能够通过类比推理测试的必要条件。[4]但随后汤普森等人通过实验证明，通过类比推理测试并不必然依赖于语言训练，但

　　① K. J. Holyoak, P. Thagard, *Mental Leaps: Analogy in Creative Thought*, The MIT Press, 1995, p.45.

　　② Wasserman, E. L. Castro, & J. Fagot, "Relational Thinking in Animals and Humans: From Percepts to Concepts", in J. Call, G. M. Burghardt, I. M. Pepperberg, C. T. Snowdon & T. Zentall (Eds.), *APA Handbook of Comparative Psychology: Perception, Learning, and Cognition*, Vol. 2, American Psychological Association, 2017, pp.359—384.

　　③ D. J. Gillan, Premack D, Woodruff G, "Reasoning in the Chimpanzee: I. Analogical Reasoning", *Journal of Experimental Psychology: Animal Behavior Processes*, 1981, Vol.7(1), pp.1—17.

　　④ D. Premack, "The Codes of Man and Beasts", *Behavioral and Brain Sciences*, 1983, Vol.6(1), pp.125—136.

至少需要一种形式的符号或令牌训练。①然而,这一研究成果后来也被
证明过于仓促。

　　不经过语言或符号训练即素朴语言状态下的非人类动物能不能通
过关系样本配对任务测试? 早期的研究基本以失败告终。但是研究人
员后来认为,这可能与测试方式有关。乔尔·法戈(Joel Fagot)等人在
关系样本配对任务测试中用图标矩阵代替过去的相同或相异的刺激来
测试狒狒能不能通过关系识别测试。如图所示,左边的图示是过去使
用的测试样本,右边的图示是法戈等人测试中采用的新样本。研究结
果表明,狒狒具有识别关系的关系的能力。②随后,受此启发,库克
(Robert G. Cook)和沃瑟曼(Edward A. Wasserman)将该实验应用于
鸽子,第一次证明了鸽子也具有配对关系的关系的能力。③此后,学者陆

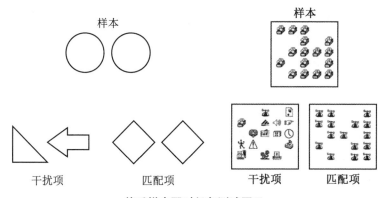

关系样本配对任务测试图示

　　①　R. K. R. Thompson, D. L. Oden, & S. T. Boysen, "Language-Naive Chimpanzees
(Pan Troglodytes) Judge Relations between Relations in A Conceptual Matching-to-
Sample Task", *Journal of Experimental Psychology*: *Animal Behavior Processes*, 1997,
Vol.23, pp.31—43.

　　②　J. Fagot, E. A. Wasserman, & M. E. Young, "Discriminating the Relation be-
tween Relations: The Role of Entropy in Abstract Conceptualization by Baboons(Papio
Papio) and Humans(Homo Sapiens)", *Journal of Experimental Psychology*: *Animal
Behavior Processes*, 2001, Vol.27, pp.316—328.

　　③　R. G. Cook, E. A. Wasserman, "Learning and Transfer of Relational Matching-
to-Sample by Pigeons", *Psychonomic Bulletin & Review*, 2007, Vol.14, pp.1107—
1114.

续证明,卷尾猴、灰鸦等也都具有配对关系之间的关系的能力。[①]越来越多的研究结果似乎表明,类比推理并非为人类所独有。然而,这些实验结果并不意味着非人类动物能不能做类比的问题已经被彻底解决,相反,它们仍然处在激烈的争论之中。

4.1.2　动物认知哲学的观点

克里斯汀・安德鲁斯(Kristin Andrews)在讨论动物认知时从一个有趣的故事开始:一只小狗 Artemis 在追逐一只逃跑的兔子时,在用鼻子嗅了两条岔路后,向第三个方向追了过去。那么这只小狗是在进行演绎推理吗? 从人类的视角而言,它在进行一个典型的演绎推理:

(P1) 要么 A,要么 B,要么 C

(P2) 非 A 且非 B

(C) 所以 C

古希腊斯多亚学派哲学家克利西波斯(Chrysippus)就是这么认为的。但是,这样的解释并非没有问题,比如,它知道演绎推理这些概念吗? 它是根据演绎推理的逻辑规则进行的推理吗? 它相信在第三个方向上能追到那只兔子吗?

所以,安德鲁斯认为,对于动物认知我们可以提出如下三个问题:第一,思维工具问题,即动物用什么进行思维? 安德鲁斯认为,这个问题框定了思维理论即思维的本质的问题。"这些理论都是思维表征理论(representational theories of thought)的各种变体,根据思维表征理论,思想依赖表征,而认知是对心理表征的操作。"[②]安德鲁斯提出,就

---

①　Joël Fagot, "Analogical Reasoning", *Encyclopedia of Animal Cognition and Behavior*, Edited by Jennifer Vonk and Todd K. Shackelford, Springer International Publishing, 2022, pp.245—250.

②　Kristin Andrews, *The Animal Mind: An Introduction to the Philosophy of Animal Cognition*, Routledge, 2020, p.109.

动物认知而言,我们可以考虑如下三个选项,即,语言、图像,或者其他心理表征系统? 就语言而言,根据福多(Jerry Fodor)的思想语言假说,即思想有一种类似语言的结构,动物并不需要有一种像我们用来交流的那种外在语言,而只要有一种心理语言(mentalese)能在大脑中对比如兔子可能向哪个方向逃跑的问题进行信息处理就可以了。图表(diagrams)也是一个可能的思维工具。比如坎普(Elisabeth Camp)认为,狒狒可能是根据分类树来进行思考和表征关系。对狒狒来说,它没有语言通用,表达上也没语言那么复杂,但能解释狒狒用语言假说无法解释的行为表现。①除了语言和图表这两种包含概念构成的工具外,还有其他非概念性的表征工具,比如模拟幅度表征系统(analog magnitude representation system)。研究表明,像鸽子、老鼠等一些动物表现出一定的数量能力,但是它们不能计数。②

　　第二,动物信念问题,即动物有没有信念? 首先,什么是信念? 根据安德鲁斯所谓信念的标准观点(Standard View),"一个信念是一个命题态度,它在指称上是不透明的,在认识上是被认可的,在推理上是统一的"③。也就是说,一个信念首先具有命题结构,信念的内容是通过命题表示的。指称的不透明性是说,当一个作为信念内容的命题被归赋给某人而成为信念时,替换命题中逻辑等价的词项会改变它的真值,即新命题不一定还是他的信念。认知上的被认可是说,信念向我们承诺信念的内容是真的。推理上的统一性是说,我们的信念之间的关系是一致的。正是因为信念具有的这些特征,信念参与促成行为,或为行为提供辩护。那么动物有没有信念? 很遗憾,这个问题存在不小的争议。支持论者如休谟、丹尼尔·丹尼特(Daniel Dennett)、德雷斯克(Frederick Dretske)等,反对者如戴维森(Donald Davidson)、斯蒂芬·

---

① Elisabeth Camp, "A Language of Baboon Thought?", in *Philosophy of Animal Minds*, Edited by Robert Lurz, Cambridge University Press, 2009, pp.108—127.

② Kristin Andrews, *The Animal Mind: An Introduction to the Philosophy of Animal Cognition*, Routledge, 2020, pp.113—115.

③ Ibid., p.117.

斯蒂奇(Stephen Stich)等。安德鲁斯认为,根据标准观点,如果动物有对信念特征的表征,那么它们就有信念。"如果对动物行为的最佳解释是它们有这些特征的表征,那么我们就正当地说动物有信念。"①这实际上为动物信念问题提供了一个可操作性的判断标准。

　　第三,动物思想的理性问题,即,它们是理性的吗? 安德鲁斯认为,本质上这是从动物行为视角如何定义理性的问题。比如它是来自逻辑推理,还是只是与逻辑规则相一致,还是鉴于过去经验和当下情境才是有意义的? Artemis 的行为是在进行逻辑推理吗? 安德鲁斯为我们提供了一种功能进路的解释。"采取功能进路,并将理性理解为在头脑中进行问题求解的一种方式来看,经验科学将可能向我们展示生命体进行问题求解的多重方式——逻辑推理、因果推理,以及统计推理。"②人类具有所有这三种方法,而有些动物只具有其中的某一种或两种。德雷斯克在《解释行为:原因世界中的理由》(*Explaining Behavior*:*Reasons in a World of Causes*)中证明,真正的目的性行为,由行动 M 构成,作为该行动的原因,不仅有对条件 F 的信念,和对结果 R 的欲望,而且对 M 在 F 条件下趋向于产生 R 有明确的表征,即目标意向行为(goal-intended behavior)。他认为,相对于目标导向行为(goal-directed behavior),这是对动物行为更完全的解释。③在《最小理性》(Minimal Rationality)一文中,德雷斯克进一步提出用"最小理性"的概念来解释动物行为,即该行为由思想(信念和欲望)所控制,并且通过它们能对该行为做出解释。最小理性比其他理性如生物理性要求更高,因为它要求动物行为是目的性行为,但又不同于通常所谓的理性,因为它不要求行为的充分理由。在这个意思上,动物能够有最小理性,而植物和机器的行为不具有最小理性。④

----

　　① Kristin Andrews, *The Animal Mind*:*An Introduction to the Philosophy of Animal Cognition*, Routledge, 2020, p.117.

　　② Ibid., p.128.

　　③ Fred Dretske, *Explaining Behavior*:*Reasons in a World of Cause*, The MIT Press, 1991, p.121.

　　④ Fred Dretske, "Minimal Rationality", in *Rational Animals?*, Edited by Susan Hurley and Matthew Nudds, Oxford University Press, 2006, pp.107—115.

当考察动物能不能做类比的问题时,我们同样不可避免地需要面对安德鲁斯的这三个问题。如果动物能够做类比,那么,第一,动物的类比行为是通过语言、图像还是其他表征系统? 当经过语言训练的 Sarah 通过样本配对任务测试时,我们以为它是通过语言在进行表征。当素朴语言状态下其他各种哺乳动物通过图标(icon)版本的样本配对任务测试时,我们又认为它们可能是依赖图表表征系统。还有其他解释可能吗? 如果单就这种动物心理学实验而言,那么或许一切皆有可能。

第二,在动物比较心理学实验中,当动物通过样例配对任务测试,比如黑猩猩,它拥有相关信念吗? 我们如何证明,非人类动物在实验中的表现是和人类在做同样的思考。虽然动物认知作为一种比较心理学研究,要求遵守反拟人化、反人类中心主义和摩根法则等方法论原则,但是作为人类对动物认知的说明始终存在着只能依赖于人类概念的解释困境。例如,就动物类比而言,潘恩和霍利约克等人认为,人类以外的动物在测试中的表现反应的是图标的平均信息量(熵),而不是图标之间的关系①,测试中的被试会认为,包含不同图标的阵列比包含相同图标的陈列具有更多的可变性。因此被试完成匹配任务是基于对相同或不同显示的感知可变性的全局理解,而不是它们的关系特征。

同样,第三,当黑猩猩通过了样本配对任务测试,它是在进行类比推理吗? 或者说,它具有类比推理的理性思维能力吗? 样本配对任务测试能够体现人类的类比认知活动吗? 关系性的样本配对任务测试确实符合类比推理的基本构造:第一步是对一阶关系或源内部的纵向关系的刻画,第二步是从源到靶的比较,是横向相似性的刻画。但是,首先,最简单的现实的类比推理中的一阶关系也不是最简单的两个对象之间的相同或不同,事实上,后来的测试用图标阵列代替了对象对子。其次,人类的类比认知机制会被大体分为检索、映射、抽象和再表示等

---

① D. C. Penn, K. J. Holyoak, D. J. Povinelli, "Darwin's Mistake: Explaining the Discontinuity between Human and Nonhuman Minds", *Behavioral and Brain Sciences*, 2008,Vol.31(2), pp.109—130.

四个子过程，动物完成样本配对任务测试不能确定它按照这个类比认知机制在思考。更何况，现实的类比认知活动是自己检索类比物，而样本配对任务测试的类比物是被直接提供的。从德雷斯克的立场而言，如果一只饥饿的老鼠经过训练学习了为获得食物在键条呈红色时按下键条的行为是一种目的意向行为或最小理性行为，那么同理，我们可以认为，黑猩猩经过训练通过样本配对任务测试的行为也是最小理性行为。但是即便如此，这样限定下的动物类比推理的意义也是极其狭窄的。或许，同样在功能进路下，露丝·米利肯（Ruth Millikan）基于专有功能的动物行为学能够为我们提供一种新的解答。

4.2　基于专有功能的动物行为学

廷伯根（Nikolaas Tinbergen）曾经将动物行为学的方法总结为机制（mechanism）、个体发展（ontogeny）、适应价值或功能（adaptive value）和物种进化（phylogeny）等四个核心问题，但是所有的问题都要从动物行为的列举和描述开始，而米利肯恰恰对动物行为学的这一点提出了批评。"对任何有机体感官输入和行为输出的恰当描述仅仅是阐述这个系统的规则或输入输出规律的所有描述。"①她主张，行为是动物活动功能性的形式，为此，她将行为定义为："1. 它是由动物有机体或其外在部分执行的一种外部变化或活动；2. 它具有生物学意义上的功能；3. 该功能通过环境的媒介或有机体与环境的关系引起的改变来规范地执行。"②因为行为的功能是对环境做出具体的影响，所以行为不可能脱离对环境的参照被隔离和描述。米利肯基于专有功能的动物行为学属于意向性自然化理论的分支之一，即所谓生物学转向或目的论转向的意向性自然化理论。米利肯的专有功能理论有着复杂的概念体系，我在澄清其几组核心概念后，再分析其基于专有功能的动物行为理论。

---

① Ruth Millikan, *White Queen Psychology and Other Essays for Alice*, The MIT Press, 1993, p.136.

② Ibid., p.137.

4.2.1　米利肯的自然主义立场

米利肯的专有功能理论是意向性自然化理论的一个重要分支,即所谓生物学转向或目的论转向的意向性自然化理论。意向性概念最初出自中世纪基督教哲学,布伦塔诺将这一概念引入现代哲学,由此意向性问题成为 20 世纪英美分析哲学和欧洲大陆哲学共同关注的焦点问题。米利肯的意向性概念则是分析哲学研究阵营中意向性自然化的一个重要代表。"所谓意向性的自然化就是用自然科学认识的属性来说明意向性,因此自然化的宗旨就是要建立关于意向性的自然主义理论。"①本来,布伦塔诺(Franz Clemens Brentano)用意向性来指精神性的东西的"关于性"(ofness, aboutness),并由此将精神现象与其他东西区分开。但是米利肯认为,这种"布伦塔诺关系"并不为精神现象独有。自然目的,比如胃的目的是消化食物,保护性的眨眼的条件反射是为了阻止沙子等也体现了"布伦塔诺关系"的意向性,但是,它们既不是精神,也不来自任何精神性的东西。出于对这种自然目的的意向性解释,米利肯提出了建构意向性自然化理论的任务。对米利肯而言,意向性的自然化就是用生物学的功能概念来说明意向性。她说:"在'最为宽泛的'可能意义上,任何具有专有功能的东西都可以说表现了意向性。"②因此,自然主义立场是米利肯生物学意向性自然化理论的出发点。

米利肯明确表达了自己的自然主义立场:

> 作为一个自然主义者,我必须理解自己的自我和心灵以及他人的自我和心灵是自然的一部分。思想,包括我自己的思想必须在自然中被发现,而不是帮助去建立自然。在作为其部分或组成它的意义上构成自然的东西,不能同时在奠基或建立它的意义上构成自

---

①　高新民:《意向性理论的当代发展》,中国社会科学出版社 2008 年版,第 456 页。

②　Ruth Millikan, *Language, Thought, and Other Biological Categories: New Foundations for Realism*, The MIT Press, 1984, p.95.

然。同样,我认知自己的心灵,以及它与世界的关系,在该认知中其
方式必须服从与我借以认识自然世界中其他对象和关系一样的一
般认识论原则。这并不意味着我认知自我的途径必须是通过与认
识其他东西或人以外的世界一样的渠道。它并不阻止我以一种不
同的或特别的方式来获取关于我的信息。但是我所具有的关于自
我的知识必须是真信念,并且必须在认识论上奠基于与自然其他部
分的知识一样的关于真信念和认识论基础的同样的定义或描述。①

我们都知道,维特根斯坦和蒯因等人都是自然主义者,但是他们否认心灵
的自然属性。米利肯在这一段落至少表达了两个核心要点:第一,心灵包
括自我的和他人的,都是自然的一部分;第二,对心灵的认识与对自然界
中其他东西的认识必须遵从同样的一般认识论原则。由此米利肯认为,
相对于康德、维特根斯坦和蒯因,这是最严格意义上的自然主义。

对米利肯而言,自然主义立场被具体化为两个基本点。一是意义
外在论。所谓意义外在论相对于意义内在论,后者认为意义完全由说
话者的特征所决定,或者说,我们内在的心理状态或意向状态决定了我
们指称什么。意义外在论则主张,意义至少部分地由外在于说话者的
特征所决定,或者说,我们的意向状态依赖于我们与外部环境的联系。
例如普特南(Hilary Putnam)提出,概念不是心理表征,心理状态既不
是指称的充分条件,也不是指称的必要条件,语言的使用存在着语言劳
动分工这一被普遍忽视的事实。所以普特南认为,语义学是一门社会
科学,"在人们提出一个精确的关于语言使用者的一般模型以前是期望
不到的"②。但是米利肯指出,意义外在论也遭到了严重的挑战,因为
意义外在论似乎意味着思想者本身无法知道他们在思想什么或者甚至

① Ruth Millikan, "How We Make Our Ideas Clear: Empiricist Epistemology for Empirical Concepts", *Proceedings and Addresses of the American Philosophical Association*, Vol.72(2), 1998, p.65.
② 马蒂尼奇:《语言哲学》,牟博、杨音莱、韩林合等译,商务印书馆 1998 年版,第607 页。

他们是否在思想。某种程度上,米利肯的工作就是为意义外在论面临的挑战进行辩护。米利肯认为强指称论和真理论加上自然主义意味着意义外在论或其认识论对应物。当人们对一个外在对象做出判断时,他们在思想什么? 他们是否真的在思想? 也就是说,外在论欠我们一个解释,这些不同的对象怎样能够被经验地知道? 一个清晰的经验概念就是实践地知道人们正在思想的东西,即一种对经验概念的经验主义认识论。米利肯提出,要应对这一完全合理的指控,需要具备两点,"一是对知道一个人正在想什么的构成做出充分的说明,二是一种完全非整体论的关于经验概念的经验主义的认识论"①。米利肯将自己的工作主要放在第二个任务上,其理论框架就是其自然主义的第二个基本点即进化论立场。

基于进化论立场的认识论观点被称为进化认识论,"那些直接受进化论考量驱动并认为知识的增长遵循生物学进化模式的观点被称为'进化认识论'"②。进化认识论可以区分为认知机制的进化认识论(EEM)和理论的进化认识论(EET),前者关注动物和人类认知机制的发展,后者试图用进化生物学的模型和隐喻解释观念、科学理论、认知规范和文化的演变。虽然进化认识论已经从适应论向非适应论延伸,但米利肯代表了基于适应论纲领的最基础的进化认识论立场。她说:"如果人类是自然生物和进化的产物,那么我们可以合理地认为,人类作为认知者的能力也是进化的产物。如果我们能够相信和知道某物,那必定是因为这些能力和负责这些能力的器官和组织历史上执行了帮助我们繁衍的工作。"③可见,米利肯的认知进化论是认知机制的进化

---

① Ruth Millikan, "How We Make Our Ideas Clear: Empiricist Epistemology for Empirical Concepts", *Proceedings and Addresses of the American Philosophical Association*, Vol.72(2), 1998, p.65.

② Michael Bradie and William Harms, "Evolutionary Epistemology", *The Stanford Encyclopedia of Philosophy* (Spring 2023 Edition), Edward N. Zalta & Uri Nodelman (eds.), URL＝https://plato.stanford.edu/archives/spr2023/entries/epistemology-evolutionary/.

③ Ruth Millikan, *Language, Thought, and Other Biological Categories: New Foundations for Realism*, The MIT Press, 1984, p.7.

认识论，即"人类的认知被认为是一种更原始的精神性的成长，并且被认为有其'功能'。也就是说，负责我们认知能力的机制被认为是一种通过自然选择过程进化而来的生物学适应性"①。

在《认知之幸：一种进化论框架下的外在论》(Cognitive Luck: Substance Concepts in an Evolutionary Frame)中，米利肯基于进化论框架讨论外在论。传统的经验主义认为，我们思考外在对象及其特征的能力是借助于经验获得的，因而这些经验同样也被用于测试和执行这种能力。外在论就是要发展出一种关于经验概念的本质的理论，以此来解释这种测试和执行是如何可能的。然而，外在论为此又主张，为了建立意义，建议优先做出关于我们思想及其对象的因果或历史关系的判断。以卡尔纳普、亨佩尔(Carl Gustav Hempel)以及塞拉斯(Roy Wood Sellars)为代表的 20 世纪中期出现的一些新的外在论主张或许能够解决这一问题。它们一方面带来了意义整体论，但另一方面也隐含着一种概念的真正经验主义的认识论。只是由于整体论，这种概念的经验主义认识论对反击当前对意义外在论的攻击并没什么用。"它意味着，在知道我们的任何概念是否充分，以及因此在知道我们是否在真正进行思想之前，我们需要先达到皮尔士式探究的终点。"②这里所谓"皮尔士式探究"指皮尔士所主张的实用主义的非真理追求的探究，米利肯这里将对经验概念的经验主义认识论视为皮尔士式探究。所以米利肯建议保留其中意义是被经验地测试的观点而抛弃其中的整体论立场。

米利肯认为，在概念的认识论中回避整体论其实很容易，只要存在的经验命题中，每个经验命题都能通过不同的独立的方法进行判断而不是先诉诸经验概念，就足以让包含在具体命题中的概念的独立测试成为可能。因此不要将概念的认识论和判断的认识论混为一谈。概念

---

① Ruth Millikan, *On Clear and Confused Idea*, Cambridge University Press, 2004, p.xii.

② Ruth Millikan, "How We Make Our Ideas Clear: Empiricist Epistemology for Empirical Concepts", *Proceedings and Addresses of the American Philosophical Association*. Vol.72(2), 1998, p.71.

的认识论先于判断的认识论。米利肯特别强调:"关于概念,我们需要回答的问题是我们怎样做它,我们怎样使它们清晰,而不是我们怎样能够知道我们已经成功地使它们清晰了。"①所以米利肯在《米利肯和她的批评者》(*Millikan and Her Critics*)中反复说明何为经验概念:"我已经声明,经验概念某种程度上范例性地构成了透过在不同时间向不同感官的不同近端显示的变化而认识同一末梢对象、特征、种等等的能力。"②"我的主张是,一个有效的经验概念部分地是使用各种手段、各种构想再认同其对象的能力。一个有效的、充分的或清晰的经验概念就是对人们正在想的东西的认知。"③同时米利肯强调达尔文进化论意义上的认知中的选择过程促成了经验概念这一能力的发展。对米利肯而言,经验概念就是专有功能。

4.2.2 再生与专有功能

米利肯的专有功能理论有着复杂的概念体系。这些概念可以分成三个系列。一是"再生"系列,包括再生以及再生家族,后者又分为一阶再生家族和高阶再生家族;二是"专有功能"系列,它分为直接的专有功能、派生的专有功能;三是规范性说明和规范性条件。尤其要注意的是,米利肯强调,这些概念的定义是递归性的。所以她提醒:"我将用概念'再生家族'来定义'专有功能'和'规范性说明'。我们首先根据一阶再生家族获得专有功能,然后这些定义是递归的。"④出于本章的目的,这些概念并不会全部予以详细分析,只是基于类比的实践模型这一主题下,部分地予以说明。

---

① Ruth Millikan, "How We Make Our Ideas Clear: Empiricist Epistemology for Empirical Concepts", *Proceedings and Addresses of the American Philosophical Association*. Vol.72(2), 1998, p.73.

② Dan Ryder, Justine Kingsbury and Kenneth Willford, *Millikan and Her Critics*, John Wiley & Sons, 2012, p.61.

③ Ibid., p.240.

④ Ruth Millikan, *Language, Thought, and Other Biological Categories: New Foundations for Realism*, The MIT Press, 1984, p.24.

所谓专有功能，米利肯说："我的观点是，正是某种东西的'专有功能'将其置于生物学范畴之中，并且这不是根据其力量而是根据其历史才如此。具有一种专有功能就是'被设计'（be designed to）或'被设想'（be supposed to，非人格化的理解）来执行这项功能。"①所以理解专有功能的关键就是理解"被设计"或"被设想"。米利肯专门对专有功能与功能主义做出区分。她以信念为例："传统功能主义认为，不管有什么有趣的功能使信念成为信念，这些功能必须在实际的倾向或能力或有此信念的人中被找到。真信念是信念，假信念也是信念，因此，假信念必然也有这样的能力。"②对此，米利肯批评说，这就像通过在所有肾——正常的肾、患病的肾、畸形的肾——的能力中寻找共同的能力来寻找使肾成为肾的功能一样。所以传统功能主义聚焦于输入输出，以及系统内部运作的方式，希望表明系统内部的情况或者构成其信念的倾向的情况。如果从生物学意义上的专有功能来看，只有真信念能够执行信念的定义性的功能。因此我们只能在真信念和现实外部世界之间的关系中寻求信念的定义性功能，而假信念将只是作为被"设想"有这样那样的与现实世界的关系的东西呈现出来。

米利肯发现，如果去除目的论和目的论解释的概念分析处理方式，那么专有功能与通常所说的"目的"是一致的。事实上诉诸目的和目的论正是米利肯的基本理论特色，她说："诉诸目的论，诉诸功能，对于建立关于内容的自然主义来说是必不可少的。而且使某物成为一种内在表征的东西显然是：它的功能就是表征。"③正是在这个意义上，米利肯被称为新目的论的代表，即一种生物学转向或目的论转向的意向性自然化理论。在意向性自然化运动中，新目的论一改往日目的论的负面形象，被视为 21 世纪最有前途的理论之一。新目的论的基本倾向是目

---

① Ruth Millikan, *Language*, *Thought*, *and Other Biological Categories*: *New Foundations for Realism*, The MIT Press, 1984, p.17.

② Ibid., p.18.

③ Ruth Millikan, "Biosemantics", *The Journal of Philosophy*, Vol.86(6), 1989, pp.281—297.

的论功能主义,"只有当一有机体有真正的组织器官的完整性并能发挥该有机体所具有的功能作用时,才能认为它能够实现如此这般的功能作用。这里的功能必须是目的论意义上的功能"①。更具体地说,米利肯的所谓"功能"是基于进化论立场的"专有功能"。

归根到底,米利肯想要表达的是,要从自然主义的立场去理解专有功能。所以她将专有功能定义为:"物品 A 有功能 F 作为其专有功能,必须满足如下两个条件之一:(1)A 作为某个或某些早先的物品的'再生'(例如作为复制,或复制的复制)而产生,它们部分地具有再生的特征,在过去实际执行了功能 F,而且 A(历史的因果性地)因为这个或这些执行而存在;(2)A 作为某个早先设备的产品而产生,该早先设备在给定环境下会执行作为专有功能的功能 F,并且会在那些环境下通过产生一个像 A 的物品来正常地引起功能 F 被执行。"②满足第一个条件下的功能 F 是作为直接的专有功能而存在,满足第二个条件下的功能 F 是作为派生的专有功能而存在。当然这个定义还不完整,因为在这个定义里,还需要进一步定义"再生"。

"再生"(reproduction)是米利肯专有功能理论的基础概念。准确地说,"再生"所表达的是"复制"(copy)所要表达的意思,但是后者不能体现生物前后代之间的关系,所以米利肯选择"再生",然而并不是在其通常意义上使用。米利肯定义:

> 一个个体 B 是个体 A 的"再生品"当且仅当:
>
> (1)B 和 A 共有一些确定的特征 $p1$、$p2$、$p3$ 等等。并且满足第二条;
>
> (2)A 和 B 具有共同的特征能够根据自然规律或原位运行规律获得解释。并且满足第三条;

---

① 张舟、高新民:《当代心灵哲学中的新目的论》,载《华中师范大学学报(人文社会科学版)》2014 年第 2 期,第 83—88 页。

② Ruth Millikan, "In Defense of Proper Functions", *Philosophy of Science*, Vol. 56 (2), 1989, pp.288—302.

（3）对特征 $p1$、$p2$、$p3$ 来说，解释就共有特征 p 而言，B 为什么像 A 的原位规律是这样一种规律：它在一种可能的决定性（determinable）之下将可罗列的决定性特征（determinates）关联起来。在此可能的决定性之下，p 服从从 A 到 B 的因果性指引，以致任何决定因素成为 A 的特征也必须成为 B 的特征。①

这里还需要做出解释的是两组概念。一是可能的决定性（determinable）与决定性特征（determinates），比如，红或绿等相对于有色的是确定的，有色的（colored）是可能的，因为它未被条件限定；深红相对于红或有色的是确定的。二是自然规律与原位规律，它们都是使 B 不得不像 A 的具体因果性，自然规律固然是一种具体的因果性运行，而原位规律是指通过普遍自然规律加上对实际周围条件的参照而派生的具体规律。在此基础上，延续上述"再生"的定义设定，以复制的方式再生的 B 和 A 构成一阶再生家族，A 是该一阶再生家族的长辈（ancestor），由 A 执行并且正是因为这一功能的执行使得 B 具有 A 共同特征的专有功能是 A 的直接专有功能。

实际上，除目的论功能主义外，还有机器功能主义等其他形式的功能主义。有学者认为，相比之下，目的论功能主义有如下优点："第一，对功能的目的论解释有助于解释心理的东西的被感知到的无缝隙性（seam-lessness）和心理概念的相互连接性。第二，通过把目的论要求加于功能实现的概念之上，我们可避免对于机器功能主义的标准的责难。第三，目的论功能主义可帮助我们理解生物的和心理的规律和本质。第四，如果目的论描述本身能用进化论术语来说明，那么我们心理状态的能力本身就可用最终的原因来说明。第五，目的论观点为对意向性的解释提供了条件。"②米利肯也提到，除她之外，其他一些研究者

---

① Ruth Millikan, *Language, Thought, and Other Biological Categories*: *New Foundations for Realism*, The MIT Press, 1984, pp.19—20.

② William G. Lycan, *Mind and Cognition*: *A Reader*, Basil Blackwell, 1990, pp.58—62, 97—106.译文转引自张舟、高新民：《当代心灵哲学中的新目的论》，载《华中师范大学学报（人文社会科学版）》2014 年第 2 期，第 83—88 页。

也有对生物"功能"的定义①,但是他们都没有在自然选择的进化论立场基础上来定义功能,"每个人都反对基于自然选择的进化为前提对生物学功能的解释,理由是,哈维(William Harvey)在宣布发现心脏功能时并不了解自然选择,或者进化论必须在概念上是正确的,才能在功能定义中发挥此类作用。然而,只有当对功能的定义方案是对功能的概念分析时,这种批评才是有效的"②。

米利肯的"功能"概念需要首先承认进化论的真理性,所以完全不同于概念分析。米利肯区分了三种定义,即约定性定义、描述性定义以及理论性定义。在米利肯看来,概念分析主义者对功能所做的是一种描述性定义的工作。米利肯则在从事一种理论性定义,并且是不同于以往的理论性定义的工作。以往的理论性定义是一种类似于"水是HOH"的科学定义。米利肯提出了一种基于专有功能理论的理论性定义理论,"现在我有一关于理论性定义是什么的理论,一种关于'理论性定义'的理论性定义应当是怎样的理论。不幸的是,这个理论依赖于一种意义理论,而该意义理论进而又依赖于'专有功能'的概念,一个受其监督的概念。但是假如你至少同意理论性定义这一现象,那么我说,我对'专有功能'的定义粗略地说可以视为对功能的一种理论性定义"③。这又一次回到了米利肯所强调的专有功能理论的递归性特征上。专有功能是一种对功能的理论性定义,而所谓理论性定义是专有功能性质的。既然专有功能的定义基于自然选择的进化论立场,也就是说是历史性的,那么理论性定义也是历史性的而不是概念性的。

4.2.3 动物行为与派生性专有功能

要定义派生性专有功能,首先要定义关系性专有功能和适应性专有

---

① Ruth Millikan, "In Defense of Proper Functions", *Philosophy of Science*, Vol. 56(2), 1989, pp.288—302.

② Ibid., p.290.

③ Ibid., p.291.

功能。"一个设备如果其功能之执行或执行之产品承担了与其他某物的某种特定关系，即具有关系性专有功能(relational proper function)。"①米利肯以变色龙为例，变色龙具有一种设备，其肤色能够随其栖居之所的颜色做出相应变化，那么这种变色功能就是一种关系性专有功能。如果该关系性专有功能是一种适应行为，那么它是一种适应性专有功能，"当一个设备在给定具体某物的条件下具有一种关系性专有功能，即被设想为在与其关系中执行该功能，那么该设备就习得一种我所谓的适应性专有功能(adapted proper function)"②。该设备称为"适应设备"(adapted devices)，相应地，"给定的具体某物的条件"被称为"适配器"(adaptor)，"一个特定的适应设备具有某种与其他某物的关系。这个其他某物就是该设备要适应的东西。我将一个设备意图要适应的东西称为该设备的适配器。"③仍然以变色龙为例，给定变色龙坐在一块棕绿色斑点的石头上，变色龙的配色设备就习得一种变成棕绿色肤色的适应性专有功能。给定变色龙坐在黄色斑点的石头上，那么变色龙的配色设备就习得一种变成黄色皮肤的适应性专有功能。棕绿色斑点的石头和黄色斑点的石头就是两个适应性专有功能两次执行时的适配器。

由此，我们可以定义派生性专有功能，米利肯说："适应设备的专有功能派生于生产它们的设备的专有功能，且超出了它们的生产，我将适应设备的这些专有功能称为派生性专有功能。"④"适应设备"是适应性专有功能的产品。仍然以变色龙为例，配色能力是变色龙配色机制的专有功能，随棕绿色石头变成棕绿色皮肤，以及随黄色石头变成黄色皮肤，都是该适应性专有功能的产品，它们就是适应设备，它们的目的是为了不被发现甚至不被吃掉。"不被发现甚至不被吃掉"是这些适应设备的专有功能，它们派生于变色龙配色机制的适应性专有功能，并且超出于这一适应性专有功能对适应设备的生产。以语言为例，一个说话

---

① Ruth Millikan, *Language*, *Thought*, *and Other Biological Categories*：*New Foundations for Realism*, The MIT Press, 1984, p.39.

②③ Ibid., p.40.

④ Ibid., p.41.

者说出了一个词或一个语句的目的或意图对应于这个语言例示的派生专有功能。米利肯还区分了恒定的派生性专有功能和适应的派生性专有功能。如果该派生性专有功能派生于适应设备的生产设备,那么该派生性专有功能是恒定的,如果该派生性专有功能同样派生于适配器,那么该派生性专有功能是适应性的。变色龙的变色系统的派生性专有功能即不被发现甚至不被吃掉并不来自适配器,因此是恒定的派生性专有功能。

现在我们可以根据派生性专有功能来解释动物行为。米利肯提出疑问,"有多少人类行为能够被理解成具有派生专有功能的适应行为?"①她主张,"虽然人类神经系统在使行为适应环境所遵循的一般原则仍然还是纯粹的推测。然而,可以合理地认为,在我们所定义的'适应'的意义上,人类行为确实是适应环境的。②"也就是说,人类行为可以看作是一种适应性专有功能的产品即作为适应设备存在。"无论是最外部的系统,还是在更内部的系统运行中包含的原则和可能的种种灵活性,都必然是基本大脑这一进化设计的原产品所固有的。"③那些服务于再生的重要功能由大脑内外的适应设备的生产所执行和调节以适应个别神经系统的具体环境,比如个别的身体和社会环境等。由此,米利肯指出:"我们也可以合理地推测,我们在人类行为(接近的或不太接近的,有意识的或无意识的)中所确认的各种具体目的对应于这些行为的(直接的或不太直接的)派生的专有功能。"④米利肯认为,大部分人类目的是有意识的目的,这对他们的本质而言是基础性的,正是人类目的的意向性允许了对人类行为的自然主义解释。前面我们已经说过,米利肯基于专有功能的动物行为学既包括人类也包括动物,因此,这里米利肯虽然讨论的是人类行为,但是无疑也适用于动物行为。从自然主义立场来看,一个有机体基于一定的环境所做出的适应行为是一种适应性专有功能。该适应行为与历史上每一次该环境下的适应行

---

①②　Ruth Millikan, *Language*, *Thought*, *and Other Biological Categories*: *New Foundations for Realism*, The MIT Press, 1984, p.47.

③④　Ibid., p.48.

为构成一个高阶再生家族。每一次的适应行为的意图或目的是该适应行为的派生专有功能。一个派生性专有功能的规范解释是其历史上如何规范地执行其功能的解释。相应地每一次对动物行为及其环境的解释都依赖于该规范性条件和规范性说明。

不难发现，基于自然主义立场对专有功能的定义意味着拥有专有功能的东西都有着自己特有的历史。换句话说，如果某样东西没有自己的历史，那么它就没有相应的专有功能。我们可以从米利肯对戴维森的沼泽人实验的分析获得论证。沼泽人实验是戴维森在《知道自己的心灵》(Knowing One's Own Mind)一文中提出的一个思想实验：“我”在一个沼泽地和身边的树桩同时被雷电击中，“我”的身体变成了树桩，而树桩复制了“我”的身体，变成了沼泽人。复制了“我”的身体的沼泽人离开沼泽地，能够认识遇到的朋友，能用英语回应朋友的问候，能回到“我”的房间并继续写作关于彻底解释的文章。没有人能分辨出沼泽人和“我”有任何差别。①戴维森认为，实际上沼泽人和“我”是有区别的，因为他从来没有结识过我的朋友，所以他不可能认识我的朋友，他没有我学习某个词的经历，所以他对某个词是在跟我不同的意义上使用的。但戴维森更依赖于对不同精神状态的分析。米利肯则从生物功能的角度更深层次地论证了这个结论。她认为，戴维森消除了我们使用词语的精神状态所依赖的支撑物，因此也破坏了它们的意义。因为决定某样东西是另一个时间阶段的戴维森还是其空间的另一个个体，不是由分子的重新组织决定的。决定它是人或不是人的，概言之是其“本地的、自然的、此世界的历史”②。正是基于此，米利肯说“沼泽人不是戴维森，在‘人’的通常意义上甚至连人都不是”③。

米利肯所谓“通常意义上”是从专有功能意义上而言的。米利肯用一对重要概念来说明专有功能，即“规范性说明”(Normal explanation)

---

① Donald Davidson, *Subjective, Intersubjective, Objective*, Oxford University Press, 2001, p.19.

②③ Ruth Millikan, "On Knowing the Meaning; With a Coda on Swampman", *Mind*, Vol.119(473), 2010, pp.43—81.

和"规范性条件"（Normal conditions）。"规范性说明是对于某个通过再生建立的家族在历史上如何执行特定专有功能的说明"①，在此说明中的条件就是该家族成员执行专有功能的规范条件。每个再生性家族成员和其专有功能，都存在着较接近和不太接近规范说明的情况，"规范性说明是执行专有功能的案例中的占优说明（preponderant explanation），相应地，规范性说明所参照的规范性条件是该专有功能历史上被执行时的占优的条件"②。而且不管历史上该功能被执行时的实际条件如何，相应的说明也会参照规范性说明和规范性条件进行。所以米利肯特别强调，所谓"规范性"不是在"平均的意义上"而言的，并特意将"normal"写成"Normal"以示区分。因此，所谓专有功能总是就其历史而言的，而这一历史正是该专有功能的执行史。

　　虽然专有功能作为一种功能本身不是行动，但是它既是该专有功能之执行即相应行动的整个历史，也是当下潜在的行动。米利肯专门区分了能力和倾向两个概念。所谓"倾向"是指，"在通常的哲学意义上，某个东西具有以某种方式执行 A 的倾向，就是存在着一些环境，在这些环境下，它根据自然规律将执行 A"③。米利肯进一步解释，"不加限制地说，以某种方式执行的某个倾向必须是，或者(1)意味着一些现实的条件或最可能的条件，它们足以实现该倾向或该倾向足以被经常实现，或者(2)宣称或含蓄地指向某种具体的环境，在此种环境下该倾向被实现"④。第一种情况比如人们具有阳光的倾向（气质），第二种情况比如盐有溶解的倾向。米利肯认为，这两种意义上的倾向都不是能力。就第一种情形而言，存在着不是能力的倾向，比如坏人的坏和人的阳光的气质显然不是一种能力，它意味着某种行动经常被做，而不是能被做。也存在着不是倾向的能力，比如我有杀猫的能力，但是我没有杀

―――――――――――――

　　① Ruth Millikan, *Language*, *Thought*, *and Other Biological Categories*: *New Foundations for Realism*, The MIT Press, 1984, p.33.

　　② Ibid., p.34.

　　③④ Ruth Millikan, *On Clear and Confused Idea*, Cambridge University Press, 2004, p.52.

猫的倾向。就第二种情形而言,倾向跟能力也不是一回事,比如我有走路的能力,却有跌倒的倾向。倾向不是能力,但是能力暗示着倾向。"每个人执行 A 的能力依赖于由他们特定的过去定义的倾向。如果一个人在一定条件下努力执行 A,且该条件说明了他们各自在过去执行 A 成功的原因,那么他们就具有执行 A 的能力。"①此条件也就是米利肯的规范性条件。

4.3　动物行为类比实践模型的逻辑构造

从类比视角而言,再生家族中的每一次动物行为的执行都与其历史上每一次的执行相似,换言之是类比性的,因而我们可以对其进行类比构造分析。这里根据玛丽·赫西的类比模型建构理论对米利肯的专有功能进行重构,即进行专有功能的横向相似性分析和专有功能的纵向关系分析,从而以此论证米利肯的专有功能理论是一种动物行为的类比实践模型。在此基础上,我们尝试探讨动物行为的类比实践模型对人类行为的类比实践模型的补充论证。

4.3.1　基于专有功能的纵向关系构造

类比构造的纵向关系分析是类比构造中源域或靶域的内部诸要素之间的关系分析。就米利肯的动物行为学而言,适应性专有功能和派生性专有功能的执行及其环境是类比构造中的源域,那么作为适应性专有功能之当下执行的动物行为及其派生性专有功能与周围环境的关系分析,即为类比构造中源域内部的关系分析。

在基于专有功能的动物行为学中,动物行为作为一种适应性专有功能,总是对某种环境的适应,该特定的环境就是每一次该功能执行时

---

① Ruth Millikan, *On Clear and Confused Idea*, Cambridge University Press, 2004, p.61.

的适配器。米利肯认为,一个适应设备往往既要适应先前的适应设备,又要适应该先前的适应设备的适配器。以蜜蜂为例,一只蜜蜂在观察了另一只蜜蜂的飞舞之后,既要适应该蜜蜂飞舞的造型,也要适应该蜜蜂飞舞的方向。相反,一种适应设备如果不具备它与某种适配器应该具有的关系,它就对这种适配器不适应。米利肯还区分了即时适配器和原始适配器。前者指当下要适应的东西,后者是适应设备最初要适应的东西。蜜蜂所适应的之前蜜蜂飞舞的方向指向的地点,或者变色龙之前所处的位置都是原始适配器。米利肯认为原始适配器是最不相干的东西。所谓"最不相干"从表述上而言可能过于极端,但是从类比构造的角度而言也不难理解,因为从与原始适配器的适应转向与即时适配器的适应,正是从源域向靶域的迁移。

派生性专有功能与适配器的关系取决于该功能本身的特点。适应的派生性专有功能来自与适配器相适应的适应性专有功能的执行,因此与适配器有着直接的关联性。恒定的派生性专有功能由于来自适应设备的生产者,而非来自适配器,似乎与适配器没有直接的关联性。但是,无论是适应性专有功能还是派生性专有功能,它们首先都是关系性专有功能,也就是说,它们的功能首先是创造关系结构。"与任何其他专有功能一样,一个机制的关系性专有功能对应于一个效果,该机制的祖先历史上有过这个效果,并通过这个效果来说明它们的选择。在这一情况下,该效果就是创造一种抽象的关系结构。"①用米利肯的话说,"为了简化对这些复杂的关系结构和过程的描述"②,她才引入了适应性专有功能和派生性专有功能。所以米利肯认为,"所有派生性专有功能都是以相同的方式被适应的"③。

可见,从类比构造的纵向关系来看,米利肯所谓动物行为与其环境之间是一种生物学的适应关系。所谓"适应性"(adaptation),一般意义上而言,它"可以被定义为个体对环境在生理、行为和结构上的改变/变

①②③ Ruth Millikan, "Wings, Spoons, Pills, and Quills: A Pluralist Theory of Function", *The Journal of Philosophy*, Vol.96(4), 1999, pp.191—206.

化"①。这一定义也区分了适应性的三种类型:结构适应性是生物有机体在身体及其部分(比如牙齿)的结构以及大小上的变化,生理适应性与不同生物体的化学和代谢变化有关,影响动物行为的适应性则是行为适应性。"行为的适应性取决于行为对适应(fitness)的影响,即它如何影响生存和再生上的成功。这反过来又取决于行为对环境条件的适应程度。"②由此看来,米利肯所谓专有功能的适应关系也是一种行为适应性。

米利肯所谓"适应"关系,是一种动物行为之于环境的当下调节关系。"这些功能是通过改变有机体和需要的环境之间的关系来执行的,以便该环境将为有机体提供恰当的条件和输入。这些功能中,有些涉及对环境的改变以适应(fit)有机体,有些涉及改变有机体以适应环境,还有些只是改变有机体和环境之间的空间关系,或者有些是三种情况都有涉及。"③但她专门提醒,这一适应关系与进化所导致的生物有机体具有的"适应性"是不同的。后者恰恰所反映的是生物有机体基于环境的永久性调节,而前者的调节是专有功能的每次执行。但是不应该将米利肯对"适应性"的这种说明视作与永久性调节的适应性具有根本性的差异。更准确地说,它就是如米利肯所描述的字面上理解的差异,是永久性调节和该永久性调节的当下执行之间的差异。专有功能是永久性调节的适应性,专有功能的每一次执行是米利肯意义上的适应性。

米利肯专有功能意义上的适应性,其价值恰恰体现在它作为一种类比模型的纵向关系。保罗·巴萨在其详描模型中,根据纵向关系的详描或"先在的关联性"的方向性,即已知的正相似(P)与可能的类比(Q)之间在逻辑、因果或解释上的前后关系将类比区分为四种:预测性类比(P→Q)、解释性类比(P←Q)、功能性类比(P↔Q)和相关性类比

---

① Tripta Jain et al., "Adaptation", *Encyclopedia of Animal Cognition and Behavior*, Edited by Jennifer Vonk and Todd K. Shackelford, Springer International Publishing, 2022, pp.63—68.

② Ibid., p.79.

③ Ruth Millikan, "Wings, Spoons, Pills, and Quills: A Pluralist Theory of Function", *The Journal of Philosophy*, Vol.96(4), 1999, pp.191—206.

(P↓Q)。这四种类比揭示了四种纵向逻辑关系。就具体理论指向而言,米利肯的适应性专有功能不同于布尔迪厄的本体论合谋、瓦雷拉的操作闭圈,或安迪·克拉克的连续交互因果,但是在逻辑上,它们都例示了功能性类比模型。

米利肯的这种功能性类比模型的特殊性在于,作为专有功能的当下执行,对其进行解释却不能不依赖于规范性说明和规范性条件。我们已经知道,对适应性专有功能和派生性专有功能的规范性说明和规范性条件是该功能历史执行的最优条件和最优说明。因此从类比构造的角度而言,它是属于源域内部的纵向关系分析。但是对于适应性专有功能和派生性专有功能而言,适应设备和适应性以及派生性专有功能可能是全新的设备和功能。比如变色龙配色系统当其在棕色石头上时会变成棕色皮肤,当其在绿色石头上时会变成绿色皮肤,这都是在执行适应性专有功能,但是它们的适应设备是不一样的。它们之所以能够被看成类比是因为每次执行该功能时都在构造同样的关系结构,但对该功能的规范性说明应该如何提供?米利肯给出的解释是,一个适应性专有功能是适应一个给定背景的关系性专有功能。如果该关系性专有功能被规范地执行,那么显然,该适应性专有功能也是被规范地执行。而一个适应设备如何执行一个派生的不变功能的规范解释首先必须说明,该适应设备是如何产生其结果的,而该结果是其本身的某些方面的一个函项。然后第二,规范性说明的规范条件,即适应设备是如此与其他东西——被设想来适应的那种东西——在规范意义上相关。以变色龙为例,如果这一颜色匹配变色龙栖居之所的规范条件不被提及,那么就不会有任何对我们的变色龙的棕绿色斑点如何避免它被吃的规范解释。

4.3.2 基于专有功能的横向相似性构造

类比构造的横向相似性分析是指类比推理从源域到靶域的迁移分析。类比构造要求一系列已知相似性,以此为基础才能实现从已知相似性到进一步相似性的迁移。对动物行为而言,这意味着适应性专有功能的相似、适配器或环境的相似性和再生家族即每次行为的相似性。一只觅食的小鸟试图吃掉一只黑色蝴蝶。这只蝴蝶由一种有毒的乳草喂养,鸟类吃了会引起呕吐。在经过一次糟糕的经历后,我们的小鸟又看到了一只美味的黑色蝴蝶,一只看起来非常像有毒的蝴蝶,尽管它没有毒。小鸟最终飞走了,错过了一次享用美味的机会。这是德雷斯克用来说明最小理性的事例。虽然小鸟最终没有吃这只黑色蝴蝶,但是该行为由其思想(信念和欲望)所控制,并且通过它们能对该行为做出解释。从米利肯的专有功能角度来说,这当然是一次失败的适应性专有功能的执行,但对它的解释应该根据规范性条件和规范性说明来进行。因此,这次行为也是一次适应性专有功能的执行,蝴蝶是这次专有功能执行的适配器。如果它符合类比逻辑机制,那么它其中必定也包含了横向相似性构造,即适配器的同一性和专有功能的同一性。

环境的同一性,尤其是适配器的同一性,对米利肯而言,需要分成几个层次。首先是作为客观性的同一性,无论是在空间上的同一性,还是在时间持存上的同一性,它被称为同一性的本体论。米利肯认为,"如果语言因其映射世界而拥有其力量,那么它所映射之事物各重要变项的同一性或自身相同性,必须是一种客观的或独立于思维的相同性,一个由它来解释语言或思想的操作,而不是被此操作来解释的相同性"①。换句话说,语言只是对事物自身同一性的映射或表征。事物的自身同一性则来自"实体"(substance)。这个概念来自亚里士多德。在亚里士多德那里,形式、质料和个体都是"实体",在另一个意义上,种是第一实体,而特征是第二实体。米利肯的实体囊括了这些解释,从"实在的种"(real kinds)的意义,到"个体"的意义,总之是能够成为对象之知识的一切信息。实体的同一性或自身性意味着对个体中相反

---

① Ruth Millikan, *Language*, *Thought*, *and Other Biological Categories*: *New Foundations for Realism*, The MIT Press, 1984, p.239.

特征的自然意义上的必然拒绝。对时间上持存的对象的同一性问题最终是关于统一原则的问题，该统一原则将时间上的部分集合为整体的持存对象。这个统一原则也与实体有关，或者说是"次本质"（sub-essence）。它是实体，也是统一的原则。进一步的问题在于，时间上持存的对象如何被认为是同一的？这在米利肯那里是同一性的认识论问题。

在此之前，我们首先要明确一个问题。当我们说动物行为是一种专有功能的执行时，其主体是包括人在内的动物有机体。这并非无关紧要。因为米利肯的专有功能在很多情况下是对于有机体的部分而言的，比如心脏的功能在于泵血。也许对不同专有功能而言，其生产设备只是生物有机体的一部分。但是，作为动物行为，尤其是考虑到该行为的派生性专有功能即该行为的意图、目的（在德雷斯克那里，这被称为目标意向行为）其主体只能是包括人在内的动物。而事实上，有些行为从不同方面而言同时包含着多种功能。比如米利肯以木匠手头的工具为例。这些工具都是被复制的，对这些工具而言，有着自己的直接专有功能。但是对于设计者而言，每一个工具的制造都体现着设计者的意图这一派生性专有功能。特定的使用者使用工具的意图与设计者的意图相一致，但是，这是特定使用者的行为的意图或派生性功能，既不是工具的功能，也不是设计者的功能。

每一次的动物行为如何被视为同一？这里，我们回到了米利肯的主题，即经验概念的经验主义认识论。在米利肯看来，基本的经验概念就是再认同的能力。你关于猫的概念就是再认同生物学上的猫这一个种的能力，它由某种具有这一特定的再认同作为其专有功能的机制来执行。它不是通常意义上的概念，它先在于关于判断或概念的认识论。后来米利肯干脆生造了一个新词"Unicept"来代替此前一直使用的"经验概念"（empirical concepts）。她说："自从《语言、思想和其他生物学范畴》以来，我谈论了这么多年的东西其实不是经验概念，而是'Unicept'。'uni'是'一'，'cept'指拉丁语'capere'，是抓或拿的意思，Unicept 就是指在众多近端刺激收集到的信息中提取并把握为一个末梢对象、特征、种等等。"①根据米利肯的意思，我将"unicept"翻译成"执念"。"执念"由"执元"（unitracker）执行，它是动物有机体的某个设备，执念就是由"执元"所执行的追踪同一的专有功能。

需要说明的是，动物和人类虽然都具有"执念"，但是两者仍然有着本质的区别。人类发展出"理论性执念"（theoretical unicepts），而动物从来没有超出"实践性执念"（practical unicepts）的范畴。执念作为一种追踪同一的专有功能，动物只能在实践中获取对实践直接有用的信息，而人类的显著不同就是"他们习得在实践中没有任何用处的所有事物的执念"②。米利肯区分了两种符号，附属符号（attached sign）和独立符号（detached sign）。前者是包括当下时空信息的符号，后者则是不包含当下时空信息的符号。米利肯认为，能否理解独立符号是区分人类和非人类动物的重要标准，"由人类而不是非人类动物理解的大部分东西依赖于对独立符号的阅读，这可能标志着他们之间的基本区分"③。非人类以外的动物只能理解附属符号，只能感知环境可载（affordance）④，收集程序知识，能够学习它所遭遇的世界中对它而言的很少的部分和片面的知识，学习如何使用和处理仅此而已的知识。它们不能解释独立符号，不理解语言。因此，它们的行为受它们对当下环境可载的感知和预期所引导。当人类在对动物进行训练时，动物的行为是来自对获得奖赏或逃避惩罚这种当下环境可载性（affordance）的认知。与动物不同，人类通过解释独立符号（主要是语言符号）的能力，能

① Ruth Millikan, *Millikan and Her Critics*, Edited by Dan Ryder, Justine Kingsbury, and Kenneth Williford, Wiley-Blackwell, 2012, p.281.

② Ruth Millikan, "What's Inside a Thinking Animal?", *Deutsches Jahrbuch Philosophie*, 2013, Vol.4, pp.889—893.

③ Ruth Millikan, *Beyond Concepts: Unicepts, Language, and Natural Information*, Oxford University Press, 2017, pp.188—189.

④ "affordance"一词来源于吉布森（James J. Gibson），反映有机体基于环境信息产生行为的可能性，也可以作为复数，反映有机体可以理解的环境的信息量。常见译法"可供性"显而易见是基于环境的视角而不是有机体和环境耦合的视角，因此笔者将其翻译为"可载"（复数）或"可载性"。薛少华（《动缘：动物心智问题的新方法论》，载《中国社会科学评价》2021年第4期）将其翻译为"动缘"，从其解释来看，意义当然没有问题，但是翻译过于跳脱，不够直白和自然。

够大量、详细地收集关于世界的各方面和各部分、过去和现在、经历和从未经历的知识。

　　严格来讲,无论是理论性执念,还是实践性执念,它们的每次执行并非同一,而只是相似,它们构成再生家族。前面已经提到,直接专有功能的定义以再生概念为前提。相应地,"源于某个或某些相同原型(model or models)的相同特征的复制性再生而具有相同或相似再生性特征的个体的集合形成一个一阶再生家族"[①],与之相对的还有高阶再生家族。需要注意的是,只有一阶(first-order)再生家族成员是彼此的复制品。高阶再生家族只能根据一阶再生阶家族的专有功能和规范性说明来定义。"由某个再生家族的成员以该家族的某一直接专有功能根据规范性说明生产的所有彼此相似的项目的集合形成一个高阶再生家族。"[②]比如子女的心脏跟父母的心脏并不是直接复制的,所以不是一阶再生家族,而是形成高阶再生家族。米利肯随后又提出了两个更宽松的定义,做出的调整有两个,一是这些项目的生产是由专有功能但不一定是直接的专有功能生产,二是这些项目由专有功能根据近似的规范性说明而不要求根据完全的规范性说明生产。因此,我们从高阶再生家族中能够获得三个方面的相似性,一是成员的相似性,二是同一种专有功能,三是该专有功能执行时的规范性说明。正是基于这些已知相似性,我们可以类比地推断,由此产生的每一个项目都是相似的,都属于该高阶再生家族。

　　现在,我们可以说明小鸟错过了美味的黑色蝴蝶的行为。这只小鸟具有追踪黑色蝴蝶的适应性专有功能或执念,黑色蝴蝶是当下适应性专有功能执行中的适配器。按规范性条件和规范性说明的要求,虽然小鸟将本来并不同一的蝴蝶视为同一是当下失败的一次适应性专有功能的执行,但是这一失败的行为不影响通过适应性专有功能对这次行为做出解释。

---

　　①　Ruth Millikan, *Language*, *Thought*, *and Other Biological Categories*: *New Foundations for Realism*, The MIT Press, 1984, p.23.

　　②　Ibid., p.24.

4.3.3 对人类行为的类比实践模型的补充论证

布尔迪厄在其一般实践理论中描述了习性的如下特征：第一，"习性的预测是一种建立在既往经验之上的实践假设，对最初的经验特别倚重"①；第二，"同一阶级不同成员的个别习性趋向统一：各个体行为倾向系统是其他个体行为倾向系统的结构变体"②。这两个特征实际上是一致的，因为布尔迪厄认为习性在对属于同一阶级的成员统计学上共有的经验所进行的唯一合成受最初的经验支配。而习性对最初经验的倚重又依赖于另一个更为根本的特征，即习性的持久性或韧性。布尔迪厄说："最初的经验具有特殊的影响力是因为，习性倾向于确保自身恒久不变的性质，确保抵御在新信息间做出选择的过程中发生的改变……"③于是在此基础上，有学者开始讨论习性发生改变的可能性，并认为布尔迪厄没有对习性这一根本特征给出充分的解释④。产生这些误解的关键在于，他们没有抓住习性的类比机制这一核心环节。习性的持久性本质上是习性类比机制的持久有效性，因此从类比逻辑出发，习性的改变问题并不会出现在布尔迪厄的理论进路中。

对布尔迪厄而言，真正需要严肃对待的问题是，基于相似性的类比如何从已知相似性迁移到进一步的相似性。布尔迪厄恰恰在这一问题上遇到了困难。一方面，作为身体倾向或身体素性的习性所要建立的实际上是身体空间与社会空间之间的等价关系。但他对身体的理解来自帕斯卡尔（Blaise Pascal），即认为身体是作为储存器而存在，那么作为储存器的被动身体何以能够建立起这种等价关系？退一步说，依照

---

① 布尔迪厄：《实践感》，蒋梓骅译，译林出版社 2003 年版，第 82 页。

② 同上书，第 93 页。

③ Pierre Bourdieu, *The Logic of Practice*, Translated by Richard Nice, Polity Press, 1990, pp.60—61.

④ Richard Jenkins, *Pierre Bourdieu*, Routledge, 1992, p.49；Ricardo L. Costa, "The Logic of Practices in Pierre Bourdieu", *Current Sociology*, 2006, Vol.54（6）, pp.873—895；Nick Crossley, "Habit and Habitus", *Body & Society*, 2013, Vol.19 （2&3）, pp.136—161.

身体的这种被动逻辑,对身体的激活又何从谈起?因此,布尔迪厄实际上需要一种对身体意向性的说明来为习性的类比机制提供基础。而在另一方面,虽然布尔迪厄对胡塞尔和梅洛-庞蒂多有借鉴,但他所要建立的实践模型旨在超越主客二分法,因此现象学传统下的身体意向性解释对布尔迪厄来说也不具有直接适用性。

布尔迪厄这种具有一定习性的社会行为人很难被理解为传统意义上的自我,这存在着两方面的困难。第一,在传统哲学中,自我与主体相关联,如胡塞尔和梅洛-庞蒂所示。但是,布尔迪厄的这种社会行为人不是传统意义上的主体,社会行为人与社会世界之间也不是主体与对象的关系,而是一种"本体论合谋"。所以布尔迪厄说,"由于习性是既无意识又无意志的自发性,故它不同于机械的必然,也不同于反省的自由,不同于机械论的无历史事物,也不同于唯理论的无惰性主体"[1]。第二,在传统哲学中,自我是在主体的反思意义上而言的,而反思总是包含着意识的参与。但是,布尔迪厄所要反对的正是这种现象学自我意识层面的反思。他所说的反思性是要对社会学实践进行监控,让分析者的位置同样面对社会学分析,也就是对客观化的主体进行客观化,即所谓"参与性客观化"。"参与性客观化所要探讨的不是认知主体的'活的经验',而是该经验,更准确地说,是该客观化行为本身的可能性的社会条件及其效果和局限。它旨在客观化与对象的主观关系,这种客观化不是要导致一种相对的和或多或少反科学的主观主义,而是真正科学的客观性的条件之一。"[2]所以布尔迪厄在这个意义上将他的社会学称为"元社会学"或"社会学的社会学",而这样的社会学研究所从事的工作对研究者而言,都意味着自我分析。因此这个自我不是在对社会行为人的认同意义上的自我,不是传统意义上的自我。总之,无论是在习性类比机制的运作问题上,还是如何看待类比运作的主体问题上,都存在着在布尔迪厄理论自身内部无法解决的问题。米利肯的专

---

①　布尔迪厄:《实践感》,蒋梓骅译,译林出版社 2003 年版,第 86 页。

②　Pierre Bourdieu, "Participant Objectivation", *The Journal of the Royal Anthropological Institute*, 2003, Vol.9(2), pp.281—294.

205

有功能理论为它们的解决提供了重要思路和线索。米利肯曾专门强调，她所谓的"动物行为学"也包括人在内。

米利肯认为习得的能力属于一种派生的专有功能，由此，我们可以说明布尔迪厄习性的类比机制。我们知道习性的形成来自原始习得的反复灌输。因此实际上习性的获得是一个反复操练以致娴熟的过程。每个社会都提供了一些结构练习以传达实践性娴熟的特定样式。而且布尔迪厄进一步认为："事实上在结构化空间和时间中执行的一切行动都直接获得了象征资格，并作为结构练习发挥作用以便建立对基本图式的实践性娴熟。"①换句话说，反复灌输过程是习性的不断形成与实现或者说内化与外化的再生产过程。而这一过程是通过类比机制即"由习性在已经获得的对等关系基础上实施的图式转移"②来实现的。但是习性的这一类比机制除了来自生物有机体自身即专有功能的类比机制外，不可能有任何别的来源。社会行为人在每次特定条件下的行动即习性的实现都在执行着某种适应性专有功能并具有派生的专有功能。正是 Unicept 将每次的行动统一于社会行为人，成为建立类比中对等关系的关键。没有生命有机体的专有功能这一类比机制，习性的类比根本无从谈起。当然习性中的每次行动作为一种关系性专有功能需要在一定的条件下才能实现，才能激活专有功能的类比机制。

米利肯明确表示，"执念（Unicept）不是倾向而是能力"③，但是米利肯的意思并不是说，执念这种追踪同一的能力与倾向无关。恰恰相反，每个这样的能力都对应着倾向，而倾向是由历史定义的，"如果每个人在自己过去成功执行了 A 的条件下尝试执行 A，那么他就具有执行 A 的倾向。当然如果他们没有这样的倾向，那么他们也就失去了执行

---

① Pierre Bourdieu, *The Logic of Practice*, Translated by Richard Nice, Polity Press, 1990, p.75.

② 布尔迪厄：《实践感》，蒋梓骅译，译林出版社 2003 年版，第 147 页。

③ Ruth Millikan, "What's Inside a Thinking Animal?", *Deustches Jahrbuch Philosophie*, Vol.4, 2013, pp.889—893.

A 的能力"①。所以决定倾向表现为能力的是帮助我们习得该能力的
条件。执念这一追踪同一的能力的实现需要依赖两部分,一是由其历
史所定义的倾向,一是历史中成功执行的条件。

这样我们发现,布尔迪厄的实践模型也可以说是一种米利肯的动
物行为学模型。在《区分》中布尔迪厄提供了实践的一般公式,"[(习
性)(资本)]＋场域＝实践"②,随后在说明客观阶级时认为,阶级是"被
置于一致的生存条件中的全部行动者,而这种生存条件对行动者施加
一致的条件作用,使他们产生能够引起相似实践的一致的倾向系
统"③。也就是说,对客观阶级的定义是由他们一致的阶级习性来定义
的,而布尔迪厄这里对阶级习性的定义几乎是米利肯根据条件和历史
对倾向进行定义的翻版。所谓"一致的生存条件"和"一致的条件作用"
指场域和场域的运作逻辑,如果行动者能因此产生相似的实践,那么当
处于这种一致的生存条件时他们就具有了一致的阶级习性。其中的逻
辑关系源于专有功能的类比逻辑。

需要说明的是,从执念出发为习性的类比机制提供补充论证只是
表明布尔迪厄的理论逻辑与米利肯的专有功能理论之间存在着一定的
理论共同性,但两者的理论目标并不一致,前者旨在建立一种生物语义
学,或如何使我们的观念变得清晰,后者是要建立实践的一般科学。更
为关键的不同在于习性本身。米利肯的专有功能本质上就是"目的",
所以被称为"新目的论"④。相反,虽然我们在某些方面比如场域的发
展、实践的逻辑经济学等方面都能够看到生物进化论对布尔迪厄的影
响,但其理论本身并不认同社会进化论,而基于习性是历史的产物,他
认为习性的实现即实践只是表面上与未来相似或由未来决定,所以他
称之为目的论幻觉。

---

① Ruth Millikan, *On Clear and Confused Idea*, Cambridge University Press, 2004, p.62.

②③ Pierre Bourdieu, *Distinction: A Social Critique of the Judgement of Taste*, Translated by Richard Nice, Harvard University Press, 1984, p.101.

④ 高新民:《意向性理论的当代发展》,中国社会科学出版社 2008 年版,第 490 页。

　　另一方面，如果就自我作为对自身认同的本义而言，以米利肯的执念对布尔迪厄习性类比机制的补充论证为基础，那么布尔迪厄意义上具有一定习性的社会行为人也能被理解为自我。布尔迪厄的这一自我代表了一种自我研究的情境化进路。①所谓情境化进路意味着对抽象的实体性自我的反对，而将自我视为个体在具体情境中的自我发现和自我创造。对米利肯而言，这个情境指专有功能发生的规范条件，对布尔迪厄而言，这个情境指个体所处的具体场域，所以正如布尔迪厄所说："社会场是漫长和缓慢的自主化过程的产物，可以说是一些自在而非自为的游戏，故在社会场情况下，人们不是通过有意识行为参与游戏的，而是生于游戏，随游戏而生……而在这一过程的终了，各个不同的场将获得具有场的正常运作所必需的习性的行为人。"②布尔迪厄将每一次的实践比喻为游戏，而每一次的实践或游戏都是一次自我的创造和呈现。

　　米德(George Herbert Mead)的自我作为主我与客我的统一也是一种典型的情境化研究理论，即认为自我本质上是一种社会结构，并产生于社会经验。自我的发展经历了从游戏阶段到竞赛阶段的转变。在前一阶段，个体采取共同参与的社会动作中其他个体对他的特定态度。在后一阶段，参赛人采取的是其他参赛人的态度的整体即"泛化的他人"的态度，此即"客我"，然后以此作为自我行动的原则，此即"主我"，态度的内化通过表意符号即语言的互动来实现。"客我"和"主我"分别作为自我的被动性或社会性和主动性或生物性的一面，共同构成一个出现在社会经验中的人。但是正如布尔迪厄所批评，社会心理学把身体化的辩证关系定位于表象层面，意味着一定程度的自我评价，这一界定难以让人接受。③这首先是因为，所有参赛人组成的社会共同体具有的评价图式一开始就为参赛人占有。还因为，身体与习性的关系无论是作为原始习得的实践摹仿还是反复灌输都在未触及意

---

① 费多益：《自我研究的情境化进路》，载《哲学动态》2008 年第 3 期，第 60—66 页。
② 布尔迪厄：《实践感》，蒋梓骅译，译林出版社 2003 年版，第 103 页。
③ 同上书，第 111—112 页。

识之前就已完成。因此,根本原因实际上还在于实践的内在逻辑即习性的类比机制。米利肯的"执念"理论对习性类比机制的补充论证的意义正是在于,它实现了布尔迪厄习性的形成与实现的类比逻辑机制的完整闭环。

第 5 章　人工智能的类比实践模型

5.1　人工智能的类比逻辑机制

人工智能的逻辑机制问题是人工智能研究中的基础议题之一。吉内塞雷斯（Michael Genesereth）和尼尔森（Nils Nilsson）的《人工智能的逻辑基础》（*Logical Foundations of Artificial Intelligence*）将人工智能涉及的逻辑学知识都梳理了一遍，但也正因为如此所以显得太过具体，更侧重于具体的逻辑学作为方法在人工智能中的应用。摩尔（Robert C. Moore）在其《逻辑和表示》（*Logic and Representation*）一书中对逻辑学在人工智能中的角色有一个专门的概括，即"（1）逻辑作为分析工具，（2）逻辑作为知识表示形式主义和推理方法，（3）逻辑作为编程语言"①。沿着这一思路，我们可以从如下三个层次来理解人工智能的类比逻辑机制：第一，类比作为人工智能的基础理念；第二，类比作为知识表示的基本途径之一；第三，类比作为人工智能的具体推理方法之一。

5.1.1　从人类心灵到人工智能

人工智能，从根本上说，是对人类智能的模拟。当图灵提出"机器

①　Robert C. Moore, *Logic and Representation*，CSLI Publications，1995，p.3.

能够思维吗?",这一问题本身就是一个类比推理问题:"人:能思维＝机器:能思维?"但是,这一问题能被类比地提出,隐藏着一个关键的相似性预设,即,人的思维和机器的思维的计算理解。如果没有这一预设的前提,图灵不可能提出这一机器思维的问题。

虽然认知计算主义到 20 世纪 50 年代才与人工智能相伴而生,但是心灵可计算的理念由来已久。科伦坡(Matteo Colombo)和皮其尼尼(Gualtiero Piccinini)甚至将它一直追溯到中世纪逻辑学家和神学家拉蒙·鲁尔(Ramon Llull)①。以此为起点,计算主义的发展可以大致分为三个阶段,第一阶段是近代心灵可计算理念的提出。霍布斯提出了推理即计算的初步观点。莱布尼茨的《普遍语言》为计算主义设计了最初的蓝本和研究目标。霍布斯区分了两种心灵,即自然心灵(natural mind)和语词心灵(worded mind)。前者只具有被动的认知能力,动物也具有这种自然心灵;而只有人类拥有语词心灵,关键在于只有人类能够使用语言。"语言的获得不仅意味着思维可以是一般性或类型化的,同时,也假定了思维可以具有一种主动的、自愿的属性。"②类型化的思维意味着,每一个普遍的名词都和其外延相联系,因此我们可以将名词与其指称的对象领域联系起来,这样,"我们可以将某一名词的外延加上或减去另一名词的外延,并得出一个结果——特别地,看看这个结果是否是另外一个名词的外延"③。正是在这个意义上,霍布斯认为,推理本质就是计算。"在我看来,推理不过是一种计算。所谓计算,要么是将不同的事物相加起来,要么是将一个事物从另一个事物中减去以求得余数。因此,推理也同样是加法和减法;如果一个人要加上乘法和除法,我也不会反对他,因为乘法不过是相等的事物加在一起,除法不过是尽可能地减去相等的事物。因此所有的推理都可以在加法和减法

---

① Matteo Colombo, Gualtiero Piccinini, *The Computational Theory of Mind*, Cambridge University Press, 2023, pp.2—3.

② 菲利普·佩迪特:《语词的创造——霍布斯论语言、心智与政治》,于明译,北京大学出版社 2020 年版,第 50 页。

③ 同上书,第 57 页。

这两种心智活动中获得理解。"①到莱布尼茨那里，计算依赖于"普遍语言"，这是一套基于数学的逻辑演绎法则，而不再只是加减法。

第二阶段是逻辑主义的兴起。弗雷格基于莱布尼茨"普遍语言"的设想构造了一种新的人工语言即"概念文字"，并视之为"一种模仿算术语言构造的纯思维的形式语言"。在《概念文字》中，弗雷格打破了传统的逻辑分析方法，取消了主词和谓词的区别，引入"⊢"符号作为共同的谓词。它由"一"和"｜"组成，前者叫内容线，只表示内容不表示判断，后者叫判断线，两个符号组合在一起则表示判断。弗雷格还引入了函数和自变元的概念，由此建立了量词理论，并以此作为其对数学理论进行形式化的工具。罗素的《数学原理》也将数学还原为逻辑。维特根斯坦的《逻辑哲学论》标志着逻辑主义从数学领域向认知领域的推广。②

第三阶段是计算理论的成熟。在人工智能研究中，计算主义表现为不同的形式，代表了人工智能研究的不同进路。20世纪80年代之前的老派人工智能（GOFAI）是逻辑主义进路，即主张人工智能通过符号操作来实现。最早一批人工智能专家，尤其是达特茅斯会议的参加者如麦卡锡、明斯基，以及纽厄尔和西蒙等人都持这种观点。麦卡锡的基本立场是逻辑的形式化能帮助我们理解推理问题本身。他主要关注常识的形式化。由于常识的非单调性，所以麦卡锡的主要成果是以限定理论（circumscription theory）为核心的非单调逻辑。纽厄尔和西蒙的理论旨在构造一种物理符号系统。它由一组符号的实体组成，形成各种符号结构或表达式的集合体和从一个表达式到另一个表达式的各种运算过程的集合体。他们认为，对一般智能行动来说，物理符号系统既是充分的也是必要的。塞尔总结他们的核心方法是与语义学的因果说相联系的符号论的形式句法理论。

20世纪80年代后，鲁梅哈特和麦克莱兰（Rumelhart & McClelland）

---

① 菲利普·佩迪特：《语词的创造——霍布斯论语言、心智与政治》，于明译，北京大学出版社2020年版，第58页。

② 李建会、符征、张江：《计算主义——一种新的世界观》，中国社会科学出版社2012年版，第18页。

编辑的文集《并行分布式处理》(*Parallel Distributed Processing*)的出版标志着联结主义的复兴,即认为人工智能通过人工神经网络来模拟人类认知过程。之所以说是"复兴",是因为人工智能神经模拟进路最早几乎与逻辑主义研究进路同时出现。1943 年,麦卡洛克和皮茨(McCulloch & Pitts)的论文《神经活动内在概念的逻辑演算》(A Logical Calculus of the Ideas Immanent in Nervous Activity)为联结主义研究进路提供了理论基础。他们把人工神经网络看作真实的神经联结的近似形式,一定类型的神经网络原则上能够计算一定类型的逻辑函数。他们提出了第一个神经网络模型,被称为 MP 模型。但是 MP 模型中每个向量没有权重,无法进行学习。罗森布拉特(Frank Rosenbllat)在 MP 模型基础上建立了一种感知器学习规则。该模型建立在一个非线性神经元上,感知器的突触权重可以通过多次迭代来调整修正。然而,1969 年明斯基和佩特(Seymour Papert)的《感知器:计算几何学导论》(*Perceptrons: An Introduction to Computational Geometry*)指出,感知器不能解决异或问题。由此,神经网络研究进入了长达 20 年的低谷。直到 1986 年,《并行分布式处理》的出版标志着神经网络研究的复兴,联结主义成了一场声势浩大的运动。

由此,联结主义和符号主义之争成为人工智能研究的主流。安迪·克拉克将它们的争议概括为两个关键点,"每一种方法建立特殊心理能力模型的适宜性,以及联结论性能模型的解释性地位"[1]。就第一点而言,即在对待传统语言能力理论上,克拉克借用丹尼特的观点,将逻辑主义比喻成一种上下贯通的瀑布,"一旦经典符号加工构造体系存在,瀑布就会顺畅地流动。语言能力理论的公理或规则是用语言表达的公式,可用来从一个符号推导出另一个符号。这样各种算法就可以实现这一推导结构"[2]。但是联结论者必须与传统语言能力理论保持距离。他们认为命题或表达式只是思维的表象,深层次的思维取决于

---

① 玛格丽特·博登:《人工智能哲学》,刘西瑞、王汉琦译,上海人民出版社 2001 年版,第 21 页。

② 同上书,第 411 页。

各种完全不同的结构操作，逻辑主义者试图在某种单一的结构基础上进行模拟，而联结论者则要分解这一结构。就第二点而言，玛格丽特·博登首先介绍了通常的观点，即认为"联结论并不涉及心理过程，而是涉及心理过程的神经实现方式"①。她进而对此提出了批评，认为"尽管联结论在总的方面是关心生物学上的可实现性的，但是大多数联结论系统所作的并不是神经实现方式的模型，而是抽象定义的信息处理的模型。只有表象特殊神经回路和（或）突触相互作用的计算系统，才是这个意义上的模型实现方式"②。克拉克认为，联结论涉及传统认知科学的方法论转换，模型的解释力取决于通过网络学习获得的高层原理。

无论是符号主义还是联结主义，它们都分享了认知计算主义的基本理论。1955 年麦卡锡在写给洛克菲勒基金会关于"人工智能夏季研究项目"的提议中，第一次使用了"人工智能"这一提法以区别于当时的自动理论和控制论，并在提议中写道："人工智能问题是使机器以某种方式行动的问题，如果人也是这样行动的话，那么它可以称为智能的。"③斯图尔特·罗素（Stuart J. Russell）在其经典的人工智能教材中列举了 8 种对人工智能的理解。这八种理解分别对应着"像人一样思考""像人一样行动""合理地思考""合理地行动"四大类。④不管将智能理解为思维还是行动，人工智能终归是对人类智能的模拟，并且是作为计算理解的人类智能的模拟。所以保罗·巴萨说："从理论上讲，每一个人工智能程序都基于一个类比计算理论或模型：一套假设，在电脑程序中足够精确的执行，类比推理过程怎样或应该怎样发生。"⑤虽然保

①② 玛格丽特·博登：《人工智能哲学》，刘西瑞、王汉琦译，上海人民出版社 2001 年版，第 22 页。

③ Nils J. Nilsson, *The Quest for Artificial Intelligence: A History of Ideas and Achievements*, Cambridge University Press, 2010, p.77.

④ Stuart J. Russell, Peter Norvig：《人工智能：一种现代的方法》（第 3 版），殷建平、祝恩、刘越、陈跃新、王挺译，清华大学出版社 2013 年版，第 1—6 页。

⑤ Paul Bartha, *By Parallel Reasoning: The Construction and Evaluation of Analogical Arguments*, Oxford University Press, 2010, p.59.

罗·巴萨关注的焦点主要是类比的认知过程及其在人工智能上的实现,但这并不妨碍他这一判断的正确性。所以,就基本理念而言,整个人工智能的实现过程都是类比机制。

在人工智能更具体的层次上,也就是在其具体实现比如在机器学习的层次上,人工智能体(agent)通过样例进行归纳学习获取知识的过程也是一个类比过程。所谓归纳学习,是指"从特定输入-输出对(input-output pairs)学习通用函数或规则(也许是不正确的)称之为归纳学习"[①]。既然是归纳学习,因此,实际上是从由若干个输入-输出对样例组成的训练集进行学习。学习的任务是发现一个函数假说,它逼近满足输入-输出对的真实函数。"学习是一个搜索过程,它在可能假说空间寻找一个不仅在训练集上,而且在新样例上具有高精度的假说。"[②]但是,每一次样例学习都意味着一次类比推理。高精度的假说意味着一个好的泛化知识,能够正确预测新样例的输出值。当然这里隐含着一个归纳学习假设,即,"任一假设如何在足够大的训练样例集中很好地逼近目标函数,它也能在未见实例中很好地逼近目标函数"[③]。

不仅传统机器学习本质上具有类比逻辑机制,迁移学习(transfer learning)也具有类比逻辑机制。传统机器学习方法建立在一个共同的前提下,即,训练数据和测试数据必须在同一特征空间获得,并具有相同的分布。当分布发生变化时,多数统计模型需要通过使用新的训练数据进行重建,然而在现实应用中,这样做的代价太高甚至不太可能。与之相反,迁移学习允许训练和测试的域、任务,以及分布可以是不同的。本质上,迁移学习可以看作是类比学习的形式化描述。杨强根据源域与靶域,源任务与靶域任务之间的关系对传统机器学习和迁移学习做了一个详细的分类,见下页表[④]:

---

①②　Stuart J. Russell、Peter Norvig:《人工智能:一种现代的方法》(第 3 版),殷建平、祝恩、刘越、陈跃新、王挺译,清华大学出版社 2013 年版,第 580 页。

③　Tom M. Mitchell:《机器学习》,曾华军、张银奎等译,机械工业出版社 2003 年版,第 17 页。

④　Sinno Jialin Pan, Qiang Yang, "A Survey on Transfer Learning", *IEEE Transactions on Knowledge and Data Engineering*, Vol.22(10), 2010, p.1347.

迁移学习分类

学习设置		源域和靶域	源任务和靶任务
传统机器学习		相同	相同
迁移学习	归纳迁移学习/无监督迁移学习	相同	相异但相关
		相异但相关	相异但相关
	直推式迁移学习	相异但相关	相同

其中，归纳迁移学习（inductive transfer learning）和无监督迁移学习（unsupervised transfer learning）的源任务和靶任务不同，而无论源域与靶域是否相同。直推式迁移学习（transductive transfer learning）的源任务与靶任务相同，但源域与靶域不同。每一种迁移学习根据已标注数据和未标注数据的特征还可以进一步细分。

5.1.2 非泛化的人工智能类比程序

无论是传统机器学习还是迁移学习，都通过样例学习获取泛化知识。但是人工智能还使用类比推理方法从以往案例不经过泛化直接解决新问题。这一类人工智能程序主要是类比认知模型的人工智能实现程序。类比的人工智能研究的早期努力是前面提到的埃文斯于 1968 年创建的人工智能程序 ANALOGY。但是根特纳批评这种类比研究脱离了科学和人类生活中的丰富类比，而只局限于智商测试中用到的四项关系类比问题。到 20 世纪 80 年代，情况开始发生变化，大量认知理论和相应的人工智能程序相继出现。[①]最具有代表性的非泛化类比人工智能实现程序是根特纳的结构映射引擎（SME），侯世达的 Copycat，以及基于罗杰·尚克动态记忆理论的各种案例推理器（Case-Based Reasoner, CBR）。它们是根特纳的结构映射理论、侯世达的高层知觉理论，以及罗杰·尚克的动态记忆理论在计算机上的人工智能实现程序。

---

① Dedre Gentner, K. D. Forbus, "Computational Models of Analogy", *Wiley Interdisciplinary Reviews: Cognitive Science*, 2011, Vol.2(3), pp.266—276.

根特纳的结构映射引擎（SME）

结构映射引擎（The Structure-Mapping Engine，SME）是对应根特纳结构映射理论的人工智能程序，它探讨了结构映射理论的计算性的方面，聚焦于模拟类比推理中的映射过程。给出对一个基和靶的描述，SME 能建构出它们之间所有结构一致的映射，也能根据系统性和结构一致性对每一个映射提供结构评估打分。映射由基和靶中的陈述及实体的成对匹配组成，通过映射批准类比推理集。而且 SME 不是一个单一的匹配器，它能用来模拟根据结构映射理论进行批准的所有相似性比较，而不局限于类比模拟。

在构造类比映射中，SME 首先需要做一些表征约定，为了保证域的独立性，这种约定要尽可能少。建构语言包括三种类型：实体（entities）、谓词（predicates）和描述段（dgroup）。第一，实体是逻辑个体，即一个域中的对象和常项。典型的实体包括物理对象、它们的温度以及材质等，原始实体是一个描述的类取或常项。第二，谓词指一个谓词演算陈述中的任何运算符，包括函数、属性和关系。函数是将一个或多个实体映射到另一个实体或常项中。结构映射也允许函数作为一种非直接的方式指向实体；属性是对实体的某个特征的描述，SME 严格限制属性仅指向一个参数。一个函数和一个常项的联结逻辑等价于一个属性。关系谓词总是有多个参数，属性和关系都作为布尔代数类的谓词处理，在真值范围内变化。在结构映射中，关系必须总是同等地匹配。第三，表达和描述段。为了简洁，谓词实例和复合项被称为表达。一个描述段是原始实体和关于它们的表达的集合，并作为一个单元。[1]

有了这些表征约定，就可以说明 SME 的演算过程。给出一个基和靶的描述，表示为描述段，SME 就可以对它们之间的比较建构一个所有结构上一致的解释。对每一个匹配的解释称为全局映射（global

① 　B. Falkenhainer，K. Forbus，and D. Gentner，"The Structure-Mapping Engine：Algorithm and Examples"，*Artificial Intelligence*，1989/90，Vol.41，pp.1—63.

mapping，或 gmap)。全局映射由三部分组成。第一，对应集(corre-spondences)，指两个描述段的实体及表达间的成对匹配(pairwise mat-ches)。第二，候选推理集(candidate inferences)，指比较在靶描述段中建议的新表达的集。第三，结构评估打分(structural evaluation score，SES)，指基于全局映射的结构性特征对匹配质量的数值评估。①根特纳等人专门强调："与结构映射理论相一致，我们只用纯粹结构性的标准来构造和评估映射。SME 没有任何其他基或靶域的知识。也没有将任何推理规则和逻辑联结词构造进算法中。每一个候选推理都必须解释为一个猜测而不是一个逻辑有效的结论。"②匹配规则具体化为哪些成对匹配是可能的，并通过计算 SES 来提高匹配质量的本地测量。

　　理论上，SME 演算过程可以分成四个阶段。第一，本地匹配构造(local match construction)，它包括，找出所有可能存在的匹配对，对每一个可能的匹配对提供一个匹配假设以表征这一本地匹配是全局匹配的一部分的可能性。第二，全局映射构造(gmap construction)，即将本地匹配合成进最大数量的结构一致性的对应集中。全局映射由最大数量的、结构上一致的匹配假设集组成，它分为两个步骤，第一步是计算一致性关系，第二步是通过将最高阶的结构一致性的匹配假设形成初始集，然后联合在基的结构上有重叠的初始全局映射，再联合从属于结构一致性的部分全局映射，以保证最大数量的要求从而完成全局映射构造。第三，候选推理构造(candidate inference construction)，即产生每个全局映射所建议的推理。为了产生关于靶的新知识，在基中的信息要能够迁移到靶中，但是并不是所有信息都可以进行迁移，它必须与由全局映射所进行的替换具有结构上的一致性，而且在全局映射中必须是结构上接地的(structurally grounded)，即必须与属于全局映射的基中的信息具有某种交叉。当然，这种候选推理并不保证有效性。因此，第四，匹配评估(match evaluation)，将证据赋给每个本地匹配假设，

———————————

　　①②　B. Falkenhainer, K. Forbus, and D. Gentner, "The Structure-Mapping Engine: Algorithm and Examples", *Artificial Intelligence*, 1989/90, Vol.41, pp.1—63.

计算每个全局映射的 SES。①

从 SME 的演算过程中,我们可以看出,这一类比解释在每一个阶段都特别强调结构性或系统性,以及结构上的一致性,具体来说,表现为如下三个限制:"1. 对等性。只有对等的关系谓词能够被匹配,尽管不对等的对象、函数和一元谓词也可以被匹配。2. n 元限制。M(指某个具体的结构映射)必须是对象映射对象、n 元函数映射 n 元函数,以及 n 元谓词映射 n 元谓词。3. 一致性。任何时候 M 是 P 映射 P*,那么 P 的参数也映射 P* 的对应参数。"②我们知道,侯世达等人和根特纳在类比构造思想上有着很大分歧,前者基于高级感知理论认为类比和映射虽然可以分成两个过程但是在时间上是不可分离的,后者则基于两者分离的立场强调结构映射的过程,而 SME 正是聚焦于映射来实现结构映射理论的计算性的方面。所以侯世达等人也没有放过对 SME 的批评。一个批评就是针对 n 元谓词的划分,他们认为:"人类心灵似乎不太可能在 3 元谓词和 4 元谓词之间做出硬性的明确的划分,相反,这种事情可能是相当模糊的。"③这必然导致在 SME 的建构中,许多选择都是相当武断的。

侯世达等人同样也对 SME 聚焦于映射过程提出批评,"在 SME 中,高级感知的问题被视而不见,直接通过从情境的预先设计的表征开始。情境的本质通过这些表征的形式被预先提取出来,只剩下发现正确的映射这一相对容易的任务。倒不是说,由 SME 所做的工作必然是错的:在我们看来,这不是在解决类比构造中真正困难的议题"④。有意思的是,侯世达等人在批评根特纳的结构映射理论时顺带也批评了其他类比计算模型,认为自埃文斯的 ANALOGY 以来,几乎所有主要

---

① B. Falkenhainer, K. Forbus, and D. Gentner, "The Structure-Mapping Engine: Algorithm and Examples", *Artificial Intelligence*, 1989/90, Vol.41, pp.1—63.

② Paul Bartha, *By Parallel Reasoning: The Construction and Evaluation of Analogical Arguments*, Oxford University Press, 2010, p.66.

③ Douglas Hofstadter, *Fluid Concepts and Creative Analogies*, Basic Books, 1996, p.184.

④ Ibid., pp.184—185.

的类比构造程序都忽视了表征形成问题。他还专门批评了霍利约克和撒加德的联结主义模型约束映射引擎程序（ACME），认为"由 ACME 使用的表征是谓词逻辑预设的不变的结构；高级感知的问题被绕过去了。尽管联结主义网络为其提供了灵活性，但是该程序无法改变压力下的表征。这严重阻碍了霍利约克和撒加德在理解人类类比思想的灵活性上的努力"①。

保罗·巴萨的批评则集中于系统性原则，他提出三点批评。第一，"n 元限制会迫使我们轻视某些特定类型的系统性，而导致某个更不系统的类比也许会更合理。换句话说，SME 可能会导致我们忽略某个好的类比论证"。②第二，"系统性的增加不足以增加类比的合理性。一个不太合理的类比也能以与 SME 相切合的形式表征出来，因为以纯粹句法的路径而言，高阶关系是相当廉价的"。③第三，将结构的同构性程度等同于合理性。保罗·巴萨认为，这个弱点更具有破坏性。"系统性原则完全没有考虑效价（valence），或相关性的方面。在某些类比论证中，减少高阶重叠可能实际上会增加合理性，如果被消除的是抑制性的原因而不是贡献性的原因的话。"④可以看出，保罗·巴萨的视角主要是类比推理的合理性。就 SME 本身而言，它对类比推理的合理性给予了高度重视，设计了用 SES 专门对结构匹配进行评估的环节。问题的核心还是出在系统性原则本身上，而归根结底还是因为，脱离感知孤立地处理结构映射的后果是无法实现真实的类比及其复杂性的。而实际上，根特纳也用这一点来批评侯世达的 Copycat。

侯世达的 Copycat

Copycat 是侯世达等人基于高级感知理论开发的一套人工智能程

---

① Douglas Hofstadter, *Fluid Concepts and Creative Analogies*, Basic Books, 1996, p.185.

②③ Paul Bartha, *By Parallel Reasoning：The Construction and Evaluation of Analogical Arguments*, Oxford University Press, 2010, p.70.

④ Ibid., p.71.

序。与前面所讨论的几个类比计算程序不同,在侯世达看来,Copycat 既不是符号主义的,也不是联结主义的,也不是许多人认为的是两者的混合型,而是一种涌现的构架,因为他认为"这个程序的顶层行为是作为无数小的计算行为的统计结果出现的,而且在创造类比中被使用的概念能够被看作'统计学上涌现的活跃符号的实现'"①。虽然某种角度上来看,它更像某种联结主义的系统,但二者仍然是不同的,因为侯世达认为,Copycat 所处的认知模型的中间地带是目前理解概念的流动性和感知的最有用的层次。用侯世达的话说就是:"Copycat 程序不是模拟类比构造本身,而是模拟人类认知的中心:流动的概念。这个程序聚焦于类比构造的原因是因为,类比构造是一种典型的要求概念流动性的精神活动。而程序将类比构造的模式限制在一个非常具体又非常小的范围的原因是,这种做法允许了这一一般性话题能以一种非常清晰的方式呈现出来——比在'现实的'世界清晰得多,尽管这也许是人们首先想到的东西。"②

　　Copycat 以一种实际的心理学方法来发现类比构造,但是所处理的问题是非常细小的一类类比,即类似这样的类比问题:

　　　假如字符串 abc 被变成了 abd,那么"以同样的方式",字符串 ijk 将如何变化?③

　　这里关键的是"以同样的方式",这是 Copycat 的由来,它意味着某种心理压力(mental pressures),正是在某种程度的心理压力下,概念滑动才会发生。"Copycat 程序就是对这种心理压力的性质、概念的性质,以及它们之间的深层相互关系的彻底的探讨,尤其集中于什么样的心理压力能引起概念向邻近的概念的滑动。"④围绕这些主题,相应的

---

　　① 　Douglas Hofstadter, *Fluid Concepts and Creative Analogies*, Basic Books, 1996, p.205.

　　② 　Ibid., p.208.

　　③④ 　Ibid., p.206.

一系列问题随之而来,如:所谓"邻近的概念"是什么意思? 一个给定的概念滑动需要多大的心理压力? 两个概念之间距离多远仍然具有能够相互滑动的潜力? 一个概念的滑动怎样创造出新的心理压力从而导致另一个概念滑动并以此类推下去? 会有一些概念比其他概念更加抵制概念滑动吗? 一些特定的心理压力会不会只对某些概念产生概念滑动? 侯世达认为,这些问题构成了 Copycat 的核心问题。

Copycat 由三部分构成,一是滑动网(slipnet),它包含了所有不变的柏拉图式的概念,可以被看作 Copycat 的长期记忆。滑动网是一个概念网络,每一个概念由其中一个结点(node)表示,所以滑动网中只有概念类型,而没有任何事例。概念之间的关系由一个具有数量长度的联结(link)表示,表示两个概念或结点之间的距离(conceptual distance)。它会随着运行而变化,而正是这一距离决定了什么样的概念滑动是可能的还是不可能的。距离越短,越容易发生概念滑动。概念还有一个静态特征,即概念深度(conceptual depth),它表示每个概念在概念网中的抽象程度,一个概念越深,它越抵制滑动到另一个概念。二是工作空间(workplace),它是感知活动的场所,包含了各种来自滑动网的概念的事例,以及临时的感知结构。它可以看作 Copycat 的短期记忆或工作记忆。三是编码架(coderack),它可以看作一间"随机等候室",在工作空间中要执行任务的小的行动者在这里等待被传唤。这些小的行动者被称为"小码"(codelets)。单个小码的动作总是一个运行中非常细小的部分,任何这样的小码是否运作影响并不大,重要的是大量小码运行的集体效果。小码分为两个类型。一是检索码(scout codelets),它们负责考察潜在的动作,对其前提做出评估,它们的任务就是创造更多的小码;二是效应码(effector codelets),它们实际地创造(或破坏)工作空间中的结构。每一个被创造出的小码都放在编码架上等待被挑选。并且,这些行动者是从编码架上被随机挑选出的,而不是按照某个确定的顺序。小码的运行就意味着不同程度的概念滑动的压力。Copycat 结构的中心目标就是允许多种压力同时共存、竞争和合作,在某些方向上驱动整个系统。

在此基础上,我们可以继续讨论侯世达的 Copycat 与其他类比计算程序之间的争论。我们知道,侯世达根据类比思想中感知和映射两个部分不可分离的立场对根特纳的 SME 以及其他类比计算程序提出了批评。根特纳在《类比只是看起来像高级感知:为什么对类比映射的通用领域的研究方法是正确的》一文中,从类比与映射的关系、类比过程的灵活性、类比使用的领域、微观世界与真实世界,以及类比模型的合理性评估等多个方面在 SME 和 Copycat 之间进行了详细的比较分析。最后她认为:"我们相信这一隐喻(指将类比看作高级感知,作者按)所掩盖的东西比它所阐明的东西还要多。它恰当地强调了在认知中建构表征的同时,它也低估了长期记忆、学习甚至感知(在这个词的通常意义上)的重要性。最终,我们反对侯世达关于类比与其他过程不可分离的主张。相反,类比作为一个独立领域的认知过程能够与其他过程相互作用并加快认知过程。"①具体到 Copycat,她认为,在肯定 Copycat 的意义的同时,也必须承认它的局限性,"最显著的一点是,每一个潜在的不对等的对应关系包括它的评估都是具体领域内的,是设计者手动编码的,这永远地阻碍了类比对于跨领域映射,以及将知识从熟悉的领域向新领域迁移的创造性使用"②。然而,在我们看来,侯世达和根特纳的分歧本质上是关于认知基本立场的分歧。根本上说,根特纳还是在一种传统认知即离身认知的观点上建构的类比结构映射模型。侯世达等人的立场则反映了在传统认知与具身认知之间的某种中间状态,处于从传统认知向具身行动的转变中。

案例推理器程序

案例推理(case-based reasoning)不是指某一个具体的推理模型,而是区别于基于规则推理(rule-based reasoning)的一类问题求解范式。

---

① ② Kenneth D. Forbus, Dedre Gentner, Arthur B. Markman & Ronald W. Ferguson, "Analogy Just Looks Like High Level Perception: Why A Domain-General Approach to Analogical Mapping is Right", *Journal of Experimental & Theoretical Artificial Intelligence*, 1998, Vol.10(2), pp.231—257.

也就是说,案例推理不是基于问题域的一般知识,而是根据过去的具体经验或具体问题解决方案来解决新问题。案例推理现在已经成为人工智能领域最重要的研究主题之一,案例推理研究国际会议(ICCBR)从1993年以来到今年已经举办到了第29届。然而,"case-based reasoning"只是这类研究范式的一种表达,它们也被称为"exemplar-based reasoning"、"instance-based reasoning"、"memory-based reasoning"、"analogy-based reasoning"等。①这些称谓大同小异,有的作为案例推理的同义词使用,有的指向更具体的案例推理下的某些类型。但是,它们的核心都是基于类比推理,案例推理的人工智能程序则统称为案例推理器(case-based reasoner),第一个可以被称为案例推理器的系统就是罗杰·尚克和詹妮特· 科洛德纳共同开发的 CYRUS(Computerized Yale Retrieval and Updating System)系统。

虽然案例推理反映了一个可能大家都熟知的问题求解理念,但是,我们还是有必要给出一个相对比较标准的定义:"通过想起(remembering)一个过去的相似情境并重用(reusing)该情境的信息和知识来解决新问题。"②所以这种问题求解方案的意思充分体现在它的表述中,即"case-based"和"reasoning"。一方面,案例指向一个问题情境。一个过去经历的情境指向一个过去的案例,它被获取和学习,也能被再次使用。一个新案例则是对一个待解决的新问题的描述。科洛德纳认为案例"表征与具体情景相联系的具体知识,表征操作水平的知识;也就是说,它们让我们明白一个任务如何被执行,或者一个知识如何被应用,对于实现一个目标要用何种特定的策略"③。所以,案例可以是具体的经验,可以是一组相似案例集形成的一个泛化的案例。另一方面,推理就是用旧案例来解决新问题。但是这个推理不同于逻辑推理,不是从一个真前提到一个真结论的推理,而只是基于相似的案例或问题描述,

---

①② Agnar Aamodt, E. Plaza, "Case-Based Reasoning: Foundational Issues, Methodological Variations, and System Approaches", *AI Communications*, 1994, Vol.7(1), pp.39—59.

　　　③ Janet Kolodner, *Case-Based Reasoning*, Morgan Kaufmann, 1993, p.9.

找到了一个接近的解决方法，即是一种近似推理。所以根据这个定义，一个完整的案例推理器包含这样几个组成部分：案例库、索引方案、新案例与相似旧案例的匹配、对过去解决办法的调整。我们主要讨论案例库的建立和相似性匹配。

对案例推理器程序（CBR）而言，案例库就是为了执行推理任务而被使用的案例集。案例库的核心问题是组织问题，有三种主要的案例组织类型，平面化的（flat）、结构化的（structured）和非结构化的（unstructured）。平面化的案例组织是一种最简单的方式，适合少量案例集。结构化组织可以分为等级结构或网络结构。非结构化的组织主要用于文本和图像。以基于动态记忆理论的 CYRUS 模型为例。该模型中的案例记忆是一个 MOPs 的等级结构。其基础理念是将具有相似特征的具体案例组织为一个"泛化情节"（generalized episode）。一个泛化情节包含三种不同的对象类型：标准（norms）、案例（cases）和索引（indices）。标准是在泛化情节下进行索引的所有案例的共同特征。索引是组织为泛化情节的案例之间的区分性特征。一个索引（由索引名和索引值组成）可以指向另一个泛化情节，或直接指向一个案例。于是整个案例库呈现为一个如下页图中所示的泛化情节的结构[1]：完整的案例记忆是一个辨识网络（discrimination network），其中的一个结点或者是一个泛化情节，一个索引名，一个索引值，或者是一个案例。每个索引-索引值对从一个泛化情节指向另一个泛化情节或一个案例。一个索引值可以只指向单个案例，也可指向单个泛化情节。但是对于这个辨识网络而言，阿蒙特与普拉萨（Aamodt & Plaza）认为索引方案是多余的，因为有多个路径指向一个具体案例或泛化情节。

虽然在 CBR 中最大的话题是对合适案例的提取，但问题是，人们怎样才能在适当的时候想起适当的案例，以及怎样让计算机能做同样的事？这就是索引问题。"索引问题就是确保案例在任何合适的时候

① Agnar Aamodt, Enric Plaza, "Case-Based Reasoning: Foundational Issues, Methodological Variations, and System Approaches", *AI Communications*, 1994, Vol.7(1), pp.39—59.

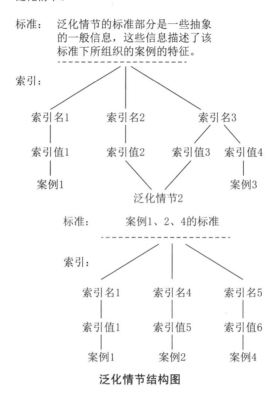

泛化情节结构图

被得到的问题。这意味着案例应当被索引以便在任何合适的时候是可得到的，并且，提取算法能够用这些索引在合适的时候将合适的案例挑选出来。"①索引问题包括两部分，一是给案例指派标签，二是组织案例。第二个问题也是建立案例库的问题。第一个问题实际上是选择标签的问题，标签表征了对一个情境的解释，即解释我们思考情境及其背景的方式。我们需要指定案例描述的哪个部分、哪个特征来做它的索引。科洛德纳描述了一个好的标签的特征，"好的标签是预测性的，并且它们所做的预测是有用的那个。好的标签足够抽象，以便提供足够大的覆盖范围但又足够具体以便能被识别出来"②。

---

①　Janet Kolodner，*Case-Based Reasoning*，Morgan Kaufmann，1993，p.142.
②　Ibid.，p.198.

CBR 的第三个部分是新案例与旧的相似案例的匹配方案。整个案例推理都建立在案例的相似性基础之上，CBR 的中心任务就是识别当前问题情境，找到旧的相似案例，用它的方案来解决当前的问题。案例的相似可能是句法相似（syntactical similarities），也可能是语义相似（semantical similarities）。阿蒙特与普拉萨认为：“句法相似性评估——有时被称为‘知识匮乏’型路径——在那些泛化领域知识很难甚至无法获得的领域具有优势。而另一方面，语义进路——被称为‘知识密集’型路径——在那些泛化领域知识可得的领域能够在匹配中使用问题描述的语境义。”①但是不管采用哪种相似性路径，他们的类比迁移的一般过程是一致的。

CBR 的最后一部分是调节旧方案的方法。保罗·巴萨认为这牵涉到解决方案的普遍性（generality）的合适水平。调节的最简单技术就是直接替代（straight substitution），即，“找到一种既应用于旧案例也应用于新案例的共同框架，然后用案例的项简单替换对应的旧案例中的项”②。但是这种直接替换技术依赖于一个前提。在 CBR 程序中，案例可能是许多不同框架下的具体实例，而这些框架代表着普遍性的不同水平。“普遍性的框架应当寻求一种令人信服的普遍性的中间水平。这解释了这样一个假设的必要性，即，一个案例库应该足够大以便对任何新案例而言都存在非常相似的旧案例。”③保罗·巴萨认为，如果没有这个假设，直接替代技术将是无效的。因此，保罗·巴萨也提到了另一种调节方案，即重新实例化（reinstantiation），“这种理念不是试着去直接替换或者改变旧的方案，而是重新应用在旧的方案中起作用的策略”④。当然保罗·巴萨也提出，这种调节方案只适用于那些使用派生性索引（derivational indices）的程序。

---

①　Agnar Aamodt，E. Plaza，“Case-Based Reasoning: Foundational Issues, Methodological Variations, and System Approaches”，*AI Communications*，1994，Vol.7(1)，pp.39—59.

②③④　Paul Bartha，*By Parallel Reasoning: The Construction and Evaluation of Analogical Arguments*，Oxford University Press，2010，p.78.

分析完案例推理的构成之后，我们可以进一步分析案例推理与对应的另一种推理即基于规则推理之间的差异，实际上与这两者相关的还有另外一种推理概括形式即基于模型的推理(model-cased reasoning)。在人工智能中，基于模型的推理指对一般因果知识的结构化和使用，尤其指对那些已经得到充分理解的因果设备的描述。在心理学中，"基于模型的推理的基础假设是，关于一类对象或设备的一个一般模型对于表征而言是充分的"①。科洛德纳认为，虽然动态记忆理论本身聚焦于推理和理解具体的意向性的情境，但是，建立在其基础上的认知模型 CYRUS 超越了这一意向情境，尤其是 MOPs、TOPs 和场景等构成了关于我们日常世界的模型的组成部分。而案例推理和基于规则的推理除了两者重点在内容和规则上的差异之外，另一个深层次的差别是关于知识块(knowledge chunks)的尺寸的信念。"基于规则的群体认为它们应该是包含结构的小的知识块。基于案例的群体认为它们应该是大的、已经组织好的知识块。而且主要的活动不是相互之间组成知识块，而应当是对知识块进行比较和调节。"②这种深层次的差别也导致了两种推理方法表面上的许多差别，比如基于规则的推理中的规则是模式，是与输入准确匹配的，被应用于微事件的反复循环，尺寸小，是域的知识的相互独立而又构成性的部分。相应地，案例推理中的案例是常项，被偏好地匹配，一旦被提取就是立即近乎完全的解决方案，并调节和提炼为最终答案，是域的知识中的大的知识块，对其他案例来说可能是冗余的。这也导致基于规则的推理中的知识来自专家并在规则中被编码，而案例推理中的大多数知识是以案例的形式存在的。

5.2 具身人工智能：形式化的类比实践模型

每一种人工智能程序都是一种实践模型吗？宽泛地讲，如果将人

---

① Janet Kolodner, *Case-Based Reasoning*, Morgan Kaufmann, 1993, p.118.
② Ibid., p.94.

工智能定义为对人类行动的模拟,那么它可以视为实践模型,而如果将人工智能定义为对人类思维的模拟,那么它不是实践模型。但是一个更恰当的视角是基于人工智能对人类智能模拟的程度。人工智能是否需要具身性的问题本质上是一个人工智能对人类智能的实现程度问题。如果人工智能的目标是实现或无限接近人类级智能,那么人工智能需要具身性,因为非具身的人工智能并不代表人类智能的真实状态。因此,更严格地说,如果人工智能是具身性的,那么基于具身行动的特征,它可以严格地被认为是实践模型。

5.2.1　非具身人工智能:广义的形式化类比实践模型

一般意义上而言,我们现在所谈到的人工智能都是非具身的人工智能,就认知立场而言,都是以瓦雷拉所批评的认知计算主义为基础的人工智能。瓦雷拉正是通过对认知计算主义的两个典型即符号主义人工智能和联结主义人工智能提出了具身认知的经典表述。

我们前面所提到的各种类比计算模型的人工智能实现程序也可以基于人工智能实现进路区分为符号主义模型、联结主义模型和混合模型,首先是弗兰奇的划分①,根特纳后来在一篇关于类比计算模型的述评中重申了这一分类②。最近,梅拉妮·米歇尔结合类比人工智能程序的最新进展将它们分类为符号进路、深度学习进路和概率程序归纳③。符号模型是基于一种定位表述,即一个概念由存储在某个可确认的存储部位中的个别符号表述,符号、逻辑、规划、检索、手段-目的分析(means-ends analysis)扮演着主要角色。根特纳的结构映射引擎(SME)是这一进路之最典型。联结主义是人工神经网络模拟,表现为

---

①　R. M. French, "The Computational Modeling of Analogy-Making", *Trends in Cognitive Science*, 2002, Vol.6, pp.200—205.

②　Dedre Gentner, K. D. Forbus, "Computational Models of Analogy", *Wiley Interdisciplinary Reviews: Cognitive Science*, 2011, Vol.2(3), pp.266—276.

③　Melanie Mitchell, "Abstraction and Analogy-Making in Artificial Intelligence", *Annals of the New York Academy of Sciences*, 2021, Vol.1505(1), pp.79—101.

分布式表述，即一个概念由一个均衡状态表述，该状态由局部相互作用的单元构成的动态网络进行定义。霍利约克和撒加德设计的类比约束映射引擎(ACME)是类神经网络类比计算模型的第一个尝试。混合型则是这两个实现路径的结合，侯世达的 Copycat 程序可以被归入这一类型，但是他本人似乎不太接受。他认为，Copycat 在精神上有点像联结主义系统，但是两者还是有着重要的区别。

斯图尔特·罗素对人工智能八种定义的四类划分实际上可以进一步压缩为人工智能是模拟人的思维还是模拟人的行动这两大类。如果是后者，结合其类比机制，那么我们可以说，这样的人工智能程序，包括非泛化的类比计算模型，都是一种广义上的形式化类比实践模型，如果是前者，则我们不能说它是一种类比实践模型，但是这种区分其实很模糊。

约翰·豪格兰德(John Haugeland)在《人工智能：非凡理念》(*Artificial Intelligence：The Very Idea*)中说："人工智能研究的基本目标不是仅仅模拟智能或制造某种聪明的赝品。根本不是。'人工智能'需要的只是这样一个真正的东西：在完全和字面意义上的，拥有心灵的机器。"①他认为，"根据西方哲学的核心传统，思维(智力)本质上就是对精神符号(即观念)的理性操控"②。根据这一符号操控理论，智能仅仅依赖于系统的组织和作为符号操控者的功能。由此，"如果人工智能与计算机技术真的没有多大关系，而更多地是与精神组织的抽象原则相关，那么在人工智能、心理学甚至心灵哲学之间的区分似乎将会消散"③，而一个新的统一的领域即认知科学将会出现。这一定义下的人工智能看起来是对人的思维的模拟，但显而易见，它也不可能绝缘对人的行动的模拟。纽厄尔和西蒙的物理符号系统理论将人工智能看作一个"假设—演绎—验证"过程，其基础是一个人类认知模式的模型，进而

---

① John Haugeland, *Artificial Intelligence：The Very Idea*, The MIT Press, 1985, p.2.

② Ibid., p.4.

③ Ibid., p.5.

将其程序化并交给机器执行,然后在此基础上进一步遴选出对人类认知模式的正确的抽象描述。然而他们所谓物理符号系统假设也是就"一般智能行动"而言的,并对其做了专门解释,"我们想用'一般智能行动'来表示与我们所看到的人类行动范围相同的智能:在任一真实情境中,对该系统目的来说是恰当的、并与环境要求相适应的行为,会在一定的速率和复杂性的限度内发生"①。

但另一方面,由于传统认知的三明治式的结构和离身性特点,这种行动在感知—认知—行动中始终处于附属的和次要的位置。我们知道图灵将智能视为与行为或行为能力相关,一个系统是否有心灵或如何智能是由它能做什么和不能做什么来决定的。这种理解已经被普遍接受,但豪格兰德对图灵测试的如下批评也是中肯的。他的批评有两点,第一,这个测试是极端简单化的,表现智能可以有很多方法,为什么单单特别强调"交谈"这一方式。第二,这个测试掩盖了某些现实的困难,"通过专注于完全能够以书写方式(比如通过计算机终端)就能呈现的交谈能力,图灵测试完全忽视了现实世界的感知和行动的所有议题。这已经证明在任何合理的复杂程度上的人工实现都异乎寻常地困难。而且更糟的是,忽视实时的环境互动扭曲了系统设计者关于智能系统与更一般的世界如何关联的设想……因此,对感知和行动的忽视会导致对表征和内部模型建构的过度重视"②。豪格兰德的这一批评实际上正是对图灵测试以及 GOFAI 非具身性的批评。

无论是符号主义,还是联结主义,认知计算主义立场下的人工智能都呈现出区别于人类智能的机械论和还原论的特点,以及脱离生物学层次的真实的意识活动的非生物意向性特征。图灵对这一点并非没有察觉。他对计算机有没有心灵提出了一个"洋葱皮"的比喻,他说:"在考虑心灵或大脑功能时,我们发现运算可以用纯机械方式来解释,这种

---

① 玛格丽特·博登:《人工智能哲学》,刘西瑞、王汉琦译,上海人民出版社 2001 年版,第 150 页。

② John Haugeland, *Mind Design II*: *Philosophy*, *Psychology*, *and Artificial Intelligence*, The MIT Press, 1997, p.4.

情况不能代表真正的'心灵'，它是一种表皮，如果我们要找到真正的心灵，就必须把它剥掉。但是在剩余的部分中，我们又会发现新的要剥去的表皮，这种做法可继续下去。照此进行，我们是抵达了真正的'心灵'呢，还是最终只看到一层内中空空如也的皮？如果是后者，整个心灵就是机械的。"①侯世达对这种人工智能研究所必然造成的对智能的机械论理解也提出了批评。他说："历史上，人们对于什么性质在机械化了之后能算是无可争议地构成了智能，一直是很幼稚的。有些时候，当我们朝着人工智能方向前进了一步之后，却仿佛不是造出了某种大家都承认的确是智能的东西，而只是弄清了实际智能不是哪一种东西。如果智能包括学习、创造、情感响应、美的感受力、自我意识，那前面的路就还长，而且可能一直要到我们完全复制了一个活的大脑，才算是实现了这些。"②侯世达打比方说，把计算机程序设计出来的"思维"与人的思维相比，如同把鹦鹉的叽喳学舌与人说话相比一样。那么真正人类级的人工智能应该是什么样子？我们能否实现这样的人类级人工智能？

5.2.2　人工智能的具身性：人工智能能否以及如何达到人类级智能

什么是人类级智能？或者说，人工智能要达到或接近人类智能，必须具备哪些特点或能力？布兰登·莱克（Brenden M. Lake）等人提供了几个关键成分。③第一，具备人类成长中的"启动软件"（start-up software），即人类成长早期的认知能力，包括直觉物理学（intuitive physics）和直觉心理学（intuitive psychology）。前者是指，一些重要的物理概念不管是天生的还是习得的，在孩子成长早期就存在。例如，在两个月大

---

① 玛格丽特·博登：《人工智能哲学》，刘西瑞、王汉琦译，上海人民出版社2001年版，第84页。
② 侯世达：《哥德尔、艾舍尔、巴赫——集异璧之大成》，商务印书馆1996年版，第754页。
③ 以下内容参见 B. M. Lake, T. D. Ullman, J. B. Tenenbaum, & S. J. Gershman, "Building Machines That Learn and Think Like People", *Behavioral and Brain Sciences*, 2017, Vol.40, e253。

甚至更早,人类婴儿希望无生命物体遵循持久性、连续性、内聚性和坚固性的原则。年幼的婴儿认为物体应该沿着平滑的路径移动,而不是瞬间进出,不相互渗透,也不在远处活动。这些概念允许他们能够跨时间追踪物体,并忽略物理上不可信的轨迹。同样,直觉心理学也是人类早期出现的能力。还不会说话的婴儿就能在有生命的行动者和无生命的物体之间做出区分。婴儿理解其他人具有信念和目标等心理状态,并且这种理解强烈地约束着他们的学习和预测,他们希望行动者以目标导向、高效和对社会敏感的方式行动。

第二,以模型建构为核心的学习能力,或者通过建构世界的因果模型来解释所观察数据的解释能力。即使与机器学习中最先进的算法相比,人类学习也表现出其突出的丰富性和效率,使之成为可能的是人类学习的合成性(compositionality)和学习 – 学习(learning-to-learn)的能力。前者是指新的表征能够通过原始元素的联合来建构,在计算机程序中,这表现为功能的等级性,人类学习也具有这种等级性。后者是指,当人类或机器做出远远超出数据的推理时,强大的先验知识必须弥补其中的差异。人类获得先验知识的方式就是学习学习的能力,相近的概念还包括表征学习、元任务学习或迁移学习。它们表明,学习一个新任务或新概念能通过对其他相关任务或其他相关概念的先前学习或平行学习进行加速。

第三,人类心灵建构的模型如何实时地产生行动的能力。已经有证据表明,人类以既竞争又合作的方式结合了模型学习(model-based)和无模型学习(model-free)并且这种结合受到元认知过程的监督。大脑在简单的联想学习或辨别学习任务中使用类似无模型的学习算法。同时,大脑也有模型学习系统,负责建构环境的认知地图并用它来计划应对复杂任务的行动序列。两种学习系统之间的切换可能来自面对不同任务时学习系统之间的合理仲裁,以及对灵活性和速度之间的平衡。

国内朱松纯团队将人类级智能区分为物理智能和社会智能。他们认为,相对于被系统和广泛研究的物理智能,人工社会智能几乎完全被忽视了。因此,他们侧重总结了人类社会智能及其人工智能实现的几个方面，主要包括社会感知(social perception)、心智理论(ToM)和社会交互(social interaction)。社会感知是心智理论和社会交互的基础。它主要包括对社会特征的感知，如动物性和能动性，并提供低级、自动、即时和无意识的视觉感知。心智理论是普雷马克(David Premack)提出的心理学概念，在哲学上对应于读心理论(Mindreading)，关注复杂的、分析的和逻辑的认知推理，包括由信念、意图和欲望等基本要素组成的通用认知系统。它要求行动者能够将信念、意图和欲望等心理状态归属给自己或他人，并承认人们的视角和心理构造既不同于自然世界，人与人之间也彼此有别。社会交互比社会感知和心智理论更强调多主体的互动活动，如沟通和合作的能力。①

除了以上这些系统性的陈述外，所谓人类级智能还包括我们通常所熟知的语言、创造力、意识和情感等方面的因素。这种满级的人类智能的人工智能实现也就是通用人工智能或塞尔所谓的强人工智能，玛格丽特·博登称之为"人工智能领域的圣杯"②。无可否认，人工智能已经在人类级智能模拟方面取得了非凡成就。朱松纯团队将这种成就主要指向人工物理智能，博登将它们统称为专家系统，莱克则更加侧重于基于深度学习在对象识别、语音识别和控制等领域的最新进展。但是，"人工智能领域的圣杯"到底能否实现？

一种过于乐观的态度表现为雷·库兹韦尔(Ray Kurzweil)的《奇点临近》(*The Singularity Is Near*)。奇点代表人工智能将达到人类水平，甚至超越强人工智能而成为超人工智能。库兹韦尔从生物和技术两方面将进化的历史划分为六个纪元。奇点从第五纪元开始，人机文明将超越人脑的限制。奇点之后，来自人类原始大脑的生物和技术的智能，将在物质和能量上开始饱和。为了达到第六纪元即宇宙觉醒的阶段，需要为最优级别的计算重新组织物质和能量，继而将这种最优的

---

① L. Fan, M. Xu, Z. Cao, et al., "Artificial Social Intelligence: A Comparative and Holistic View", *CAAI Artificial Intelligence Research*, 2022, Vol.1(2), pp.144—160.

② 玛格丽特·博登：《AI：人工智能的本质与未来》，孙诗惠译，中国人民大学出版社 2017 年版，第 28 页。

计算由地球推广至宇宙。①库兹韦尔甚至非常明确地将奇点到来的日期确定在 2045 年。②毫无疑问，这样的预言引起了广泛的争议。博登认为"书的副标题'当计算机超越人类'体现了一个哲学上让人难以信服的假设，即一个人可以存在于硅或神经蛋白上"③。可以肯定的是，这种预言目前并没有获得技术上的支持。

以往对人工智能的批评，包括德雷福斯对"计算机不能做什么"的追问、塞尔的中文屋实验等都代表了对这一问题的悲观态度。与瓦雷拉等人从对认知计算主义的批评中提出具身认知不同，德雷福斯等人的批评更像是为了批评而批评。更有趣的现象是，几位持悲观态度的著名批评者都不是严格的人工智能研究者。人工智能研究者对这一问题普遍表现出更为务实的怀疑态度，比如尼尔森对符号主义人工智能的批评。他总结了人工智能争论的四个主题："1. 计算的符号操作是没有意义的，而智能需要某种与环境的联结来构建符号的意义，而不仅仅是形式化的符号操作。2. 包括感觉在内的智能行为涉及非符号加工，也就是说，它不仅仅涉及数字信号，还涉及模拟信号。虽然任何物理过程都可以通过计算机的符号操作来模拟，但大量的模拟必然不堪重负。3. 因此计算并非智能的恰当模型，需要抛弃认知的计算隐喻。4. 大量的智能行为是无心的（mindless），比如昆虫甚至植物表现出智能行为，但它们不操作任何符号，而大量的人类智能也是如此。"④尼尔森的批评更像是为了实现人类级智能对符号主义人工智能提出的改进策略。同样，莱克和朱松纯等人对人类级智能的总结都是在考虑如何实现的问题。

---

① 库兹韦尔：《奇点临近》，李庆诚、董振华、田源译，机械工业出版社 2011 年版，第5—9 页。

② 同上书，第 80 页。

③ 玛格丽特·博登：《AI：人工智能的本质与未来》，孙诗惠译，中国人民大学出版社 2017 年版，第 178 页。

④ Nils J. Nilsson, "The Physical Symbol System Hypothesis: Status and Prospects", in *50 Years of Artificial Intelligence*, Edited by Max Lungarella, Fumiya Iida, Josh Bongard and Rolf Pfeifer, Springer, 2007, pp.9—10. 译文转引自李建会等：《心灵的形式化及其挑战：认知科学的哲学》，中国社会科学出版社 2017 年版，第 93—94 页。

尼尔森的一个思路是抛弃认知的计算隐喻,但莱克和朱松纯等人仍然主张在计算主义框架下,因此这里就涉及如何扩大对计算主义框架的理解的问题。皮其尼尼区分了传统认知计算主义的两个流行解释,一种是计算的语义解释(semantic account of computation),即认为"计算是以适当的方式操作表征的过程"①,另一种是计算的映射解释(mapping account of computation),即认为"一个系统是计算的仅当一个计算模型描述了这个系统的能力"②。相应地,在认知计算主义解释中也存在两种解释策略,一种是计算的机制说明(mechanistic explanation),即将一个系统划分为工作组件、这些组件在能力上的分配,以及组件之间的组织关系,另一种是功能分析(functional analysis),即对组件的能力、活动和运行的分析。传统认知计算主义的倾向是将机制说明吸收到计算解释中,而功能分析又往往和计算的映射解释联系在一起。结果导致许多作者在计算说明和功能分析之间不做明确区分,在计算说明和机制说明之间也不做明确区分。在这种背景下,皮其尼尼将"数字计算"(digital computing)定义为:"具体的数字计算系统是这样的机制,它的(目的论)功能是根据规则操作数字串,这些规则是一般的,即它们适用于所有来自相关字母表的数字,而且对它们的应用而言,它们依赖于输入的数字串(或许也包括输入字符串的内在状态)。"③皮其尼尼认为这样定义的计算不仅适用于符号主义计算,而且也适用于输入-输出以数字串为特征的联结网络。但是,这一计算定义不适用模拟计算机(analog computer)以及其他神经网络,所以需要一种能够覆盖非数字计算的更大的计算概念。所以,皮其尼尼提出泛型计算的概念(generic computation),"泛型计算是由通用规则定义的一个过程,基于在不同维度上其不同部分之间的差异来操作某种工具。

① Gualtiero Piccinini, "The Computational Theory of Cognition", in *Fundamental Issues of Artificial Intelligence*, Edited by Vincent C. Müller, Springer International Publishing, 2016, p.205.
② Ibid., p.207.
③ Ibid., p.213.

一个泛型计算系统是一个机制,它的(目的论)功能是根据规则操作某种类型的工具(数字的、模拟的或你拥有的其他工具)。这个规则是通用的,即它适用于所有相关种类的工具,也依赖服务于其应用的输入工具(或许也包括其内部状态)"[1]。根据这样定义的计算,皮其尼尼认为,那么神经活动也是神经计算,因为神经系统中的放电串(spike trains)就是这样的神经工具,但是神经计算既不是数字计算,也不是模拟计算。可以看出,皮其尼尼通过在一般意义上定义的神经计算,既想保留计算立场,又希望能够真实地解释认知神经活动。然而,问题是,将解释认知的任务仅仅置于认知神经科学上是否充分?

因此,一个补充的建议是融入具身性。博登认为,不只是大脑,身体也很重要。"被具身(To be embodied,译文有改动)就是指成为一个动态环境中或与这个环境积极互动的生命体。环境和互动涉及物理层面和社会文化层面。关键的心理属性不是推理或思想,而是适应和沟通。"[2]在这个意义上,博登认为,真正的智能体基于身体,屏幕上的强人工智能不可能是真的智能,即使它是一个自主智能体,结构上能够耦合到一个物理环境中,它也不是具身性的。莱克和朱松纯等对人类级智能的描述都与具身性有关。在莱克那篇文章的开放同行评议中,有学者指出:"文章论证了'启动软件'的重要性,但忽视了该软件的本质以及它是如何习得的。有机体与环境的具身性交互提供了理解直觉物理学和物理因果性的基础。"[3]作者对此回应称,对直觉物理学模型如何习得的问题,他们故意认为是尚未可知的,以便转而聚焦于该能力的存在、其类理论的结构、有用性和早期的涌现,"如果没有积极的具身参与,而仅仅通过被动地观看视听数据是否能够习得这样的表征是一个

---

① Gualtiero Piccinini, "The Computational Theory of Cognition", in *Fundamental Issues of Artificial Intelligence*, Edited by Vincent C. Müller, Springer International Publishing, 2016, p.214.

② 玛格丽特·博登:《AI:人工智能的本质与未来》,孙诗惠译,中国人民大学出版社 2017 年版,第 161 页。

③ B. M. Lake, T. D. Ullman, J. B. Tenenbaum, et al., "Building Machines That Learn and Think Like People, with Open Commentary", *Behavioral and Brain Sciences*, 2017, Vol.40, e253.

有趣的问题。与评议者意见一致,对我们而言,人类的这种表征可能正是产生于——通过进化与成长相结合的过程——行动者与世界长期的物理交互,将他们自身的力量施加于对象(也许一开始在婴儿身上有点随意),观察由此产生的影响,并相应地修改他们的计划和信念"①。实际上,在莱克和评议者之间,主要的分歧不是是否支持具身性的问题,而是如何在人工智能建构中实现这些人类级智能的各种能力,实现它们的算法或者数据结构,以及实现的程度。

5.2.3 严格意义上的形式化类比实践模型

那么一种既是基于计算主义框架,又是具身性的人工智能是否可能? 夏皮罗在《具身认知》中提到计算主义是否必然与具身认知相冲突的问题。这一探讨源于对莱考夫(George Lakoff)关于第一代认知科学与第二代认知科学的基本原则的比较。两代认知科学的四个原则之中涵盖以下这一点:第一代认知科学是离身的,第二代认知科学是具身的。由此,夏皮罗提出,莱考夫的具身性替代选择是否必然与心智的计算理论不可调和? 夏皮罗给出的回答是:"第一代认知科学的'问题'并非在于它采用了计算主义框架,而是它无法将有关身体的信息涵盖进它对心智程序的描述。"②这表明夏皮罗认为两者不是必然冲突的。但是,其中的原因我们还需要进一步的分析。

我们重新思考一下瓦雷拉等人是如何提出具身认知概念的。瓦雷拉对符号主义和联结主义的批评是,它们在认知中虚构了一个不可还原为生物学层次的符号或亚符号的层次,于是认知成为对预先被给予的信息进行表征的鸡立场观点。然后,瓦雷拉批评的重点转向表征主义,并在反表征的立场下提出操作闭圈和生成认知的概念。但是,瓦雷

---

① B. M. Lake, T. D. Ullman, J. B. Tenenbaum, et al., "Building Machines That Learn and Think Like People, with Open Commentary", *Behavioral and Brain Sciences*, 2017, Vol.40, e253.

② 夏皮罗:《具身认知》,李恒威、董达译,华夏出版社 2014 年版,第 103 页。

拉在这里似乎抓错了重点,从操作闭圈回溯的话,批评的重点应该是不可还原为生物学层次的符号和亚符号层次,只要将表征的层次重新拉回到生物学层次,具身认知就能够建立。我们知道,克拉克的延展认知并不是反表征主义的。因此,瓦雷拉对符号主义和联结主义的批评实际上应该回到侯世达对根特纳的结构映射引擎(SME)和当时各种人工智能的批评,即它们都绕过了表征形成问题,没有考虑从海量的环境信息中会获取哪些信息,并组织它们从而形成表征。换句话说,符号主义和联结主义的关键问题,不是它们的计算主义框架,而是它们无法从环境中直接获取信息,而只能被动地接受现成组织好的信息。

因此,我们现在可以在计算主义框架下定义具身人工智能(Embodied AI)①。具身人工智能是这样的理念:真正的智能能够从行动者与其环境的互动中涌现。具身人工智能区别于网络人工智能(Internet AI),前者能够使人工智能体在与其周围环境的互动中进行学习,后者则从主要来自网络的图像、视频和文本数据中学习。当前的具身人工智能是将来自视觉、语言和推理的传统智能概念结合到人工化身体中以帮助解决虚拟环境中的人工智能问题。具身人工智能模拟器(embodied AI simulators)旨在忠实地复制物理世界,这些模拟世界充当虚拟试验台,在将具身人工智能框架部署到现实世界之前,对其进行训练和测试。②可以预见,完全意义上的具身人工智能将达到人类级智能。

不难发现,就其理念而言,具身人工智能接近于朱松纯的"人工社会智能",以及李飞飞的"社会化的情境人工智能"(socially situated AI)。前面我们已经提到人工社会智能。李飞飞的社会化的情境人工智能的提出和具身人工智能一样,也是来自对获取信息的方法的焦虑。

---

① 人工智能领域也将之直接译为"具身智能"。本书因为也讨论人类具身智能,因此我们还是翻译为"具身人工智能"。

② J. Duan, S. Yu, H. L. Tan, et al., "A Survey of Embodied AI: From Simulators to Research Tasks", *IEEE Transactions on Emerging Topics in Computational Intelligence*, 2022, Vol.6(2), pp.230—244.

李飞飞将传统的人工智能训练方法比喻为将每一个人工智能体单独地关在一个堆满书籍的房间中。在大量手动标记的训练数据和抓取的网络内容的支持下,机器学习在许多任务中能取得快速进步。但是当一个概念不在训练数据中时,智能体无法习得它。通过在与现实社会环境中的人的持续互动进行学习能够打破这一隐喻性房间,因此李飞飞等人将这一方法称为"社会化的情境人工智能"。智能体不仅要收集数据以便学习新概念,还要学习如何与人进行互动,以便收集数据。本质上,这与朱松纯在人工社会智能中对社会感知、心智理论和社会交互的要求是一致的。它们对于智能对环境的依赖与具身人工智能是一致的。

鉴于具身认知的具身行动的特性,结合人工智能的类比逻辑机制,我们可以说,具身人工智能程序能够在更严格的意义上被称为形式化的类比实践模型。如果这种具身人工智能是一种非泛化类比学习程序,那么它可以视为最严格意义上的形式化的类比实践模型。就当前的具身人工智能研究而言,这样的两种类比实践模型实际上都尚未实现。我们这里将布鲁克斯(Rodney A. Brooks)基于行为的机器人学(The Behavior-Based Approach to Robotics)近似地视为较严格意义上的形式化类比实践模型,将安德森(John R. Anderson)的 ACT-R 模型近似地视为最严格意义上的形式化类比实践模型。

瓦雷拉将布鲁克斯的机器人学作为其生成认知科学内部的代表之一,而布鲁克斯像瓦雷拉一样也是从批评传统人工智能开始的。他说:"作为经典 AI 奠基的符号系统假说从根本上就是有缺陷的,并由此给其后果的适当性造成了严重的局限性。而且我们认为,当被用来为人类水平智能的数字对应物提供合理途径时,符号系统假说的信条暗含了许多重大的无根据的可信度上的跳跃。正是这些跳跃所跨越的缺口现在阻碍了传统人工智能的研究。"[①]在另一篇文章中,他又从表征的

---

① Rodney A. Brooks, "Elephants Don't Play Chess", *Robotics and Autonomous Systems*, 1990, Vol. 6, pp. 3—15.

角度对"好的表征是人工智能的关键"这一符号系统假说的信条提出了批评:"通过准确地表征那些仅仅直接相关的事实,对世界的语义学(表面上是相当复杂的)再次被还原为一个简单的闭合系统。这样,对仅仅相关的细节的抽象将问题简单化了。"①如瓦雷拉所评价,"这种抽象化错了智能的本质,智能仅仅存在于它的具身性中"②。相应地,布鲁克斯提供了新的替代假说,即物理奠基假说(physical grounding hypothesis)。"这个假说表明,为了构造一个智能系统,我们必须将其表征奠基于物理世界。我们关于这一方法的经验是,一旦基于这个承诺,对传统符号表征的需要很快就会完全消失。关键的观察是,世界就是它自己的最好模型。它总是在精确地不断更新,总是包含着要被知道的每一个细节。诀窍就是要适当地并足够频繁地去感知它。"③因此为了建构一个基于物理奠基假说的智能系统,我们必须通过一系列传感器和执行器将它与世界联结起来。而最终这个系统必须将它所有的目标和愿望表达为物理行动,从物理传感器中提取所有知识。

布鲁克斯的目标是新机器人学,即"建造在世界中与人类共在的完全自动的运动智能体(agent),并且在那些人类看来,它们就其自身而言是智能的存在"④。布鲁克斯将这样的智能体称为"造物"(Creatures)。"造物"必须满足如下几个要求:(1)造物必须适当而即时地处理其动态环境中的各种变化;(2)造物就其环境而言是健壮的(鲁棒性);(3)造物应该能保持多个目标,并且能改变自己主动追求的目标,以此,它既能适应周围环境,又能在偶然情况下实现利益最大化;(4)造物应该能在世界上做点什么,是有目的的存在。布鲁克斯说,他对造物的哲学意义没有任何特别的兴趣,虽然它显然具有重要的意义。但是在《机器人学的新进路》(New Approaches to Robotics)中,他对新机器

---

①④　Rodney A. Brooks, "Intelligence without Representation", *Artificial Intelligence*, 1991, Vol.47, pp.139—159.

②　F.瓦雷拉、E.汤普森、E.罗施:《具身心智:认知科学和人类经验》,李恒威、李恒熙、王球、于霞译,浙江大学出版社2010年版,第167页。

③　Rodney A. Brooks, "Elephants Don't Play Chess", *Robotics and Autonomous Systems*, 1990, Vol.6, pp.3—15.

人学的中心理念即情境性（situatedness）和具身性的提炼已经具有哲学上的意义。"情境性"是说"机器人处在世界之中，它们不处理抽象的描述，而是处理直接影响系统行为的环境中的'这儿'和'现在'"①。"具身性"是说"机器人有身体并直接经验世界，它们的行动是与世界动态关系的一部分，并直接反馈自己的感知"②。正是在具身人工智能的意义上，布鲁克斯基于行为的机器人学可以被较为严格地视为形式化的类比实践模型。

安德森的 ACT-R 源自其早期的思维适应控制（Adaptive Control of Thought，ACT）构架，"R"（Rational）表示进一步侧重于关系性思维的适应性控制，更加突出了对关系性思维尤其是类比的关注。但是早期 ACT 版本已经开始其类比使用了。他们专门说明了在何种意义上使用类比。"我们关注的是，类比是如何被包含在问题解决和技能习得中的，也就是，人们是如何唤醒一个类似的经验来帮助他们解决新问题的？这个经验可能来自他们自己的过去（这时类比被称为重复），可能来自对他人行为的观察（这时类比被称为模仿），或者来自对书本或其他说明性媒介提供的样例的适用（这时被称为复制）。"③博登评价它与当时的其他认知心理学模型有三个方面的不同，一是它对领域知识和实践技能分别采用了描述性表征和程序性表征，二是它结合了 GOFAI 和联结主义的研究思路，三是它是一个构造理论，即"一个在认知系统中建构的基本操作原则的理论"。④但是，作为一个技能习得机制，它要求学习者不仅要学习在哪种任务环境中相关的任务目标是什么，还要学习在不同环境中一个具体的行动会产生什么样的后果。"生产性习得（the acquisition of productions）不像事实习得或陈述性成分的认知单元。以简单的解码认知单元的方式来简单地增加一个生产性知识是

①② Rodney A. Brooks，"New Approaches to Robotics"，*Science*，1991，Vol.253 (5025)，pp.1227—1232.

③ Stella Vosniadou，Andrew Ortony，*Similarity and Analogical Reasoning*，Cambridge University Press，1989，p.267.

④ Margaret A. Boden，*Mind As Machine：A History of Cognitive Science*，Oxford University Press，2006，pp.436—437.

不可能的。相反,程序性学习只有在技能的执行中发生;人们通过做它来学习它。这就是程序性学习比陈述性学习更是一个渐进过程的原因之一。"①在 ACT 中,生产性知识是关于如何做某事的程序性知识,它与陈述性知识共同构成长期记忆的知识体系。

安德森认为"像骑自行车或打字这样的操作技能肯定是程序性知识的事例,但是他们在 ACT 理论中不是焦点,它的焦点是认知技能,如决策、数学问题求解、计算机编程和语言生成等"②。后来有学者利用这一认知架构进行人机交互研究,将其发展成为 ACT-R/E,使其具身性得到进一步加强,其中的"E"正是指具身性(Embodied)。特拉夫顿(J. Gregory Trafton)说:"我们描绘 ACT-R 构架的具身性,即具身的/关系性的思维适应性特征(ACT-R/E)。ACT-R/E 改造 ACT-R 以便使其在具身世界中发挥作用,即对认知施加额外的约束,让认知在物理的身体中发生,这样的身体必须在空间中导航和机动(maneuver),并感知世界、操纵对象。使用 ACT-R/E,我们能够建立更好、更全面的人类认知模型,并利用这些模型来提升我们的机器人与人类互动的能力。"③这一具身性改造使得 ACT-R 能够在最严格的意义上被视为形式化的类比实践模型。

5.3　形式化类比实践模型的逻辑构造

我已经区分了三种不同意义上的形式化类比实践模型。面向行动模拟的人工智能程序(包括类比计算模型)是最广义上的形式化类比实践模型,具身性人工智能程序因其具身行动和类比机制可以视为较严格意义上的形式化类比实践模型,而具身性类比人工智能程序是最严

---

①②　John R. Anderson, *The Architecture of Cognition*, Harvard University Press, 1983, p.215.

③　J. G. Trafton, L. M. Hiatt, A. M. Harrison, et al., "Act-R/E: An Embodied Cognitive Architecture for Human-Robot Interaction", *Journal of Human-Robot Interaction*, 2013, Vol.2(1), pp.30—55.

格意义上的形式化类比实践模型。然而后两种严格意义上的形式化类比实践模型事实上都没有完全实现。不过,我认为,广义上和严格意义上的形式化类比实践模型在类比逻辑机制的二维逻辑构造上没有本质区别,根本分歧是严格意义上的形式化类比实践模型因其具身性而要求对行动的实时控制。

5.3.1　纵向关系构造

我已经提到过对类比计算模型的两种分类方法,一是根据人工智能实现进路区分为符号主义、联结主义和混合型三大类,二是保罗·巴萨根据建模思路区分为结构主义模型、案例推理器程序和Copycat。实际上,就类比机制二维逻辑构造而言,保罗·巴萨的分类更符合这里的要求,因为他的分类标准本质上就是基于类比二维模型中的纵向关系。

结构主义路径的类比计算模型,顾名思义,这里的"结构主义"反映的正是类比推理的源域或靶域中诸要素的关系。根特纳的结构映射引擎(SME)、霍利约克和撒加德的类比约束映射引擎(ACME)都属于这一类型。根特纳的结构映射理论是这一类型共同的理论基础。结构映射理论的核心理念是一个域的结构关系能被应用到另一个域中。虽然其理论关注点更偏向于从源域到靶域的映射,但是其映射规则首先建立在对源域和靶域本身内部的纵向关系理解上。所以其系统性原则首先意味着对源域和靶域的分析。其映射的系统性原则是说,"属于彼此相互联结关系的一个可映射系统的谓词比一个孤立的谓词更有可能被传输到靶域中"①。根特纳认为,类比所传递的是一个相互联结的知识系统,而不是彼此独立的各种事实。只是她所谓的知识系统主要通过谓词表达式来表示,在这个知识系统中,更高阶的谓词能够加强低阶谓词中的联系。同属于结构映射理论的约束满足模型(A Constraint-

---

① Dedre Gentner, "Structure-Mapping: A Theoretical Framework for Analogy", *Cognitive Science*, 1983, Vol.7, pp.155—170.

Satisfaction Model)在考虑结构、语义之外,又增加了语用的约束因素,在《心智的跳跃:创造性思维中的类比》中,霍利约克和撒加德将它们概括为相似性、结构和目的这三个约束因素。"尽管感知的和语义的相似在类比思维中经常是有用的,但是复杂的类比使用除了依赖于相似性的约束外,还依赖于结构和目的的限制。"[1]从结构映射引擎到约束满足模型,可以看出,类比推理对纵向关系的分析越来越细致,就此而言,它们比玛丽·赫西的共现要求甚至更高,但是,就其结构的系统性要求而言,它们并不局限于因果性,因此似乎比因果性又更宽。

案例推理(CBR)的理念是,它依赖于以往的解决方案来解决新问题,"案例推理意味着能用老方案来满足新要求,用旧案例来解释新场景,用旧案例来批评新办法,或者意味着能从先例进行推理来解释新场景(像律师所做),或创造出适合新问题的办法(像劳动调解员所做)"[2]。案例可以是具体的经验,可以是一组相似案例集形成一个泛化的案例。因此案例推理高度依赖于案例库,而案例库的创建依赖于索引。它的纵向关系构造变成了建立案例库,但不是像结构映射理论那样去探索源域的系统性结构,而是对案例库进行索引工作。所以正如保罗·巴萨所说,索引的使用标志着案例推理和结构主义路径的最明显的差异,"结构主义方案,比如根特纳的结构映射引擎(SME,根特纳结构映射理论对应的人工智能程序)在方案的运作中确定什么是动态相关的。相反,案例推理依赖于预先建立好的固定的相关特征表"[3]。但是,案例推理的这种纵向关系构造已经明显超出了玛丽·赫西的因果性所设定的范围。

Copycat 的纵向关系构造既不同于结构主义程序,也不同于案例推理器。Copycat 模拟某种程度的心理压力下的概念滑动。关键就在

---

① K. J. Holyoak, P. Thagard, *Mental Leaps: Analogy in Creative Thought*, The MIT Press, 1995, p.37.

② Janet Kolodner, *Case-Based Reasoning*, Morgan Kaufmann, 1993, p.4.

③ Paul Bartha, *By Parallel Reasoning: The Construction and Evaluation of Analogical Arguments*, Oxford University Press, 2010, p.77.

于"某种程度",对于同一个概念在不同程度的心理压力下,它可能向不同的概念滑动。比如,如果我们在食堂吃饭,有朋友说:"桌面上有只苍蝇",你知道这个"桌面"是餐桌的"桌面",吃完饭,回到办公室,朋友又和你说"桌面上有只苍蝇",这里的"桌面"可能是你办公桌的"桌面",也可能是你电脑的"桌面",甚至手机的"桌面"。同样,在 Copycat 中,如果按照从 abc 到 abd 的方式,那么 mrrjjj 的概念滑动可能是 mrrkkk,也可能是 mrrjjjj。Copycat 用编码架上的"小码"包括检索码和效应码的运行来表示不同程度的概念滑动的压力。然而作为一种纯电脑程序,这种概念滑动的压力表示显然无法实现真实的概念滑动中的心理压力的丰富性和复杂性。所以,侯世达的高级感知理论接近于具身认知,但是其 Copycat 程序却不是一个具身人工智能程序。

布鲁克斯的基于行为的机器人虽然智能程度仍有欠缺,但它是一个具身性的类比实践模型。其纵向关系构造就体现在其与具身性相对应的情境性中。它要求"智能对环境的动态方面做出反应,移动机器人在与动物和人类相似的时间尺度上运行,智能能够在面对不确定的传感器、不可预测的环境和不断变化的世界时产生稳健的行为"①。因此,基于行为的机器人学的智能系统代替传统的感觉、认知(表征)和行动的三明治式功能分解,而转向行动分解:

> 一个替代性的分解并没有在诸如视觉的外周系统与中枢系统之间作出区分。相反,一个智能系统的根本切分是在垂直方向上把它划分为生产活动的子系统(activity producing subsystem)。每一个生产活动或行为的系统都逐个地将感觉与行动连接,我们把这种生产活动的系统称为层(layer)。活动是一种与世界相互作用的模式。活动也可以被称为技能(skill),它强调每个活动至少事后(*post facto*)能被合理化为追求某个目的。然而我们已选择

---

① Rodney A. Brooks, "New Approaches to Robotics", *Science*, 1991, Vol. 253 (5025), pp.1227—1232.

了活动这个词,因为我们的层必须决定什么时候去为自己行动,而
不是成为某个听命于其他层的被调用的子层。①

这一分解如下图②表示,这也充分体现了布鲁克斯反表征主义的立场,
而所谓基于具身性的情境性本质上也是机器人与环境之间的适应性。

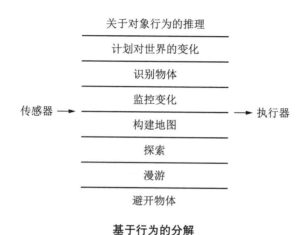

基于行为的分解

对 ACT-R 和 ACT-R/E 而言,其核心概念毫无疑问正是适应性
(adaptation)。在《思维的适应性特征》(*The Adaptive Character of
Thought*)中,安德森将人类的认知(包括行为)分析划分为四个层次,
即生物学层次、执行层次、算法层次,以及最高的理性层次。不同于纽
厄尔的理性原则,安德森将自己的"理性通用原则"(General Principle
of Rationality)定义为"认知系统的运作在任何时候都是对有机体行为
的适应性优化"③,并专门解释了其中的"理性"概念:"或许更显而易见
的意义(接近于纽厄尔的意义)是,人类在决定做什么时是在明确地从

---

① Rodney A. Brooks,"Intelligence without Representation",*Artificial Intelli-gence*,1991,Vol.47,译文转引自 F.瓦雷拉、E.汤普森、E.罗施:《具身心智:认知科学和人类经验》,李恒威、李恒熙、王球、于霞译,浙江大学出版社 2010 年版,第 169 页。

② 同上书,第 168 页。

③ John R. Anderson,*The Adaptive Character of Thought*,Lawrence Erlbaum Associates,Inc.,Publishers,1990,p.28.

事逻辑正确的推理。对人类理性的批评通常就是论证人类不是这样做的。第二种意义是，就实现人类目标而言，人类行为是最优的。"①第一种解释的理性是一种逻辑理性，第二种解释的理性是经济理性或更直接地称为适应性理性（adaptive rationality），它明确否认了适应这一优化的任何涉及逻辑演算的大脑机制。这也是安德森支持的立场，所以对其而言，理性原则就是适应性原则。那么，什么是适应性？安德森的理解是，"大多数人类认知能够基于如下假设来理解，即，它是对由环境提出的信息处理问题的最优解决方案"②，因此对人类认知的适应性分析也被称为理性分析。

5.3.2　横向相似性构造

对于形式化类比实践模型的横向相似性构造的逻辑分析需要预先做一个说明。我们虽然根据是否为具身性的和是否为非泛化的这两个类比模型两个标准，将形式化类比实践模型区分为广义上、较严格意义上和最严格意义上的三种，但就类比逻辑构造本身而言，我们当然也可以说，在具有类比逻辑机制意义上的人工智能程序也有其横向相似性。比如，布鲁克斯基于行为的机器人学开发的扫地机器人，从类比逻辑机制上说，它模拟了人类的扫地行为。但是，毫无疑问，其中的纵向关系分析即对人类的行动的分解，才是关键性的，而横向相似性构造即从人类行为到扫地机器人萎缩成一个纯粹工程学技术问题。换句话说，如果人工智能程序被视作类比模型，那么非泛化类比人工智能程序就是对类比的类比。所以，以下对形式化类比实践模型的横向相似性构造分析主要集中于具有非泛化特征的类比计算模型和最严格意义上的具身类比实践模型。

结构主义进路的类比计算模型所反映的相似性是结构或关系的相

① John R. Anderson, *The Adaptive Character of Thought*, Lawrence Erlbaum Associates, Inc., 1990, p.28.

② Ibid., p.x.

似性。以根特纳的结构映射理论为例,如根特纳所言,一个类比计算模型,可以没有检索,可以没有抽象,但是如果没有映射,就没有类比。所谓映射,根特纳定义为:"映射过程将两个结构化的表述作为输入,即基(或源)和靶,并计算一个或更多的映射。每个映射由一组对应关系组成,将源域中一个具体的项与靶域中一个具体的项联结起来。它也包括一些候选的推理,即基于设计的结构在从一个描述到另一个描述中关于什么为真的预测。典型的映射还包括一个分数以表明其结构质量。"①可见,映射的基础是两个结构化的表述。根特纳提出对映射过程的三个约束。第一,结构一致性,它包括两个限制:一是一一对应,即源域中的每个项最多对应于靶域中的一个项,反之亦然;二是平行关联性,即,如果映射中包含两个陈述的对应关系,那么它的推理中也必然包含对应关系。第二,系统性,即系统关系尤其是那些高阶约束关系的系统对应优先。第三,层叠对等性,即谓词和涵项之间的对等匹配优先。另外如何建构映射的思路也有三种不同的方案。第一种,自下而上式(bottom-up)。这种模型先产生出对应关系集,然后再看哪个对应比较匹配。第二种,自上而下式(top-down)则从基中的关键陈述开始直接去靶中试图找到它的匹配对象。但是根特纳认为这两种方式都不太理想,其结构映射引擎(SME)引入一种由内向外式(middle-out)的算法。它开始于在潜在的类比物之间平行地寻找所有可能的同一性匹配。这创造了一个基于同一性的对应关系的初始集,然后将相应的陈述对齐,可能的实体对应关系在这种对齐后被提出。

案例推理中的相似性虽然也部分地体现在案例库的创建上,但是主要体现在案例的使用,比如检索和重用等过程中,实际上也就是体现在类比迁移中。不同的案例推理模型所依赖的相似性类型可能是不同的。比如科洛德纳的 CYRUS 系统依据的是句法相似性(syntactical similarities),巴赖斯(Ray Bareiss)等人的 PROTOS 系统依据的是语义

　　① Dedre Gentner, K. D. Forbus, "Computational Models of Analogy", *Wiley interdisciplinary Reviews*: *Cognitive Science*, 2011, Vol.2(3), pp.266—276.

相似性(semantical similarities)。但是不管采用哪种相似性路径,他们的类比迁移的一般过程是一致的。以科洛德纳的 CYRUS 系统为例,当一个新的案例描述被给出,并搜索最匹配的案例时,该输入的案例结构会从根节点开始在网络结构中往下推行,搜索程序对案例检索和案例储存是相似的。当该案例的一个或更多特征与泛化情节中的一个或更多特征相匹配时,该案例会根据剩余的特征进一步分化,最终找到与输入案例具有最多共同特征的案例。在储存一个新案例时,当新案例的一个特征与现存案例的一个特征匹配时,泛化情节被创建。这两个案例接着被分化,通过不同的索引进行索引化。如果两个案例在同一个索引下结束,新的泛化情节自动被创建。正是在两个案例描述的相似部分被动态地泛化进一个泛化情节的意义上,我们说记忆结构是动态的。

在 Copycat 中,既然它是对概念滑动的模拟,那么自然地,它会关注如下问题:两个概念之间在何种情况下,仍然有潜在地彼此滑动的可能? 在 Copycat 中,所有的概念被放在滑动网中。每个概念意味着一个节点,节点间的邻近性由两个要素来界定,一个是概念联结(conceptual link),一个是概念深度(conceptual depth)。概念联结动态地调节两个概念之间的距离。概念距离在对当前情境的不断发展着的感知的影响下逐渐变化,这就意味着对情境的当前感知增强了某个特定的滑动的发生机会,同时也阻止了更远的滑动的发生。概念深度对应着概念的抽象等级,"粗略地说,一个概念的深度就是它在情境中离直接被感知到有多远"①。一个情境被给定的方面离直接感知越远,它更有可能被人们认为属于情境的本质。一个概念越深,它越抵制向另一个概念的滑动。但是一个好的类比倾向于在共有深层本质的情境之间发生。比如,如果我们能够感知"工作台"这个深层概念,那么我们可能会更好地理解普通桌面和电脑桌面之间的类比。

---

① Agnar Aamodt, Enric Plaza, "Case-Based Reasoning: Foundational Issues, Methodological Variations, and System Approaches", *AI Communications*, IOS Press, 1994, Vol.7(1), p.212.

ACT 认知构架本身并不是一个类比模型,但是当它进行技能学习时,用类比进行学习就形成了一个类比学习模型。安德森将技能或程序学习分成三个阶段即陈述、知识汇编和修正。陈述阶段是使用陈述信息来指导行为,是技能习得的解释程序。使用陈述信息的方法有两种,即,通用问题求解算子和类比形成程序。在类比形成程序中,"要使类比成功,就不能盲目地将源映射到新的领域。必须调用新域的规则……才能进行正确的映射。这些规则具有陈述性表示"①。在这里,新域的规则扮演了横向相似性构造的逻辑功能。后来,安德森等人将类比形成程序和通用问题求解相结合提出了路径映射理论(the path-mapping theory),这成为一个标准的类比计算模型。所谓路径映射,简单来说,就是假设"人们将概念以陈述性的方式表示为组织角色对象的结构,通过低层的相似角色路径检索映射类比物,并整合与高层组织性知识的映射"②。因此,相似的角色路径成为路径映射理论中的横向相似性构造。

5.3.3 实时形式系统刍议

对于类比计算模型而言,根据玛丽·赫西的二维逻辑构造理论,对其进行纵向关系和横向相似性分析,意味着对其逻辑重构可以说已经基本完成。但是对于具身性形式化类比实践模型而言,因其具身性、适应性或情境性的要求,实时行动是其基本特征,就此而言,具身性形式化类比实践模型是一个实时形式系统。因此,实时性分析也应该成为其逻辑构造中一个必不可少的第三支项。

前面我们已经探讨过,类比计算模型也包含对行动的模拟。斯图

---

① John R. Anderson, *The Architecture of Cognition*, Harvard University Press, 1983, p.230.

② Dario D. Salvucci, John R. Anderson, "Integrating Analogical Mapping and General Problem Solving: the Path-Mapping Theory", *Cognitive Science*, 2001, Vol.25, pp.67—110.

尔特·罗素在其经典教材中将人工智能的定义区分为四个大类后,紧接着就表明他在该教材中采取的是"理性行动者"(agent)的研究路径。他认为理性行动者是一个为了实现最佳结果,或者当存在不确定性时为了实现最佳期望结果而行动的行动者。他认为:"合理行动者的途径与其他途径相比有两个优点。首先,它比'思维法则'的途径更一般,因为正确的推理只是实现合理性的几种可能的机制之一。其次,它比其他基于人类行为或人类思维的途径更经得起科学发展的检验。"①然后结合环境概念,他将理性行动者这样界定:"对每一个可能的感知序列,根据已知的感知序列提供的证据和行动者具有的先验知识,理性行动者应该选择能使其性能度量最大化的行动。"②

除了理性行动者外,明斯基提供了一个较为特别的 agent 概念。在《心智社会》(*The Society of Mind*)中,他认为,智能由非智能演化而来,因此,必须表明如何将那些微小的、本身没有思维的部分构造成思维。他说:"我把这种组合称作'心智社会',其中每片思维都是由更小的程序组成的。我们把这些小程序叫作智能体(agent)。每个思维智能体本身只能做一些低级智慧的事情,这些事情完全不需要思维或思考,但我们会以一些非常特别的方式把这些智能体汇聚到社群中,从而产生真正的智能。"③根据明斯基的说法,agent 本身没有思维,智能就是 agent 的构造,这种构造明斯基称为心智社会。随后明斯基列出了这种心智社会(构造)所包含的 14 个关于 agent 的问题。但是在人工智能中,明斯基的这种理解显然是非主流的。

从工程实现的角度而言,戴维·普尔(David Poole)等人认为,行动者(agent)是感知、推理和行为的联结。一个"agent"可以是一个带有物理执行器和传感器的计算机引擎,即机器人,可以是给出建议的计算器即专家系统和提供感知信息的人与执行任务的人的联合,也可以是一

---

① Stuart J. Russell, Peter Norvig:《人工智能:一种现代的方法》(第 3 版),殷建平、祝恩、刘越、陈跃新、王挺译,清华大学出版社 2013 年版,第 6 页。

② 同上书,第 35 页。

③ 马文·明斯基:《心智社会》,任楠译,机械工业出版社 2017 年版,第 1 页。

个在纯粹计算机环境下执行的程序,一个信息机器人。一个"agent"必须具有关于这个世界的预先知识、能够从中学习的过去经验、必须实现的目标、对当前环境和对自身的观察,以及它所执行的行动。①普尔已经列出对"agent"的各种理解,它们可以区分为两类,即离身行动者和具身行动者。虽然两类行动者都可以提出对行动的要求,但是,具身行动者在实现人类级智能的意义上要求行动的实时性。

非具身人工智能由于只能从网络获取先成的信息,或如李飞飞等人的比喻,一个被单独关在房间里的人工智能体无法面对随着时间的推移而动态展开的新环境,因此它们无法真正实现实时行动,而这是人类级智能的基本特征。布兰登·莱克直接将如何实时地产生行动的能力作为人类级智能的基本组成之一。在机器视觉和语音系统中使用神经网络的一个重要动机就使之能够像大脑一样快速地做出反应,关键的问题就是要找出解决快速推理和结构化表征之间的冲突的可能路径。同样,对人工社会智能而言,实现实时人机交互是基本前提。以ToM为例,机器人怎样才能在实时人机交互中评估人类的意图并做出反馈?同样,机器人如何解释自己以便用户能够理解他们的行为,并提供有用的反馈来帮助他们的价值对齐?"为了完成人-机双向心理对齐,一种更加人类中心的、动态机-动态人(dynamic machine-dynamic human)的交流是必须的。在这一范式下,机器人除了要揭示其决策过程,还要接受用户的价值并实时改变其行为,以便机器人和人类用户以合作的方式实现一系列共同的目标。"②

布鲁克斯基于行为的机器人学,其研究动机正是源于对传统机器人和人工智能在动态世界中无法提供实时表现的不满。他相信,机动性、敏锐的视觉和在动态环境中执行与生存相关任务的能力将为发展真正的智能提供必要基础。因此,"一个完全自主移动机器人的控制系

---

① David Poole, Alan Mackworth, and Randy Goebel, *Computational Intelligence*, Oxford University Press, 1998, p.7.

② Luyao Yuan, et al., "In Situ Bidirectional Human-Robot Value Alignment", *Science Robotics*, 2022, Vol.7(68), eabm4183.

统必须实时完成许多复杂的信息处理,在一个其边界条件(以经典控制理论形式来看即时控制问题)快速变化的环境中运行"①。以布鲁克斯开发的机器人 Toto 为例,其包容架构(subsumption architecture)的核心是增强有限状态机(Augmented Finite State Machine,AFSM)。它不是直接规定的,而是将以一对一方式被编译进 AFSM 的实时规则集作为规则。所以,Toto 表明,基于行为的机器人能够有动态改变的长期目标,能够不断生成计划,建立实时地图。

安德森的 ACT-R 本身包含一个时间模块,"这个时间模块允许ACT-R 能够以心理学上合理的方式跟踪时间,即启动一个内部计时器来跟踪事件之间的间隔"②。但是 ACT-R 本身并不是一个具身认知架构,比如它用屏幕和键盘作为可感世界的延伸(screen-as-world),对时间的跟踪也并不准确,特拉夫顿将之比喻为一个有着噪音的节拍器,时间间隔越长,噪音就越大,精度就越低。ACT-R/E 的改进是引入空间感知模块使其能在三维世界中进行空间推理,调整视觉和运动模块以实现感知和行动之间的紧密联系。特拉夫顿认为,这样的 ACT-R/E将表现出两个优点,"第一,它提供了在认知科学传统内对人的深度理解:我们的 ACT-R/E 模型忠实地模拟人们对周围世界的感知、思考和行动。第二,ACT-R/E 模型在处理人类的优势、局限性和知识时能使用这种深度理解"③。毫无疑问,这样的 ACT-R/E 也能更加精确地跟踪时间。

① Rodney A. Brooks, "A Robust Layered Control System for A Mobile Robot", *IEEE Journal on Robotics and Automation*, 1986, Vol.2(1), pp.14—23.
②③ J. G. Trafton, L. M. Hiatt, A. M. Harrison, et al., "Act-R/E: An Embodied Cognitive Architecture for Human-Robot Interaction", *Journal of Human-Robot Interaction*, 2013, Vol.2(1), pp.30—55.

结　　语

　　我们可以设想,在具身人工智能的介入下,未来人类生活可能会是这样的——

　　机器人能够每天同步你的日常生活轨迹,描述和处理你的生活实践。在积累了足够的记录后,它能根据这些记录,对你生活中的每一次行动做出完全合乎你的个性和期望的合理选择。你的每一次行动不再需要自己做出决定,或者你也可以用它来验证你做出的决定,但这完全是多此一举。

　　你可以立即否认:这不太可能。但无论是否可能,这里面包含许多前提或辩论的焦点,比如,第一,如何"完整地"描述一个行动,这是一个行动哲学的问题;第二,机器能不能完整地"描述"一个行动,这是一个自然语言处理的问题;第三,是否要考虑不同实践场域的差异,这是一个通用人工智能问题。当然你还可以考虑它的伦理问题、信息数据库大小问题、合理性问题等等。同样,这里也包含类比问题,即人工智能对人的行动的模拟。如果结合布尔迪厄的类比实践,这里还依赖于另一个类比,即每一次的行动是基于习性对以往行动的模拟。本书关注的就是智能行为的类比解释问题。

　　回顾一下,我们对类比的使用。当柏拉图借苏格拉底之口与格劳孔等人用大字和小字的类比讨论正义时,当托马斯证明日常语言是以类比的方式来言说上帝时,当罗素说因为别人的行为和我们自己的行为相似,因而我们知道他们一定有这跟我们类似的原因时,当侯世达痴迷于像"从 abc 到 abd 按同样的方式 ijk 变成什么"这样的文字游戏时，当米利肯说变色龙能与环境保持同色时，以及当布尔迪厄讨论我们的游戏感以及任何以往经历过的行为时——我们似乎认为它们是不同的，甚至类比的定义在这些情境中也各不相同。柏拉图的类比是一种比例关系，托马斯看作是"在先的和在后的"不同的使用语言的方式，罗素看作是一种类比推理，侯世达看作是概念滑动，米利肯看作是动物的专有功能，而布尔迪厄看作是类比实践。然而，无论如何定义，这些类比的不同使用方式都指向同一项认知活动，即，做类比。因此，我们应该将类比这个概念动词化，当我们谈论"类比"（analogy）时，我们就是在谈论"做类比"（analogy-making），即我们是在从事一项类比实践。这样我们会发现，当我们询问什么是类比时，我们也就是在问，类比是如何发生的？

将类比看作一种认知活动或一种实践活动，它们的发生机制表面看来似乎不太一样。就认知活动而言，根特纳将类比看作一种由概念和谓词构成的命题网络之间的结构映射，是一种域的关系的比较，罗杰·尚克将类比看作在记忆中对相关情节的回忆，侯世达将类比看作心理结构的滑动。就实践活动而言，布尔迪厄将类比看作实践生成图式也即习性的迁移。应该说，布尔迪厄和罗杰·尚克有共同之处，因为他们都是从过去经历中提取相关结构，但是差别在于，前者认为过去的经历身体化为习性，而后者将过去的经历看作记忆。布尔迪厄与侯世达也有共同之处，他们都将类比扩展到了实践，差别在于，侯世达之所以将类比扩展到实践是因为他将过去的经历看作一种不具有语言标签的心理结构。所以，他们之间的差异，以及类比的认知视角和实践视角的差异，根本上是对认知的理解差异。根特纳的结构映射和罗杰·尚克的动态记忆是一种传统的离身认知理论，即一种苏珊·赫尔利所谓"三明治"式的理论，感知、思想和行动是彼此分离的，思想居于认知的中心，感知为思想提供素材，而行动只是思想的附属品。侯世达的高级感知是一种介于传统认知与具身行动之间的一个中间立场，所以他能从认知延伸到实践。具身行动是瓦雷拉的概念，旨在强调认知、身体、行动在生理、心理和文化情境中不可分离的特点。因此,我们发现,如果从具身行动出发,那么作为认知活动的类比和作为实践活动的类比将达成统一,或者说,随着从传统离身认知向具身行动的转向,我们应该从纯粹认知的立场转向从实践的观点来看待类比。

我们甚至可以认为,类比就其解释功能向实践功能的转向是传统离身认知向具身行动的转变在类比探究中的反映。认知科学家一致认为,类比是认知活动的触发器(核心),从实践的观点看,那么类比是实践的触发器和核心。将类比看作是认知活动时,类比的功能只能是一种解释功能,而从实践的观点来看待类比时,类比的功能是生产实践,在这个意义上,类比的功能和类比是什么也是一回事。对米利肯来说,专有功能不是行动,但它既是该专有功能的执行,也即该行动的整个历史,也是当下潜在的行动,具有该行动的倾向。对布尔迪厄而言,习性也是倾向而不是行动,实践是习性的实现。而习性来自原始习得的反复灌输。所谓"反复灌输"正是通过每一次的实践作为结构练习对习性的强化和优化直至娴熟的过程。所谓"娴熟"是一种无意识状态,是生成性遗忘,习性是全部生产历史的有效在场,因此,类比地建构实践的过程也是实践地建构类比的过程。

这样看来,合理性评估的问题也不再成为问题,或者说,在实践中构造类比的过程本身也是评估类比的过程,是同一个过程。在将类比作为一种推理并置于归纳推理中时,我们不得不对其合理性进行事后的评估。对凯恩斯来说,虽然这种合理性的概率无法计算,但可以比较,对卡尔纳普来说,它可以用证实度来表示。玛丽·赫西改变了这一方向。她将类比模型化,认为所有类比都存在纵向关系和横向关系的二元关系构造,类比的建构转向为类比建模或模型化,保罗·巴萨进一步确认了这一思路,并在类比模型建构中强调纵向关系中彻底考察先在关联性以及合理性评估从总体相似转向相关相似的重要性。也就是说,对类比合理性的事后评估转向了合理类比模型的建构。所以我们看到,所有关于类比的认知机制理论都表现为模型。类比的实践活动更是如此,米利肯的专有功能是一种规范性条件下的规范性说明,所谓

"规范性条件"是该功能在历史中被执行时的最优条件，相应地，规范性说明也是最优说明。对布尔迪厄来说，习性的实现或实践总是一种最优策略。换句话说，实现了的实践总是被合理性地建构的，尽管基于别的实践理论视角也许并非如此，但其理论自身是自洽的。所以，实践的类比模型也是类比的实践模型，无论是对于专有功能、类比实践，还是基于行动模拟的人工智能而言。

我们现在可以回头看结语开始关于未来人类生活所做出的设想。这是一个人工智能未来发展的假想。人工智能已经深度融入与类比的互动之中。人工智能本身是对人类智能的模拟，也就是说其核心是类比机制。并且，我们还可以在更具体的层面进一步分析类比在人工智能中的使用程度，比如机器学习和案例推理。同时，研究类比的认知科学家自觉借助人工智能程序来研究类比认知机制和发生过程，虽然他们各自为不同的认知机制辩护，然而他们关于整个类比认知的发生过程的理解及其人工智能程序中的实现基本达成一致，即都划分为检索、映射、抽象和再表示。大量人工智能程序是其中一个或几个环节的程序实现。不过，到此为止，它们只是把人工智能当作实现类比的工具。需要更进一步，即从实践的观点看待类比，人工智能程序和人类实践一样，是在做类比，或者更直接地说，在从事类比实践。无论是从具身行动的视角，类比实践的视角，还是人工智能的视角，行动者都不再是一个相对于客体的主体，而是一个相对于其环境的智能体。因此，将机器人视为帮我们来做决定然后进行验证的想法仍然是一种认知的、解释的、工具的视角。从实践的观点看，如果人工智能未来能够完美同步我们的生活轨迹，那么它们就能"像"我们一样地生活，面对生活场景和场域的变化仍然能够游刃有余。在此意义上，类比的实践模型也是实现通用人工智能或人类级智能的一种建构思路和顶层设计方案。

参 考 文 献

中文文献

Ray Kurzweil:《奇点临近》,李庆诚、董振华、田源译,机械工业出版社 2011 年版。

Tom M. Mitchell:《机器学习》,曾华军、张银奎等译,机械工业出版社 2003 年版。

阿奎那:《神学大全》(第 1 集 论上帝 第 1 卷 论上帝的本质),段德智译,商务印书馆 2013 年版。

安迪·克拉克:《预测算法:具身智能如何应对不确定性》,刘林澍译,机械工业出版社 2020 年版。

保罗·撒加德:《爱思维尔科学哲学手册:心理学与认知科学哲学》,王姝彦译,北京师范大学出版社 2015 年版。

柏拉图:《蒂迈欧篇》,谢文郁译,上海人民出版社 1995 年版。

柏拉图:《理想国》,郭斌和、张竹明译,商务印书馆 1986 年版。

《柏拉图全集》,王晓朝译,人民出版社 2003 年版。

伯纳德·威廉姆斯:《柏拉图〈理想国〉中城邦和灵魂的类比》,聂敏里译,载《云南大学学报(社会科学版)》2009 年第 1 期。

布尔迪厄:《国家精英——名牌大学与群体精神》,杨亚平译,商务印书馆 2004 年版。

布尔迪厄:《帕斯卡尔式的沉思》,刘晖译,生活·读书·新知三联书店

2009 年版。

布尔迪厄：《实践感》，蒋梓骅译，译林出版社 2003 年版。

布尔迪厄：《实践理论大纲》，高振华、李思宇译，中国人民大学出版社 2017 年版。

布尔迪厄：《实践理性：关于行为理论》，谭立德译，生活·读书·新知三联书店 2007 年版。

布尔迪厄、华康德：《实践与反思——反思社会学导引》，李猛、李康译，中央编译出版社 1998 年版。

大卫·布鲁尔：《知识和社会意象》，霍桂桓译，中国人民大学出版社 2014 年版。

笛卡尔：《第一哲学沉思集》，庞景仁译，商务印书馆 2010 年版。

笛卡尔：《探求真理的指导原则》，管震湖译，商务印书馆 1995 年版。

菲利普·佩迪特：《语词的创造——霍布斯论语言、心智与政治》，于明译，北京大学出版社 2020 年版。

《弗雷格哲学论著选辑》，王路译，商务印书馆 2006 年版。

海德格尔：《存在与时间》，陈嘉映译，生活·读书·新知三联书店 1999 年版。

侯世达：《哥德尔、艾舍尔、巴赫——集异璧之大成》，本书翻译组译，商务印书馆 1996 年版。

侯世达、流动性类比研究小组：《概念与类比：模拟人类思维基本机制的灵动计算架构》，刘林澍、魏军译，机械工业出版社 2022 年版。

侯世达、桑德尔：《表象与本质》，刘健、胡海、陈琪译，浙江人民出版社 2018 年版。

胡塞尔：《笛卡尔沉思与巴黎讲演》，张宪译，人民出版社 2008 年版。

吉尔松：《中世纪哲学精神》，沈清松译，上海人民出版社 2008 年版。

卡尔·波普尔：《科学发现的逻辑》，查汝强、邱仁宗、万木春译，中国美术学院出版社 2018 年版。

卡尔纳普：《科学哲学导论》，张华夏、李平译，中国人民大学出版社 2007 年版。

《康德哲学著作全集　第 3 卷：纯粹理性批判》，李秋零译，中国人民大学出版社。

库恩:《科学革命的结构》,金吾伦、胡新和译,北京大学出版社 2003 年版。

鲁道夫·卡尔纳普:《世界的逻辑构造》,陈启伟译,上海译文出版社 1999 年版。

路易·阿尔都塞:《保卫马克思》,顾良译,杜章智校,商务印书馆 1984 年版。

罗纳德·吉雷、比克尔等:《理解科学推理》,邱惠丽、张成岗译,科学出版社 2010 年版。

《罗素文集 第 10 卷:逻辑与知识》,苑莉均译,张家龙校,商务印书馆 2012 年版。

罗素:《人类的知识——其范围与限度》,张金言译,商务印书馆 2017 年版。

马蒂尼奇:《语言哲学》,牟博、杨音莱、韩林合等译,商务印书馆 1998 年版。

《马克思恩格斯全集》(第 46 卷上),人民出版社 1972 年版。

马仁邦:《中世纪哲学》,孙毅、查常平、戴远方、杜丽燕、冯俊等译,中国人民大学出版社 2009 年版。

马文·明斯基:《心智社会》,任楠译,机械工业出版社 2017 年版。

玛格丽特·博登:《AI:人工智能的本质与未来》,孙诗惠译,中国人民大学出版社 2017 年版。

玛格丽特·博登:《人工智能哲学》,刘西瑞、王汉琦译,上海人民出版社 2001 年版。

莫里斯·梅洛-庞蒂:《行为的结构》,杨大春、张尧均译,商务印书馆 2010 年版。

莫里斯·梅洛-庞蒂:《知觉现象学》,姜志辉译,商务印书馆 2001 年版。

牛顿-史密斯:《科学哲学指南》,成素梅、殷杰译,上海科技教育出版社 2006 年版。

培根:《新工具》,许宝骙译,商务印书馆 1984 年版。

史蒂芬·卢奇、科尼·科佩克:《人工智能》(第 2 版),林赐译,人民邮电出版社 2018 年版。

斯沃茨:《文化与权力——布尔迪厄的社会学》,陶东风译,上海译文出版社 2012 年版。

F.瓦雷拉、E.汤普森、E.罗施：《具身心智：认知科学和人类经验》，李恒威、李恒熙、王球、于霞译，浙江大学出版社 2010 年版。

夏皮罗：《具身认知》，李恒威、董达译，华夏出版社 2014 年版。

休谟：《人性论》，关文运译，郑之骧校，商务印书馆 2016 年版。

《亚里士多德全集》，苗力田译，中国人民出版社 1992 年版。

陈晓平：《贝叶斯方法与科学合理性——对休谟问题的思考》，人民出版社 2010 年版。

陈晓平：《罗素的"命题"与弗雷格的"语句"之比较》，载《哲学研究》2012 年第 4 期。

邓生庆、任晓明：《归纳逻辑百年历程》，中央编译出版社 2006 年版。

董尚文：《阿奎那语言哲学研究》，人民出版社 2015 年版。

费多益：《自我研究的情境化进路》，载《哲学动态》2008 年第 3 期。

高新民：《意向性理论的当代发展》，中国社会科学出版社 2008 年版。

郭美云：《试析普莱尔基于混合时态逻辑对其时间观的辩护》，载《逻辑学研究》2018 年第 4 期。

霍书全：《普莱尔早期的时态逻辑思想》，载《重庆理工大学学报（社会科学版）》2014 年第 7 期。

李建会、符征、张江：《计算主义——一种新的世界观》，中国社会科学出版社 2012 年版。

刘鑫：《亚里士多德的类比学说》，载《清华西方哲学研究》2015 年第 1 期。

倪梁康：《胡塞尔现象学概念通释》，生活·读书·新知三联书店 2007 年版。

聂敏里：《〈理想国〉中柏拉图论大字的正义和小字的正义的一致性》，载《云南大学学报（社会科学版）》2009 年第 1 期。

宋继杰：《Being 与西方哲学传统》，河北大学出版社 2001 年版。

汪子嵩、王太庆：《陈康：论希腊哲学》，商务印书馆 1990 年版。

吴天岳：《重思〈理想国〉中的城邦-灵魂类比》，载《江苏社会科学》2009 年第 3 期。

徐长福：《劳动的实践化和实践的生产化——从亚里士多德传统解读马克

思的实践概念》，载《学术研究》2003 年第 11 期。

徐英瑾：《心智、语言和机器——维特根斯坦哲学和人工智能科学的对话》，人民出版社 2013 年版。

张一兵、姚顺良、唐正东：《实践与物质生产——析马克思主义新世界观的本质》，载《学术月刊》2006 年第 7 期。

张舟、高新民：《当代心灵哲学中的新目的论》，载《华中师范大学学报（人文社会科学版）》2014 年第 2 期。

赵敦华：《基督教哲学 1500 年》，人民出版社 1994 年版。

外文文献

Agnar Aamodt, Enric Plaza, "Case-Based Reasoning: Foundational Issues, Methodological Variations, and System Approaches", *AI Communications*, 1994, 7(1).

Andy Clark, *Being There: Putting Brain, Body, and World Together Again*, The MIT Press, 1998.

Andy Clark, *Mindware: An Introduction to the Philosophy of Cognitive Science*, Oxford University Press, 2001.

Anna T. Cianciolo, Robert J. Sternberg, *Intelligence: A Brief History*, Blackwell Publishing, 2004.

Arthur Prior, *Papers on Time and Tense (New edtion)*, Oxford University Press, 2003.

Arthur Prior, *Time and Modality*, Oxford University Press, 1957.

B. Goertzel, P. Wang, *Advances in Artificial General Intelligence Concepts, Architectures and Algorithms*, IOS Press, 2007.

B. Falkenhainer, K. Forbus, and D. Gentner, "The Structure-Mapping Engine: Algorithm and Examples", *Artificial Intelligence*, 1989/90, 41.

B. M. Lake, Ullman, T. D., Tenenbaum, J. B., & Gershman, S. J., "Building Machines That Learn and Think Like People", *Behavioral and Brain Sciences*, 2017, 40.

C. Spearman, *The Abilities of Man*, Macmillan, 1927.

Charles Darwin, *The Descent of Man*, *and Selection in Relation to Sex*, Princeton University Press, 1981.

D. C. Penn, K. J. Holyoak, D. J. Povinelli, "Darwin's Mistake: Explaining The Discontinuity between Human and Nonhuman Minds", *Behavioral and Brain Sciences*, 2008, 31(2).

D. J. Gillan, D. Premack, G. Woodruff, "Reasoning in the Chimpanzee: I. Analogical Reasoning", *Journal of Experimental Psychology: Animal Behavior Processes*, 1981, 7(1).

D. Premack, "The Codes of Man and Beasts", *Behavioral and Brain Sciences*, 1983, 6(1).

Dario D. Salvucci, John R. Anderson, "Integrating Analogical Mapping and General Problem Solving: the Path-mapping Theory", *Cognitive Science*, 2001, 25.

David I. Poole, Randy G. Goebel, and Alan K. Mackworth, *Computational intelligence*, Oxford University Press, 1998.

Dedre Gentner, Kenneth D. Forbus, "Computational Models of Analogy", Wiley Interdisciplinary Reviews, *Cognitive Science*, 2011, 2(3).

Dedre Gentner, K. Holyoak, and B. Kokinov, *The Analogical Mind: Perspectives from Cognitive Science*, MIT Press, 2001.

Dedre Gentner, "Structure-Mapping: A Theoretical Framework for Analogy", *Cognitive Science*, 1983(7).

Dermot Moran, "Edmund Husserl's Phenomenology of Habituality and Habitus", *Journal of the British Society for Phenomenology*, 2011, Vol.42, No.1.

Donald Davidson, *Subjective*, *Intersubjective*, *Objective*, Oxford University Press, 2001.

Douglas Hofstadter, *Fluid Concepts and Creative Analogies*, Basic Books, 1996.

J. Duan, S. Yu, H. L. Tan, et al. "A Survey of Embodied AI: From Simulators to Research Tasks", *IEEE Transactions on Emerging Topics in Computational Intelligence*, 2022, 6(2).

E. Hüllermeier, Kruse R., Hoffmann F. (eds.), *Computational Intelligence for Knowledge-Based Systems Design: Proceedings of the 13th International Conference on Information, Processing and Management of Uncertainty* (IPMU'10), Dortmund, Vol. 6178 of LNCS, 757—767, Springer, 28 June—2 July, 2010.

E. J. Ashworth, "Analogy and Equivocation in Thirteenth-Century Logic: Aquinas In Context", *Mediaeval Studies*, 1992, 54.

Edmund Husserl, *Phenomenological Psychology*, Translated by John Scanlon, Martinus Nijhoff, 1977.

Edmund Husserl, *Psychological and Transcendental Phenomenology and the Confrontation with Heidegger (1927—1931)*, Translated and Edited by Thomas Sheehan and Richard E. Palmer, Springer-Science + Business Media, 1997.

Edward Thorndike, *Animal Intelligence: Experimental Studies*, The Macmillan Company, 1911.

Elisabeth Camp, "A Language of Baboon Thought?", in *Philosophy of Animal Minds*, Edited by Robert Lurz, Cambridge University Press, 2009.

Francis Bacon, *A Critical Edition of the Major Works*, Edited by Brian Vickers, Oxford University Press, 1996.

Fred Dretske, *Explaining Behavior: Reasons in a World of Cause*, The MIT press, 1991.

Fred Dretske, *Minimal Rationality*, in *Rational Animals?*, Edited by Susan Hurley and Matthew Nudds, Oxford University Press, 2006.

Frederick Suppe, *The Semantic Conception of Theories and Scientific Realism*, University of Illinois Press, 1989.

G. E. R. Lloyd, *Polarity and Analogy: Two Types of Argumentation in Early Greek Thought*, Cambridge University Press, 1966.

G. H. Bower, *The Psychology of Learning and Motivation*, Academic

265

Press，1985.

G. Manning，"Analogy and Falsification in Descartes' physics"，*Studies in History and Philosophy of Science Part A*，2012，43(2).

Gail Weiss，Honi Fern Haber，*Perspectives on Embodiment：The Intersections of Nature and Culture*，Routledge，1999.

H. Reichenbach，*Experience and prediction：An Analysis of the Foundations and the Structure of Knowledge*，The University of Chicago Press，1938.

Henri Prade，Gilles Richard，*Computational Approaches to Analogical Reasoning：Current Trends(Vol.548)*，Springer，2014.

J. Call，G. M. Burghardt，I. M. Pepperberg，C. T. Snowdon，& T. Zentall(Eds.)，*APA Handbook of Comparative Psychology：Perception，Learning，and Cognition*，Vol.2，American Psychological Association，2017.

J. Fagot，E. A. Wasserman，& M. E. Young，"Discriminating the Relation between Relations：The Role of Entropy in Abstract Conceptualization by Baboons(Papio Papio)and Humans(Homo Sapiens)"，*Journal of Experimental Psychology：Animal Behavior Processes*，2001，27.

J. G. Trafton，L. M. Hiatt，A. M. Harrison，et al. "Act-R/E：An Embodied Cognitive Architecture for Human-robot Interaction"，*Journal of Human-Robot Interaction*，2013，2(1).

J. M. Keynes，*A Treatise on Probability*，Macmillan，1921.

J. M. Robson，*The Collected Works of John Stuart Mill*，*volume VII*，*A System of Logic*，*Ratiocinative and Inductive：Being a Connected View of the Princilples of Evidence and the Methods of Scientific Investigation*，University of Toronto Press，1974.

James C. Kaufman，Elena L. Grigorenko，*The Essential Sternberg Essays on Intelligence*，*Psychology*，*and Education*，Springer Publishing Company，2009.

Janet Kolodner，*Case-Based Reasoning*，Morgan Kaufmann，1993.

Jean Piaget，*Genetic Epistemology*，Translated by Eleanor Duckworth，

Columbia University Press，1970.

Jean Piaget，*Logic and Psychology*，Manchester University Press，1953.

Jennifer Vonk，Todd K. Shackelford，*Encyclopedia of Animal Cognition and Behavior*，Springer International Publishing，2022.

John Haugeland，*Artificial Intelligence: The Very Idea*，The MIT Press，1985.

John Haugeland. *Mind Design II: Philosophy, Psychology, and Artificial Intelligence*，The MIT Press，1997.

John R. Anderson，*The Adaptive Character of Thought*，Lawrence Erlbaum Associates，Inc.，1990.

John R. Anderson，*The Architecture of Cognition*，Harvard University Press，1983.

K. J. Holyoak，P. Thagard，"Analogical Mapping by Constraint Satisfaction"，*Cognitive Science*，1989(13).

K. J. Holyoak，P. Thagard，*Mental Leaps: Analogy in Creative Thought*，MIT Press，1995.

K. J. Holyoak，Robert G. Morrison，*The Oxford Handbook of Thinking and Reasoning*，Oxford University Press，2012.

Karen Ketler，"Case-Based Reasoning: An Introduction"，*Expert Systems with Applications*，1993，6.

Katharine Park，"Bacon's 'Enchanted Glass'"，*Isis*，1984，75(2).

Kenneth D. Forbus，Dedre Gentner，Arthur B. Markman，Ronald W. Ferguson，"Analogy Just Looks Like High Level Perception: Why A Domain-General Approach to Analogical Mapping Is Right"，*Journal of Experimental & Theoretical Artificial Intelligence*，1998，10(2).

Kristian Moltke Martiny，"Book Review of Lawrence Shapiro's *Embodied Cognition*"，*Phenom Cogn Sci*，2011.

Kristin Andrews，*The Animal Mind: An Introduction to the Philosophy of Animal Cognition*，Routledge，2020.

L. Fan，M. Xu，Z. Cao，et al.，"Artificial Social Intelligence: A Comparative and Holistic View", *CAAI Artificial Intelligence Research*, 2022, 1(2).

L. Magnani, N. Nersessian, P. Thagard, *Model-Based Reasoning in Scientific Discovery*, Springer Science & Business Media, 1999.

L. Mauss, "Techniques of the Body", *Economy and Society*, 1973, 2(1).

L. Meteyard, S. R. Cuadrado, B. Bahrami, G. Vigliocco, "Coming of Age: A Review of Embodiment and the Neuroscience of Semantics", *Cortex*, 2012, 48(7).

Lawrence Shapiro, *Embodied Cognition*, Routledge, 2019.

Lorenzo Magnani, Nancy J. Nersessian and Paul Thagard, *Model-Based Ressoning in Scientific Discovery*, Springer Science & Business Media, 1999.

Luyao Yuan, et al., "In Situ Bidirectional Human-Robot Value Alignment", *Science Robotics*, 2022, 7(68).

Magaret A. Boden, *The Creative Mind: Myths and Mechanisms*, Psychology Press, 2004.

Margaret A. Boden, *Mind As Machine: A History of Cognitive Science*, Oxford University Press, 2006.

Margaret Wilson, "Six Views of Embodied Cognition", *Psychonomic Bulletin & Review*, 2002, 9.

Mary B. Hesse, "Analogy and Confirmation Theory", *Philosophy of Science*, 1964, 31(4).

Mary B. Hesse, "Aristotle's Logic of Analogy", *The Philosophical Quarterly*, 1965, 15(61).

Mary B. Hesse, "Keynes and the Method of Analogy", *Topoi*, 1987, 6.

Mary B. Hesse, *Models and Analogies in Science*, University of Notre Dame Press, 1966.

Mary B. Hesse, "On Defining Analogy", *Proceedings of the Aristotelian Society*, New Series, 1959—1960, 60.

Matteo Colombo, Gualtiero Piccinini, *The Computational Theory of Mind*, Cambridge University Press, 2023.

Max Lungarella, Fumiya Iida, Josh Bongard, Rolf Pfeifer, *50 Years of*

Artificial Intelligence, Springer Berlin Heidelberg, 2007.

Melanie Mitchell, "Abstraction and Analogy-making in Artificial Intelligence", *Annals of the New York Academy of Sciences*, 2021, 1505(1).

Melanie Mitchell, *Complexity: A Guided Tour*, Oxford University Press, 2009.

N. Cartwright, *How the Laws of Physics Lie*, Clarendon Press; Oxford University Press, 1983.

Nelson Goodman, *Problems and Projects*, Bobbs-Merrill, 1972.

Nick Crossley, "Habit and Habitus", *Body & Society*, 2013(19).

Nils J. Nilsson, *The Quest for Artificial Intelligence: A History of Ideas and Achievements*, Cambridge University Press, 2010.

Norman Kretzmann, Anthony Kenny, and Jan Pinborg, *The Cambridge History of Later Medieval Philosophy*, Cambridge University Press, 1982.

Omar Lizardo, "The Cognitive Origins of Bourdieu's Habitus", *Journal for the Theory of Social Behaviour*, 2004, 34(4).

P. Langley, H. Simon, et al., *Scientific Discovery: Computational Explorations of the Creative Processes*, The MIT Press, 1987.

Paul Bartha, *By Parallel Reasoning: The Construction and Evaluation of Analogical Arguments*, Oxford University Press, 2010.

Peter Galison, "Descartes's Comparisons: From the Invisible to the Visible", *Isis*, 1984, 75(2).

Pierre Bourdieu, *Language and Symbolic Power*, Harvard University Press, 1991.

Pierre Bourdieu, *In Other Words: Essays Towards a Reflexive Sociology*, Stanford University Press, 1990.

Pierre Bourdieu, *Distinction: A Social Critique of the Judgement of Taste*, Translated by Richard Nice, Harvard University Press, 1984.

Pierre Bourdieu, «Fonder les usages analogiques, Entretien avec Pierre Bourdieu (Questions posées par Louis Porcher)», in: *Le Français dans le monde. Revue de la Fédération Internationale des Professeurs Français* (Paris/FRA: la Fédération), février 1986(n°199).

Pierre Bourdieu, *Outline of a Theory of Practice*, Cambridge University Press, 1977.

Pierre Bourdieu, "Participant Objectivation", *The Journal of the Royal Anthropological Institute*, 2003, 9(2).

Pierre Bourdieu, *Sociology in Question*, Sage, 1993.

Pierre Bourdieu, *The Field of Cultural Production: Essays on Art and Literature*, Edited and Introduced by Randal Johnson, Columbia University Press, 1993.

Pierre Bourdieu, *The Logic of Practice*, Translated by Richard Nice, Polity Press, 1990.

Pierre Bourdieu, *The Rules of Art: Genesis and Structure of the Literary Field*, Translated by Susan Emanuel, Stanford University Press, 1992.

Pierre Bourdieu, Jean-Claude Chamboredon, and Jean Claude Passeron, *The Craft of Sociology: Epistemological Preliminaries*, Walter de Gruyter, 1991.

R. G. Cook and E. A. Wasserman, "Learning and transfer of relational matching-to-sample by pigeons", *Psychonomic Bulletin & Review*, 2007, 14.

R. J. Sternberg, *In Search of the Human Mind*, Harcourt-Brace, 1994.

R. K. R. Thompson, D. L. Oden, S. T. Boysen, "Language-naive Chimpanzees (Pan Troglodytes) Judge Relations between Relations in a Conceptual Matching-to-sample Task", *Journal of Experimental Psychology: Animal Behavior Processes*, 1997, 23.

R. M. French, "The Computational Modeling of Analogy-Making", *Trends in Cognitive Science*, 2002, 6.

R. M. O'Donnell, *Keynes: Philosophy, Economics and Politics: the Philosophical Foundations of Keynes's Thought and Their Influence on His Economics and Politics*, St. Martin's Press, 1989.

Ralf M. W. Stammberger, *On Analogy: An Essay Historical and Systematic*, Lang, 1995.

Ralph M. McInerny, *Aquinas and Analogy*, Catholic University of America Press, 1996.

Ralph M. McInerny, *The Logic of Analogy: An Interpretation of St Thomas*, Springer Netherlands, 1971.

Ricardo L. Costa, "The Logic of Practices in Pierre Bourdieu", *Current Sociology*, 2006, 54(6).

Richard Jenkins, *Pierre Bourdieu*, Routledge, 1992.

Robert C. Moore, *Logic and Representation*, CSLI Publications, 1995.

Robert J. Sternberg and Karin Sternberg, *Cognitive Psychology*, 6th Edition, Cengage Learning Press, 2012.

Rodney A. Brooks, "A Robust Layered Control System for a Mobile Robot", *IEEE Journal on Robotics and Automation*, 1986, 2(1).

Rodney A. Brooks, "Elephants Don't Play Chess", *Robotics and Autonomous Systems*, 1990, 6.

Rodney A. Brooks, "Intelligence without Representation", *Artificial Intelligence*, 1991, 47.

Rodney A. Brooks, "New Approaches to Robotics", *Science*, 1991, 253 (5025).

Roger C. Schank, *Dynamic Memory Revisited*, Cambridge University Press, 1999.

Roger C. Schank, Robert P. Abelson, *Scripts, Plans, Goals, and Understanding: An Inquiry Into Human Knowledge Structure*, Erlbaum, 1977.

Roman Robert Campbell, *Foundations of Science*, Dover, 1957.

Rudolf Carnap, Richard C. Jeffrey, *Studies in Inductive Logic and Probability*, University of California Press, 1971.

Rudolf Carnap, *Logical Foundations of Probability*, Routledge & Kegan Paul, 1950.

Ruth Millikan, *Beyond Concepts: Unicepts, Language, and Natural Information*, Oxford University Press, 2017.

Ruth Millikan, "Biosemantics", *The Journal of Philosophy*, 1989, 86

（6）.

Ruth Millikan, "How We Make Our Ideas Clear: Empiricist Epistemology for Empirical Concepts", *Proceedings and Addresses of the American Philosophical Association*, 1998, 72(2).

Ruth Millikan, "In Defense of Proper Functions", *Philosophy of Science*, 1989, 56(2).

Ruth Millikan, *Language, Thought, and Other Biological Categories: New Foundations for Realism*, The MIT Press, 1984.

Ruth Millikan, *Millikan and Her Critics*, Edited by Dan Ryder, Justine Kingsbury, and Kenneth Williford, Wiley-Blackwell, 2012.

Ruth Millikan, *On Clear and Confused Idea*, Cambridge University Press, 2004.

Ruth Millikan, "On Knowing the Meaning; With A Coda on Swampman", *Mind*, 2010, 119(473).

Ruth Millikan, "What's Inside a Thinking Animal?", *Deutsches Jahrbuch Philosophie*, 2013, 4.

Ruth Millikan, *White Queen Psychology and Other Essays for Alice*, MIT Press, 1993.

Ruth Millikan, "Wings, Spoons, Pills, and Quills: A Pluralist Theory of Function", *The Journal of Philosophy*, 1999, 96(4).

Shams Inati, *Ibn Sina's Remarks and Admonitions: Physics and Metaphysics*, Columbia University Press, 2014.

Sinno Jialin Pan, Qiang Yang, "A Survey on Transfer Learning", *IEEE Transactions on Knowledge and Data Engineering*, 2010, 22(10).

Stella Vosniadou, Andrew Ortony, *Similarity and Analogical Reasoning*, Cambridge University Press, 1989.

Steven Shapin, "Here and Everywhere—Sociology of Scientific Knowledge", *Annual Review of Sociology*, 1995, 21.

Susan Hurley, "Perception and Action: Alternative Views", *Synthese*, 2001, 129(1).

Susan Hurley, M. Nudds, *Rational Animals?*, Oxford University Press, 2006.

Vincent C. Müller, *Fundamental Issues of Artificial Intelligence*, Springer, 2016.

W. Lycan, *Mind and Cognition: A Reader*, Basil Blackwell, 1990.

Wayne H. Brekhus, Gabe Ignatow, *The Oxford Handbook of Cognitive Sociology*, Oxford University Press, 2019.

线上资源

Stanford Encyclopedia of Philosophy, URL=https://plato.stanford.edu/index.html.

Thomas Aquinas, *Summa Theologica*, Christian Classics Ethereal Library, Online source, URL=https://ccel.org/ccel/aquinas/summa/summa.i.html.

致　　谢

十年磨一剑,这本书的面世前前后后刚好历经十年。

2014 年 9 月,我受国家留学基金委资助,赴加拿大不列颠哥伦比亚大学(UBC)哲学系访学。感谢我的外籍导师保罗·巴萨(Paul Bartha)教授。因为看过他的论文、著作和斯坦福哲学百科全书的类比词条,我知道这位类比研究领域的大牛的存在,于是很冒昧地向他发出了一封访学申请的邮件。巴萨教授在回信中向我表达了"他的研究能不能对我的布尔迪厄研究提供帮助"的疑虑,在我解答了这一疑虑并给他看了我的研究方案后,他欣然答应了我的请求,并在其后的申请中不厌其烦地为我提供了所需要的各种文件。在 UBC 访学的一年,我更是承蒙巴萨教授的颇多照顾和悉心指导。正是在他的影响下,我关注的重点从布尔迪厄开始转向类比认知研究。

感谢上海市哲社办对我的两个类比研究项目的资助。2015 年,我申请的课题《类比的实践模型研究》(2015BZX001)成功立项。2022 年我又成功立项了《当代类比认知转向的最新进展研究》(2022BZX001),这也促成我尽快出版前一项研究成果的计划。现在的这本书正是在《类比的实践模型研究》最终成果的基础上修订而成。书稿除了总体结构上没有做大的调整外,所有章节几乎每个问题的分析都比之前更加深入细致,也融合了很多最新的思考。

感谢马克思主义学院提供的出版资助,也感谢行政办公室刘锦和陈奕雯两位老师在每次的课题申报和这次的出版资助申请过程中提供的帮助。行政办公室真是个很神奇的地方，我每次掀开那两扇布帘子的后面都是工作热火朝天，而气氛又无比愉悦融洽。

最后，感谢于力平和陈依婷两位编辑在本书出版过程中的辛勤工作，以及对我一再延迟交稿的大度。书稿修订之初作者有多踌躇满志，随着修订的深入，就有多感到自身研究的局限。书中不足之处，诚请各位专家不吝批评指正。

鲍建竹

2024 年 8 月

图书在版编目(CIP)数据

类比、行为与具身智能 ：类比的实践模型研究 / 鲍建竹著. -- 上海 ：上海人民出版社，2024. -- ISBN 978-7-208-19246-1

Ⅰ. B812.3

中国国家版本馆 CIP 数据核字第 20248DR914 号

责任编辑　陈依婷　于力平
封面设计　零创意文化

类比、行为与具身智能:类比的实践模型研究

鲍建竹　著

出　　版　上海人民出版社
　　　　　（201101　上海市闵行区号景路 159 弄 C 座）
发　　行　上海人民出版社发行中心
印　　刷　上海商务联西印刷有限公司
开　　本　635×965　1/16
印　　张　17.5
插　　页　3
字　　数　240,000
版　　次　2024 年 12 月第 1 版
印　　次　2024 年 12 月第 1 次印刷
ISBN 978 - 7 - 208 - 19246 - 1/B • 1792
定　　价　88.00 元